线性代数
学习指导与解题能力训练

（第2版）

主编　宋新霞　李焱华　相丽驰

前言

线性代数是各高校非数学专业重要的基础课程，它不仅是学习其他专业课程的基础，还是整个大学教育的一门基础课程，也是研究生入学考试必考的课程。在线性代数课程的学习中，学生不仅要获取必要的数学知识，为后续专业课打基础；更为重要的是，在获取数学知识的同时，要努力提高自己的抽象思维、逻辑思维、运算技能、综合应用等方面的能力。

目前，线性代数课程课时偏少，而内容较多，进度又快。加之，线性代数课程内容本身具有理论性强、抽象性强、概念多、定理多、计算量大、解题困难的特点，使得学生刚开始学习这门课程时，感到难以理解和接受，做习题时，有时感到无从下手。本书作为教学辅助读本，适合学生课下自主学习，有助于学生对课堂所学内容的理解消化、巩固提高。

本书编写过程中，主要参考了胡金德老师主编的《线性代数学习指导》，吴赣昌老师主编的《线性代数学习辅导与习题解答》和房宏、王学会老师主编的《线性代数习题精解与学习指导》，从中汲取了许多优点。本书包含矩阵、行列式、线性方程组、矩阵特征值与特征向量四章内容。每章从基础知识和主要内容和结论、典型例题和习题训练三个方面引导学生学习，各章最后附有习题参考答案。习题训练分为填空题、选择题、计算题和综合应用题四部分，题目数量多、知识点分布全面，既有基本题型也有综合应用类题型和考研题型，这也是本书的一大特点。本书最后附有近几年考研线性代数部分试题及答案，便于学生参考学习。

本书还可以作为经管类学生学期期末考试的复习资料。参加本书编写的还有吴慧玲、梁媛、鲁立刚、伍宪彬、徐园芬等教师。本书在编写过程中得到了本部门同仁的大力帮助和支持，在此深表谢意！

由于编者的水平有限，书中错误、疏漏之处在所难免，敬请同行们批评指正。

编者

2016 年 12 月

目录

第1章 矩阵

1.1 基本要求

1. 理解矩阵有关概念；掌握矩阵的加、减、数乘的运算；熟练掌握矩阵乘法的技巧(重点内容).

2. 理解逆矩阵的概念与性质；掌握逆阵的求法.

3. 了解分块矩阵的有关概念与性质.

4. 熟练地掌握矩阵的初等变换，并用它把矩阵化为阶梯形矩阵，行最简形及标准形.

5. 会用初等变换求矩阵的逆和矩阵的秩.

6. 会运用矩阵运算解决一些简单的实际问题.

1.2 主要内容和结论

1.2.1 矩阵的定义

$m\times n$ 个数 $a_{ij}(i=1, 2, \cdots, m; j=1, 2, \cdots, n)$ 按照一定的次序排成的 m 行 n 列的矩形数表

$$\begin{bmatrix} a_{11} & a_{12} & \cdots & a_{1n} \\ a_{21} & a_{22} & \cdots & a_{2n} \\ \vdots & \vdots & & \vdots \\ a_{m1} & a_{m2} & \cdots & a_{mn} \end{bmatrix}$$

称为 m 行 n 列矩阵，简称 $m\times n$ 矩阵，记作 $\boldsymbol{A}_{m\times n}$ 或 $(a_{ij})_{m\times n}$，其中 a_{ij} 称为矩阵 $\boldsymbol{A}$ 的第 i 行第 j 列元素.

1.2.2 一些特殊的矩阵

1. 零矩阵：所有元素都为0的矩阵，记为 $\boldsymbol{O}$ 或 $\boldsymbol{O}_{m\times n}$.

2. 行矩阵：只有一行的矩阵 $[a_1, a_2, \cdots, a_n]$.

3. 列矩阵：只有一列的矩阵 $\begin{bmatrix} a_1 \\ a_2 \\ \vdots \\ a_m \end{bmatrix}$.

4. 对角矩阵：主对角线以外的元素均为0的矩阵. 若 $\boldsymbol{\Lambda}$ 为 n 阶对角矩阵，其对角元素分别为 $a_{11}, a_{12}, \cdots, a_{nn}$，则 $\boldsymbol{\Lambda}$ 可记为

$$\boldsymbol{\Lambda}=\operatorname{diag}(a_{11}, a_{22}, \cdots, a_{nn})=\begin{bmatrix} a_{11} & 0 & \cdots & 0 \\ 0 & a_{22} & \cdots & 0 \\ \vdots & \vdots & & \vdots \\ 0 & 0 & \cdots & a_{nn} \end{bmatrix}.$$

5. 单位矩阵：主对角线上的元素都为 1 的对角矩阵，若 $\boldsymbol{E}$ 为 n 阶单位矩阵，则 $\boldsymbol{E}$ 可记为

$$\boldsymbol{E}=\operatorname{diag}(1, 1, \cdots, 1)=\begin{bmatrix} 1 & & & 0 \\ & 1 & & \\ & & \ddots & \\ 0 & & & 1 \end{bmatrix}.$$

6. 数量矩阵：主对角线上的元素全为非零常数 k 的 n 阶对角矩阵，记作

$$k\boldsymbol{E}=\operatorname{diag}(k, k, \cdots, k)=\begin{bmatrix} k & & & 0 \\ & k & & \\ & & \ddots & \\ 0 & & & k \end{bmatrix},$$

7. 上三角矩阵：主对角线下方的元素全为零的矩阵，如 $\boldsymbol{A}$

$$\boldsymbol{A}=\begin{bmatrix} a_{11} & a_{12} & \cdots & a_{1n} \\ & a_{22} & \cdots & a_{2n} \\ & & & \vdots \\ 0 & & & a_{nn} \end{bmatrix}$$

下三角矩阵：主对角线上方的元素全为零的矩阵，如 $\boldsymbol{B}$

$$\boldsymbol{B}=\begin{bmatrix} a_{11} & & & 0 \\ a_{21} & a_{22} & & \\ \vdots & \vdots & & \\ a_{n1} & a_{n2} & \cdots & a_{nn} \end{bmatrix}$$

8. 对称矩阵：若 n 阶矩阵 $\boldsymbol{A}$ 满足 $\boldsymbol{A}^{\mathrm{T}}=\boldsymbol{A}$，则 $\boldsymbol{A}$ 为对称矩阵.

9. 反对称矩阵：若 n 阶矩阵 $\boldsymbol{A}$ 满足 $\boldsymbol{A}^{\mathrm{T}}=-\boldsymbol{A}$，则 $\boldsymbol{A}$ 为反对称矩阵.

10. 正交矩阵：若 n 阶方阵 $\boldsymbol{A}$ 满足 $\boldsymbol{A}^{\mathrm{T}}\boldsymbol{A}=\boldsymbol{A}\boldsymbol{A}^{\mathrm{T}}=\boldsymbol{E}$，则称 $\boldsymbol{A}$ 为正交矩阵.

11. 准对角矩阵：

$$\boldsymbol{A}=\begin{bmatrix} A_1 & & & \\ & A_2 & & \\ & & \ddots & \\ & & & A_S \end{bmatrix}.$$

1.2.3 矩阵的运算

1. 矩阵的加法

设有两个 $m\times n$ 矩阵 $\boldsymbol{A}=(a_{ij})_{m\times n}$，$\boldsymbol{B}=(b_{ij})_{m\times n}$，则矩阵 $\boldsymbol{A}$ 与 $\boldsymbol{B}$ 的和

$$A+B=\begin{bmatrix} a_{11}+b_{11} & a_{12}+b_{12} & \cdots & a_{1n}+b_{1n} \\ a_{21}+b_{21} & a_{22}+b_{22} & \cdots & a_{2n}+b_{2n} \\ \vdots & \vdots & & \vdots \\ a_{m1}+b_{m1} & a_{m2}+b_{m2} & \cdots & a_{mn}+b_{mn} \end{bmatrix}$$

矩阵加法的运算规律为(设 A、B、C 都是 $m\times n$ 矩阵):

(1)结合律:$A+(B+C)=(A+B)+C$.

(2)交换律:$A+B=B+A$.

(3)减法为:$A-B=A+(-B)$,若 $A=(a_{ij})$,则 $-A=(-a_{ij})$为 A 的负矩阵.

2. 数与矩阵的乘法

数 k 与矩阵 A 的乘积记作 kA 或 Ak,

$$kA=Ak=\begin{bmatrix} ka_{11} & ka_{12} & \cdots & ka_{1n} \\ ka_{21} & ka_{22} & \cdots & ka_{2n} \\ \vdots & \vdots & & \vdots \\ ka_{m1} & ka_{m2} & \cdots & ka_{mn} \end{bmatrix}$$

数乘矩阵的运算规律(A、B 为 $m\times n$ 矩阵,k、l 为任意常数):

①$k(lA)=(kl)A$　②$(k+l)A=kA+lA$　③$k(A+B)=kA+kB$

3. 矩阵的乘法

设 $A=(a_{ij})_{m\times s}=\begin{bmatrix} a_{11} & a_{12} & \cdots & a_{1s} \\ a_{21} & a_{22} & \cdots & a_{2s} \\ \vdots & \vdots & & \vdots \\ a_{m1} & a_{m2} & \cdots & a_{ms} \end{bmatrix}$　$B=(b_{ij})_{s\times n}=\begin{bmatrix} b_{11} & b_{12} & \cdots & b_{1n} \\ b_{21} & b_{22} & \cdots & b_{2n} \\ \vdots & \vdots & & \vdots \\ b_{s1} & b_{s2} & \cdots & b_{sn} \end{bmatrix}$

则

$$AB=C=(c_{ij})_{m\times n}$$

其中

$$c_{ij}=\sum_{k=1}^{s}a_{ik}b_{kj}(i=1,2,\cdots,m;j=1,2,\cdots,n)$$

注: 只有当左边矩阵的列数等于右边矩阵的行数时,两个矩阵才能相乘.

在运算可进行的条件下矩阵乘法满足以下运算规律:

(1)$(AB)C=A(BC)$.

(2)$\lambda(AB)=(\lambda A)B=A(\lambda B)$.

(3)$A(B+C)=AB+AC$,$(B+C)A=BA+CA$.

对于方阵 A 及自然数 k,$A^k=\underbrace{AA\cdots A}_{k个}$称为方阵 A 的 k 次幂,方阵的幂具有以下性质:

(1)$A^{k_1}A^{k_2}=A^{k_1+k_2}$.

(2)$(A^{k_1})^{k_2}=A^{k_1k_2}$($k_1$、$k_2$ 为自然数).

注: 矩阵的乘法不满足交换律,一般地:

$$AB\neq BA\quad (AB)^k\neq A^kB^k$$

4. 矩阵的转置

把矩阵 $\boldsymbol{A}$ 的行换成同序数的列得到一个新的矩阵，称之为 $\boldsymbol{A}$ 的转置矩阵，记作 $\boldsymbol{A}^{\mathrm{T}}$ 或 $\boldsymbol{A}'$. 运算规律(假设运算都是可行的)：

(1) $(\boldsymbol{A}^{\mathrm{T}})^{\mathrm{T}}=\boldsymbol{A}$.

(2) $(\boldsymbol{A}+\boldsymbol{B})^{\mathrm{T}}=\boldsymbol{A}^{\mathrm{T}}+\boldsymbol{B}^{\mathrm{T}}$.

(3) $(\lambda\boldsymbol{A})^{\mathrm{T}}=\lambda\boldsymbol{A}^{\mathrm{T}}$.

(4) $(\boldsymbol{AB})^{\mathrm{T}}=\boldsymbol{B}^{\mathrm{T}}\boldsymbol{A}^{\mathrm{T}}$.

5. 方阵的行列式

由 n 阶方阵 $\boldsymbol{A}$ 的元素所构成的行列式(各元素的位置不变)，叫做方阵 $\boldsymbol{A}$ 的行列式，记作 $|\boldsymbol{A}|$ 或 $\det\boldsymbol{A}$. 运算规律(设 $\boldsymbol{A}$、$\boldsymbol{B}$ 为 n 阶方阵，λ 为数)

(1) $|\boldsymbol{A}^{\mathrm{T}}|=|\boldsymbol{A}|$.

(2) $|\lambda\boldsymbol{A}|=\lambda^{n}|\boldsymbol{A}|$.

(3) $|\boldsymbol{AB}|=|\boldsymbol{A}||\boldsymbol{B}|$.

行列式的定义及计算方法见第 2 章.

1.2.4　矩阵的逆

1. 定义：对于 n 阶方阵 $\boldsymbol{A}$，如果存在一个 n 阶方阵 $\boldsymbol{B}$，使得

$$\boldsymbol{AB}=\boldsymbol{BA}=\boldsymbol{E}$$

则称矩阵 $\boldsymbol{A}$ 可逆，并称矩阵 $\boldsymbol{B}$ 是 $\boldsymbol{A}$ 的逆矩阵，记为 $\boldsymbol{B}=\boldsymbol{A}^{-1}$，即

$$\boldsymbol{AA}^{-1}=\boldsymbol{A}^{-1}\boldsymbol{A}=\boldsymbol{E}$$

2. 矩阵可逆的充分必要条件

定理 1：n 阶方阵 $\boldsymbol{A}$ 可逆的充分必要条件是 $|\boldsymbol{A}|\neq 0$.

定理 2：若 $|\boldsymbol{A}|\neq 0$，则矩阵 $\boldsymbol{A}$ 可逆，且 $\boldsymbol{A}^{-1}=\dfrac{1}{|\boldsymbol{A}|}\boldsymbol{A}^{*}$，其中 $\boldsymbol{A}^{*}$ 为 $\boldsymbol{A}$ 的伴随矩阵.

行列式 $|\boldsymbol{A}|$ 的各个元素的代数余子式 $\boldsymbol{A}_{ij}$ 所构成的如下的方阵

$$\boldsymbol{A}^{*}=\begin{bmatrix} A_{11} & A_{21} & \cdots & A_{n1} \\ A_{12} & A_{22} & \cdots & A_{n2} \\ \vdots & \vdots & & \vdots \\ A_{1n} & A_{2n} & \cdots & A_{nm} \end{bmatrix}$$

称为 $\boldsymbol{A}$ 的伴随矩阵.

推论：若 $\boldsymbol{AB}=\boldsymbol{E}$(或 $\boldsymbol{BA}=\boldsymbol{E}$)，则 $\boldsymbol{B}=\boldsymbol{A}^{-1}$. 当 $|\boldsymbol{A}|\neq 0$ 时，称 $\boldsymbol{A}$ 为非奇异矩阵(或满秩矩阵). 当 $|\boldsymbol{A}|=0$ 时，称 $\boldsymbol{A}$ 为奇异矩阵(或降秩矩阵).

3. 方阵的逆矩阵的运算规律($\boldsymbol{A}$、$\boldsymbol{B}$ 是 n 阶可逆矩阵，数 $k\neq 0$)：

(1) $(\boldsymbol{A}^{-1})^{-1}=\boldsymbol{A}$.

(2) $(k\boldsymbol{A})^{-1}=\dfrac{1}{k}\boldsymbol{A}^{-1}$.

(3) $(\boldsymbol{A}^{\mathrm{T}})^{-1}=(\boldsymbol{A}^{-1})^{\mathrm{T}}$.

(4) $(\boldsymbol{AB})^{-1}=\boldsymbol{B}^{-1}\boldsymbol{A}^{-1}$. (特别地：$(\boldsymbol{A}^{k})^{-1}=(\boldsymbol{A}^{-1})^{k}$，$k$ 为正整数).

(5) $|\boldsymbol{A}^{-1}|=\dfrac{1}{|\boldsymbol{A}|}=|\boldsymbol{A}|^{-1}$.

4. 伴随矩阵的运算规律($\boldsymbol{A}$、$\boldsymbol{B}$ 是 n 阶可逆矩阵，数 $k\neq0$).

(1)$\boldsymbol{AA}^*=\boldsymbol{A}^*\boldsymbol{A}=|\boldsymbol{A}|\boldsymbol{E}$.

(2)$(\boldsymbol{A}^*)^{-1}=(\boldsymbol{A}^{-1})^*$.

(3)$(k\boldsymbol{A})^*=k^{n-1}\boldsymbol{A}^*$.

(4)$(\boldsymbol{A}^{\mathrm{T}})^*=(\boldsymbol{A}^*)^{\mathrm{T}}$.

(5)$(\boldsymbol{AB})^*=\boldsymbol{B}^*\boldsymbol{A}^*$.

(6)$(\boldsymbol{A}^*)^*=|\boldsymbol{A}|^{n-2}\boldsymbol{A}$.

(7)$|\boldsymbol{A}^*|=|\boldsymbol{A}|^{n-1}$.

5. 求逆矩阵的一般方法

方法1：用伴随矩阵. 若$|\boldsymbol{A}|\neq0$，则 $\boldsymbol{A}$ 可逆，且

$$\boldsymbol{A}^{-1}=\frac{1}{|\boldsymbol{A}|}\boldsymbol{A}^*$$

方法2：初等变换法(见1.2.5 矩阵的初等变换和初等矩阵)，即

$$(\boldsymbol{A},\ \boldsymbol{E})\xrightarrow{\text{初等行变换}}(\boldsymbol{E},\ \boldsymbol{A}^{-1})$$

对数值可逆矩阵而言，这是基本且常用的方法.

方法3：用定义，即求一个矩阵 $\boldsymbol{B}$，使 $\boldsymbol{AB}=\boldsymbol{E}$，则 $\boldsymbol{A}$ 可逆，且 $\boldsymbol{A}^{-1}=\boldsymbol{B}$.

1.2.5　矩阵的初等变换与初等矩阵

(1)初等变换

矩阵的初等变换包括以下三种：

①交换矩阵的两行(列)；

②用数 $k\neq0$ 乘矩阵的某一行(列)；

③某一行(列)的 l 倍加到另一行(列)上.

(2)初等矩阵

对单位矩阵 $\boldsymbol{E}$ 施行一次初等变换后所得到的矩阵称为初等矩阵.

①第一种初等矩阵：交换 $\boldsymbol{E}$ 的第 i 行(列)和第 j 行(列)得到的矩阵，记作 $\boldsymbol{E}(i,j)$；

②第二种初等矩阵：用非零数 k 乘以 $\boldsymbol{E}$ 的第 i 行(列)得到的矩阵，记作 $\boldsymbol{E}(i(k))$；

③第三种初等矩阵：将 $\boldsymbol{E}$ 的第 j 行(i 列)的 k 倍加到第 i 行(j 列)上得到的矩阵，记作$\boldsymbol{E}(i,j(k))$.

注： 初等矩阵都是可逆矩阵，且其逆矩阵仍是同类型的初等矩阵.

$$\boldsymbol{E}_{i,j}^{-1}=\boldsymbol{E}(i,j)\quad \boldsymbol{E}^{-1}(i(k))=\boldsymbol{E}(i(\frac{1}{k}))\quad \boldsymbol{E}^{-1}(i,j(k))=\boldsymbol{E}(i,j(-k))$$

(3)初等矩阵与初等变换的关系

对 $m\times n$ 阶矩阵 $\boldsymbol{A}$ 进行初等行变换，相当于将 $\boldsymbol{A}$ 矩阵左乘以相应的 m 阶初等矩阵.

同样，对 $\boldsymbol{A}$ 进行初等列变换，相当于将矩阵 $\boldsymbol{A}$ 右乘以相应的 n 阶初等矩阵.

结论： $\boldsymbol{A}$ 是可逆矩阵，可以表示成一系列初等矩阵的乘积，即 $\boldsymbol{A}=\boldsymbol{P}_1,\boldsymbol{P}_2,\cdots,\boldsymbol{P}_s$，其中，$\boldsymbol{P}_1,\boldsymbol{P}_2,\cdots,\boldsymbol{P}_s$ 是初等矩阵.

(4)用初等变换求逆矩阵的方法

$$[\boldsymbol{A}\ \vdots\ \boldsymbol{E}]\xrightarrow{\text{初等行变换}}[\boldsymbol{E}\ \vdots\ \boldsymbol{A}^{-1}],$$

$$\begin{bmatrix} A \\ E \end{bmatrix} \xrightarrow{\text{初等列变换}} \begin{bmatrix} E \\ A^{-1} \end{bmatrix}.$$

(5)矩阵的等价与化简

①等价：矩阵 A 可以经一系列初等变换变成矩阵 B，则称 A 与 B 等价，记作：$A \sim B$.

结论：$A \sim B \Leftrightarrow$存在可逆矩阵 P、Q，使得 $A = PBQ$.

②行阶梯矩阵：如果矩阵中元素全为零的行，简称零行(如果存在)全部位于非零行(元素不全为零的行)的下方，各非零行的左起第一个非零元素的列序数由上至下严格递增(即必在前一行的第一个非零元素的右下位置)，则称此矩阵为行阶梯形矩阵.

$$\begin{bmatrix} 7 & 3 & 1 & 3 \\ 0 & -4 & 3 & -1 \\ 0 & 0 & 0 & 0 \end{bmatrix}$$就是行阶梯矩阵.

③行最简形矩阵：若行阶梯矩阵中的非零行的第一个元素为 1，且 1 所在列的其他元素全为零，则称此行阶梯矩阵为行最简形矩阵.

$$\begin{bmatrix} 1 & 0 & 1 & 2 \\ 0 & 1 & 3 & -1 \\ 0 & 0 & 0 & 0 \end{bmatrix}$$为行最简形矩阵.

④标准形矩阵：若 $m \times n$ 阶矩阵的左上角为一个 r 阶单位阵，其余元素全为零，即

$$\begin{bmatrix} E_r & 0 \\ 0 & 0 \end{bmatrix}_{m \times n},$$

则称此矩阵为标准形矩阵，它由 m、n、r 三个数唯一确定，其中 r 为标准形矩阵中非零行的行数.

结论：

①矩阵 A 总能经过一系列初等行变换化成行阶梯形矩阵和行最简形矩阵.

②矩阵 A 总能经过一系列初等变换化成标准形$\begin{bmatrix} E_r & 0 \\ 0 & 0 \end{bmatrix}$，即：$A \sim \begin{bmatrix} E_r & 0 \\ 0 & 0 \end{bmatrix}$，且标准形是唯一的.

1.2.6 **矩阵的秩**

(1)矩阵的秩的定义

$r(A) = r \Leftrightarrow A$ 的非零子式的最高阶数是 r.

$\Leftrightarrow A$ 中有一个 r 阶子式不等于零，而所有 $r+1$ 阶子式都等于零.

性质：

①初等变换不改变矩阵的秩；两个同型矩阵等价$\Leftrightarrow$秩相等；

②若矩阵 A 中有某个 s 阶子式不为 0，则 $r(A) \geqslant s$；

③若矩阵 A 中所有 t 阶子式全为 0，则 $r(A) < t$；

④$0 \leqslant r(A_{m \times n}) \leqslant \min\{m, n\}$.

(2)求矩阵秩的方法

$A \xrightarrow{\text{初等行变换}}$行阶梯形 B，$r(A) = B$ 中非零行的行数.

(3)关于矩阵秩的结论

①$r(\boldsymbol{A})=r(\boldsymbol{A}^{\mathrm{T}})=r(\boldsymbol{A}^{\mathrm{T}}\boldsymbol{A})$.

②n 阶矩阵 $\boldsymbol{A}$ 可逆$\Leftrightarrow$秩$(\boldsymbol{A})=n$.

③$r(\boldsymbol{A})=0\Leftrightarrow\boldsymbol{A}=\boldsymbol{O}$.

④$r(\boldsymbol{A}\pm\boldsymbol{B})\leqslant r(\boldsymbol{A})+r(\boldsymbol{B})$.

⑤$r(k\boldsymbol{A})=r(\boldsymbol{A})$, $k\neq 0$.

⑥$r(\boldsymbol{AB})\leqslant\min\{r(\boldsymbol{A}), r(\boldsymbol{B})\}$.

⑦若 $\boldsymbol{A}$ 可逆, 则 $r(\boldsymbol{AB})=r(\boldsymbol{BA})=r(\boldsymbol{B})$.

⑧$r\begin{bmatrix}\boldsymbol{A} & 0\\ 0 & \boldsymbol{B}\end{bmatrix}=r(\boldsymbol{A})+r(\boldsymbol{B})$.

⑨$r(\boldsymbol{A}^*)=\begin{cases}n, & r(\boldsymbol{A})=n\\ 1, & r(\boldsymbol{A})=n-1.\\ 0, & r(\boldsymbol{A})<n-1\end{cases}$

1.2.7　分块矩阵

(1)分块矩阵

用几条纵线和横线把一个矩阵分成若干小块, 每一小块称为原矩阵的子矩阵, 把子矩阵看作原矩阵的一个元素, 就得到了分块矩阵.

特别地, $\boldsymbol{A}$ 以行分块

$$\boldsymbol{A}=\begin{bmatrix}a_{11} & a_{12} & \cdots & a_{1n}\\ \hline a_{21} & a_{22} & \cdots & a_{2n}\\ \hline \vdots & \vdots & \vdots & \vdots\\ \hline a_{m1} & a_{m2} & \cdots & a_{mn}\end{bmatrix}=\begin{bmatrix}\boldsymbol{A}_1\\ \hline \boldsymbol{A}_2\\ \hline \vdots\\ \hline \boldsymbol{A}_m\end{bmatrix},$$

$\boldsymbol{A}_i=[a_{i1}, a_{i2}, \cdots, a_{in}]$是一个子矩阵.

$\boldsymbol{B}$ 以列分块

$$\boldsymbol{B}=\left[\begin{array}{c|c|c|c}b_{11} & b_{12} & \cdots & b_{1n}\\ b_{21} & b_{22} & \cdots & b_{2n}\\ \vdots & \vdots & \vdots & \vdots\\ b_{m1} & b_{m2} & \cdots & b_{mn}\end{array}\right]=[\boldsymbol{B}_1, \boldsymbol{B}_2, \cdots, \boldsymbol{B}_n],$$

其中 $\boldsymbol{B}_j=\begin{bmatrix}b_{1j}\\ b_{2j}\\ \vdots\\ b_{mj}\end{bmatrix}$是 $\boldsymbol{B}$ 的一个子矩阵.

这时, $\boldsymbol{A}$ 被看成以子矩阵 $\boldsymbol{A}_i$ 为元素的 $m\times 1$ 矩阵(称为以行分块), $\boldsymbol{B}$ 被看成以子矩阵 $\boldsymbol{B}_j$ 为元素的 $1\times n$ 矩阵(称为以列分块).

(2)关于分块矩阵的结论

①设对角块矩阵(准对角矩阵)

$$A=\begin{bmatrix} A_1 & & & \\ & A_2 & & \\ & & \ddots & \\ & & & A_s \end{bmatrix},$$

$|A|=|A_1|\cdot|A_2|\cdots|A_s|$.

A 可逆$\Longleftrightarrow|A|\neq 0\Longleftrightarrow|A_i|\neq 0$, $i=1,2,\cdots,s$, 且

$$A^{-1}=\begin{bmatrix} A_1 & & & \\ & A_2 & & \\ & & \ddots & \\ & & & A_s \end{bmatrix}^{-1}=\begin{bmatrix} A_1^{-1} & & & \\ & A_2^{-1} & & \\ & & \ddots & \\ & & & A_s^{-1} \end{bmatrix}.$$

②若 $A=\begin{bmatrix} & A_1 \\ A_2 & \end{bmatrix}$, A 可逆$\Longleftrightarrow|A_1|\neq 0$, $|A_2|\neq 0$, 且

$$A^{-1}=\begin{bmatrix} & A_2^{-1} \\ A_1^{-1} & \end{bmatrix}.$$

③三角块矩阵

$$A=\begin{bmatrix} B_{m\times m} & D \\ O & C_{n\times n} \end{bmatrix},$$

A 可逆$\Longleftrightarrow|B|\neq 0$, $|C|\neq 0$, 且

$$A^{-1}=\begin{bmatrix} B^{-1} & -B^{-1}DC^{-1} \\ O & C^{-1} \end{bmatrix}.$$

1.3 典型例题

例1 求与矩阵 $A=\begin{bmatrix} 0 & 1 & 0 & 0 \\ 0 & 0 & 1 & 0 \\ 0 & 0 & 0 & 1 \\ 0 & 0 & 0 & 0 \end{bmatrix}$可交换的所有矩阵.

分析: 利用待定系数

解 设矩阵 $B=\begin{bmatrix} a & b & c & d \\ a_1 & b_1 & c_1 & d_1 \\ a_2 & b_2 & c_2 & d_2 \\ a_3 & b_3 & c_3 & d_3 \end{bmatrix}$与 A 可交换, 则

$$AB=\begin{bmatrix} 0 & 1 & 0 & 0 \\ 0 & 0 & 1 & 0 \\ 0 & 0 & 0 & 1 \\ 0 & 0 & 0 & 0 \end{bmatrix}\begin{bmatrix} a & b & c & d \\ a_1 & b_1 & c_1 & d_1 \\ a_2 & b_2 & c_2 & d_2 \\ a_3 & b_3 & c_3 & d_3 \end{bmatrix}=\begin{bmatrix} a_1 & b_1 & c_1 & d_1 \\ a_2 & b_2 & c_2 & d_2 \\ a_3 & b_3 & c_3 & d_3 \\ 0 & 0 & 0 & 0 \end{bmatrix}$$

$$BA=\begin{bmatrix} a & b & c & d \\ a_1 & b_1 & c_1 & d_1 \\ a_2 & b_2 & c_2 & d_2 \\ a_3 & b_3 & c_3 & d_3 \end{bmatrix}\begin{bmatrix} 0 & 1 & 0 & 0 \\ 0 & 0 & 1 & 0 \\ 0 & 0 & 0 & 1 \\ 0 & 0 & 0 & 0 \end{bmatrix}=\begin{bmatrix} 0 & a & b & c \\ 0 & a_1 & b_1 & c_1 \\ 0 & a_2 & b_2 & c_2 \\ 0 & a_3 & b_3 & c_3 \end{bmatrix}$$

由 $AB=BA$，得

$a_1=0$，$b_1=a$，$c_1=b$，$d_1=c$，

$a_2=0$，$b_2=a_1=0$，$c_2=b_1=a$，$d_2=c_1=b$，

$a_3=0$，$b_3=a_2=0$，$c_3=b_2=0$，$d_3=c_2=a$.

因此，$B=\begin{bmatrix} a & b & c & d \\ 0 & a & b & c \\ 0 & 0 & a & b \\ 0 & 0 & 0 & a \end{bmatrix}$，其中 a、b、c、d 为任意实数.

例 2 已知 $P=\begin{bmatrix} 1 & 1 \\ 1 & -1 \end{bmatrix}$，$\Lambda=P^{-1}AP=\begin{bmatrix} 2 & 0 \\ 0 & 4 \end{bmatrix}$，求 A^5.

分析： Λ 是对角矩阵，Λ^5 易求，而 $PP^{-1}=P^{-1}P=E$

解 $P^{-1}=\frac{1}{2}\begin{bmatrix} 1 & 1 \\ 1 & -1 \end{bmatrix}$，$A=P\Lambda P^{-1}$，$\Lambda^5=\begin{bmatrix} 2^5 & 0 \\ 0 & 4^5 \end{bmatrix}=32\begin{bmatrix} 1 & 0 \\ 0 & 32 \end{bmatrix}$.

$$\begin{aligned} A^5 &=(P\Lambda P^{-1})(P\Lambda P^{-1})(P\Lambda P^{-1})(P\Lambda P^{-1})(P\Lambda P^{-1}) \\ &=P\Lambda(P^{-1}P)\Lambda(P^{-1}P)\Lambda(P^{-1}P)\Lambda(P^{-1}P)\Lambda(P^{-1}P) \\ &=P\Lambda E\Lambda E\Lambda E\Lambda E\Lambda P^{-1} \\ &=P\Lambda^5P^{-1}=\begin{bmatrix} 1 & 1 \\ 1 & -1 \end{bmatrix}32\begin{bmatrix} 1 & 0 \\ 0 & 32 \end{bmatrix}\frac{1}{2}\begin{bmatrix} 1 & 1 \\ 1 & -1 \end{bmatrix}=16\begin{bmatrix} 33 & -31 \\ -31 & 33 \end{bmatrix}. \end{aligned}$$

注： 本题的关键在于利用矩阵乘法的结合律.

例 3 已知矩阵 $A=[1,2,3]$，$B=[1,\frac{1}{2},\frac{1}{3}]$，$C=A^{\mathrm{T}}B$，求 C^n.

分析： 由已知 A、B 均为行矩阵，$BA^{\mathrm{T}}=3$.

解
$$\begin{aligned} C^n &=\overbrace{(A^{\mathrm{T}}B)(A^{\mathrm{T}}B)\cdots(A^{\mathrm{T}}B)}^{n个}=A^{\mathrm{T}}\overbrace{(BA^{\mathrm{T}})(BA^{\mathrm{T}})\cdots(BA^{\mathrm{T}})}^{n-1个}B \\ &=A^{\mathrm{T}}(BA^{\mathrm{T}})^{n-1}B=3^{n-1}A^{\mathrm{T}}B=\begin{bmatrix} 1 & \frac{1}{2} & \frac{1}{3} \\ 2 & 1 & \frac{2}{3} \\ 3 & \frac{3}{2} & 1 \end{bmatrix} \end{aligned}$$

例 4 求矩阵 $A=\begin{bmatrix} 0 & 2 & -1 \\ 1 & 1 & 2 \\ -1 & -1 & -1 \end{bmatrix}$ 的逆矩阵.

解 方法1：用公式 $A^{-1}=\frac{1}{|A|}A^*$.

$$|\boldsymbol{A}| = \begin{bmatrix} 0 & 2 & -1 \\ 1 & 1 & 2 \\ -1 & -1 & -1 \end{bmatrix} = \begin{bmatrix} 0 & 2 & -1 \\ 1 & 1 & 2 \\ 0 & 0 & 1 \end{bmatrix} = -2 \neq 0;$$

$$\boldsymbol{A}_{11} = \begin{bmatrix} 1 & 2 \\ -1 & -1 \end{bmatrix} = 1,\ \boldsymbol{A}_{22} = \begin{bmatrix} 0 & -1 \\ -1 & -1 \end{bmatrix} = -1,$$

$$\boldsymbol{A}_{33} = \begin{bmatrix} 0 & 2 \\ 1 & 1 \end{bmatrix} = -2;$$

$$\boldsymbol{A}_{12} = -\begin{bmatrix} 1 & 2 \\ -1 & -1 \end{bmatrix} = -1,\ \boldsymbol{A}_{13} = \begin{bmatrix} 1 & 1 \\ -1 & -1 \end{bmatrix} = 0,$$

$$\boldsymbol{A}_{23} = -\begin{bmatrix} 0 & 2 \\ -1 & -1 \end{bmatrix} = -2;$$

$$\boldsymbol{A}_{21} = -\begin{bmatrix} 2 & -1 \\ -1 & -1 \end{bmatrix} = 3,\ \boldsymbol{A}_{31} = \begin{bmatrix} 2 & -1 \\ 1 & 2 \end{bmatrix} = 5;$$

$$\boldsymbol{A}_{32} = -\begin{bmatrix} 0 & -1 \\ 1 & 2 \end{bmatrix} = -1.$$

故
$$\boldsymbol{A}^* = \begin{bmatrix} A_{11} & A_{21} & A_{31} \\ A_{12} & A_{22} & A_{32} \\ A_{13} & A_{23} & A_{33} \end{bmatrix} = \begin{bmatrix} 1 & 3 & 5 \\ -1 & -1 & -1 \\ 0 & -2 & -2 \end{bmatrix},$$

$$\boldsymbol{A}^{-1} = \frac{1}{|\boldsymbol{A}|}\boldsymbol{A}^* = -\frac{1}{2}\begin{bmatrix} 1 & 3 & 5 \\ -1 & -1 & -1 \\ 0 & -2 & -2 \end{bmatrix}$$

$$= \begin{bmatrix} -\frac{1}{2} & -\frac{3}{2} & -\frac{5}{2} \\ \frac{1}{2} & \frac{1}{2} & \frac{1}{2} \\ 0 & 1 & 1 \end{bmatrix}.$$

方法 2：用初等行变换 $[\boldsymbol{A} \mid \boldsymbol{E}] \xrightarrow{\text{初等行变换}} [\boldsymbol{E} \mid \boldsymbol{A}^{-1}]$.

$$\left[\begin{array}{ccc|ccc} 0 & 2 & -1 & 1 & 0 & 0 \\ 1 & 1 & 2 & 0 & 1 & 0 \\ -1 & -1 & -1 & 0 & 0 & 1 \end{array}\right] \xrightarrow{r_1 - 2r_2} \left[\begin{array}{ccc|ccc} 1 & 1 & 2 & 0 & 1 & 0 \\ 0 & 2 & -1 & 1 & 0 & 0 \\ -1 & -1 & -1 & 0 & 0 & 1 \end{array}\right] \xrightarrow{r_3 + r_1}$$

$$\left[\begin{array}{ccc|ccc} 1 & 1 & 2 & 0 & 1 & 0 \\ 0 & 2 & -1 & 1 & 0 & 0 \\ 0 & 0 & 1 & 0 & 1 & 1 \end{array}\right] \xrightarrow[r_2 + r_3]{r_1 - 2r_3} \left[\begin{array}{ccc|ccc} 1 & 1 & 0 & 0 & -1 & -2 \\ 0 & 2 & 0 & 1 & 1 & 1 \\ 0 & 0 & 1 & 0 & 1 & 1 \end{array}\right] \xrightarrow{\frac{1}{2}r_2}$$

$$\left[\begin{array}{ccc|ccc} 1 & 1 & 0 & 0 & -1 & -2 \\ 0 & 1 & 0 & \frac{1}{2} & \frac{1}{2} & \frac{1}{2} \\ 0 & 0 & 1 & 0 & 1 & 1 \end{array}\right] \xrightarrow{r_1 - r_2}$$

$$\begin{bmatrix} 1 & 0 & 0 & -\frac{1}{2} & -\frac{3}{2} & -\frac{5}{2} \\ 0 & 1 & 0 & \frac{1}{2} & \frac{1}{2} & \frac{1}{2} \\ 0 & 0 & 1 & 0 & 1 & 1 \end{bmatrix},$$

$$\boldsymbol{A}^{-1} = \begin{bmatrix} -\frac{1}{2} & -\frac{3}{2} & -\frac{5}{2} \\ \frac{1}{2} & \frac{1}{2} & \frac{1}{2} \\ 0 & 1 & 1 \end{bmatrix}.$$

例 5　设 $\boldsymbol{A}$ 满足 $\boldsymbol{A}^2+\boldsymbol{A}-4\boldsymbol{E}=0$，$\boldsymbol{E}$ 为单位矩阵，求 $(\boldsymbol{A}-\boldsymbol{E})^{-1}$.

分析：矩阵 $\boldsymbol{A}$ 不是具体给出的矩阵，不能通过上题求法算出. 考虑用定义求其逆矩阵.

解　因为　$(\boldsymbol{A}-\boldsymbol{E})(\boldsymbol{A}+2\boldsymbol{E})-2\boldsymbol{E}=\boldsymbol{A}^2+\boldsymbol{A}-4\boldsymbol{E}=0$

所以　$(\boldsymbol{A}-\boldsymbol{E})(\boldsymbol{A}+2\boldsymbol{E})=2\boldsymbol{E}$

即：$(\boldsymbol{A}-\boldsymbol{E})\dfrac{(\boldsymbol{A}+2\boldsymbol{E})}{2}=\boldsymbol{E}$

由定义知 $(\boldsymbol{A}-\boldsymbol{E})^{-1}=\dfrac{1}{2}(\boldsymbol{A}+2\boldsymbol{E})$

例 6　设列矩阵 $\boldsymbol{x}=(x_1,\ \cdots,\ x_n)^{\mathrm{T}}$，$\boldsymbol{A}=\boldsymbol{E}-\boldsymbol{x}\boldsymbol{x}^{\mathrm{T}}$. 证明

(1) $\boldsymbol{A}^2=\boldsymbol{A}$ 的充分必要条件是 $\boldsymbol{x}^{\mathrm{T}}\boldsymbol{x}=1$；

(2) 当 $\boldsymbol{x}^{\mathrm{T}}\boldsymbol{x}=1$ 时，$\boldsymbol{A}$ 是不可逆矩阵.

证　(1) $\boldsymbol{A}^2=(\boldsymbol{E}-\boldsymbol{x}\boldsymbol{x}^{\mathrm{T}})(\boldsymbol{E}-\boldsymbol{x}\boldsymbol{x}^{\mathrm{T}})=\boldsymbol{E}-2\boldsymbol{x}\boldsymbol{x}^{\mathrm{T}}+(\boldsymbol{x}\boldsymbol{x}^{\mathrm{T}})(\boldsymbol{x}\boldsymbol{x}^{\mathrm{T}})$

而 $(\boldsymbol{x}\boldsymbol{x}^{\mathrm{T}})(\boldsymbol{x}\boldsymbol{x}^{\mathrm{T}})=(\boldsymbol{x}^{\mathrm{T}}\boldsymbol{x})\boldsymbol{x}\boldsymbol{x}^{\mathrm{T}}$，故 $\boldsymbol{A}^2=\boldsymbol{E}+(\boldsymbol{x}^{\mathrm{T}}\boldsymbol{x}-2)\boldsymbol{x}\boldsymbol{x}^{\mathrm{T}}$. 因此，由 $\boldsymbol{A}^2=\boldsymbol{A}$ 得

$$\boldsymbol{A}=\boldsymbol{E}-\boldsymbol{x}\boldsymbol{x}^{\mathrm{T}}\Rightarrow\boldsymbol{x}\boldsymbol{x}^{\mathrm{T}}=1$$

(2) 假设 $\boldsymbol{A}$ 可逆，则 $\boldsymbol{A}^2=\boldsymbol{A}$

得　$\boldsymbol{A}^{-1}\boldsymbol{A}^2=\boldsymbol{A}^{-1}\boldsymbol{A}=\boldsymbol{E}$

即　$\boldsymbol{A}=\boldsymbol{E}$

又因为　$\boldsymbol{A}=\boldsymbol{E}-\boldsymbol{X}\boldsymbol{X}^{\mathrm{T}}$

所以　$\boldsymbol{X}\boldsymbol{X}^{\mathrm{T}}=0$

从而　$\boldsymbol{X}=0$

这与 $\boldsymbol{x}^{\mathrm{T}}\boldsymbol{x}=1$ 矛盾，故 $\boldsymbol{A}$ 不可逆.

例 7　已知两个线性变换 $\begin{cases} x_1=2y_1+y_3 \\ x_2=-2y_1+3y_2+2y_3 \\ x_3=4y_1+y_2+5y_3 \end{cases}$，$\begin{cases} y_1=-3z_1+z_2 \\ y_2=2z_1+z_3 \\ y_3=-z_2+3z_3 \end{cases}$，求从 z_1，z_2，z_3 到 x_1，x_2，x_3 的线性变换.

解　由已知

$$\begin{bmatrix} x_1 \\ x_2 \\ x_3 \end{bmatrix}=\begin{bmatrix} 2 & 0 & 1 \\ -2 & 3 & 2 \\ 4 & 1 & 5 \end{bmatrix}\begin{bmatrix} y_1 \\ y_2 \\ y_3 \end{bmatrix}=\begin{bmatrix} 2 & 0 & 1 \\ -2 & 3 & 2 \\ 4 & 1 & 5 \end{bmatrix}\begin{bmatrix} -3 & 1 & 0 \\ 2 & 0 & 1 \\ 0 & -1 & 3 \end{bmatrix}\begin{bmatrix} z_1 \\ z_2 \\ z_3 \end{bmatrix}$$

$$=\begin{bmatrix}-6 & 1 & 3\\12 & -4 & 9\\-10 & 1 & 16\end{bmatrix}\begin{bmatrix}z_1\\z_2\\z_3\end{bmatrix}$$

所求线性变换为

$$\begin{cases}x_1=-6z_1+z_2+3z_3\\x_2=12z_1-4z_2+9z_3\\x_3=-10z_1-z_2+16z_3\end{cases}$$

例 8 (1)证明：$|A^*|=|A|^{n-1}$；(2)当 $A^{-1}=\begin{bmatrix}2 & 1 & 1\\1 & 2 & 1\\1 & 1 & 2\end{bmatrix}$时，求$|A^*|$.

证明 (1)公式 $AA^*=|A|E$ 两边取行列式，得

$$|AA^*|=|A||A^*|=||A|E|=|A|^n.$$

当$|A|\neq 0$ 时，得$|A^*|=|A|^{n-1}$.

当$|A|=0$ 时，得 $A^*A=O$，

若 $A\neq O$，$A^*A=0$ 有非零解，$|A^*|=0$，

若 $A=O$，$A_{ij}=0$，$A^*=O$，$|A^*|=0$.

综上可得$|A^*|=|A|^{n-1}$.

(2)当 $A^{-1}=\begin{bmatrix}2 & 1 & 1\\1 & 2 & 1\\1 & 1 & 2\end{bmatrix}$时，$|A^*|=|A|^{n-1}=\dfrac{1}{|A^{-1}|^{n-1}}$，

$$|A^{-1}|=\begin{vmatrix}2 & 1 & 1\\1 & 2 & 1\\1 & 1 & 2\end{vmatrix}=\begin{vmatrix}0 & -1 & -3\\0 & 1 & -1\\1 & 1 & 2\end{vmatrix}=4.$$

故

$$|A^*|=\frac{1}{|A^{-1}|^{n-1}}=\frac{1}{4^{n-1}}.$$

例 9 设矩阵 $A=\begin{bmatrix}2 & 1\\-1 & 2\end{bmatrix}$，$E$ 为二阶单位矩阵，矩阵 B 满足 $BA=B+2E$，求$|B|$.

分析：利用方阵行列式的定义求解.

解 由已知条件 $BA=B+2E$ 可得 $B(A-E)=2E$，两边取行列式，有$|B||A-E|=|2E|=4$.

又因为 $|A-E|=\begin{vmatrix}1 & 1\\-1 & 1\end{vmatrix}=2$

所以 $|B|=2$

例 10 设 A 为三阶方阵，A^* 为 A 的伴随矩阵，且$|A|=\dfrac{1}{2}$，求$|(3A)^{-1}-2A^*|$的值.

分析：涉及到 A^*，考虑用公式 $AA^*=A^*A=|A|E$.

解 由于$(3A)^{-1}=\dfrac{1}{3}A^{-1}$，$A^*=|A|A^{-1}=\dfrac{1}{2}A^{-1}$ 又$|A^{-1}|=\dfrac{1}{|A|}=2$

则　$|(3\boldsymbol{A})^{-1}|-2\boldsymbol{A}^*| = \left|\frac{1}{3}\boldsymbol{A}^{-1}-\boldsymbol{A}^{-1}\right| = \left|-\frac{2}{3}\boldsymbol{A}^{-1}\right| = \left(-\frac{2}{3}\right)^3|\boldsymbol{A}^{-1}| = -\frac{16}{27}.$

例 11　已知 $\boldsymbol{A}=\begin{bmatrix}1&1&1&1&1&0\\2&0&1&1&-4&-1\\0&1&2&2&6&2\\5&4&3&3&-1&-2\end{bmatrix}$，利用初等变换将 $\boldsymbol{A}$ 化成行阶梯形，行最简形和标准形.

解

$$\boldsymbol{A}=\begin{bmatrix}1&1&1&1&1&0\\2&0&1&1&-4&-1\\0&1&2&2&6&2\\5&4&3&3&-1&-2\end{bmatrix}\xrightarrow[r_4-5r_1]{r_2-r_1}$$

$$\begin{bmatrix}1&1&1&1&1&0\\0&-2&-1&-1&-6&-1\\0&1&2&2&6&2\\0&-1&-2&-2&-6&-2\end{bmatrix}\xrightarrow{r_2\leftrightarrow r_3}\begin{bmatrix}1&1&1&1&1&0\\0&1&2&2&6&2\\0&-2&-1&-1&-6&-1\\0&-1&-2&-2&-6&-2\end{bmatrix}\xrightarrow[r_4+r_2]{r_3+2r_2}$$

$$\begin{bmatrix}1&1&1&1&1&0\\0&1&2&2&6&2\\0&0&1&1&2&1\\0&0&0&0&0&0\end{bmatrix}\text{行阶梯形}\xrightarrow{r_3\times\frac{1}{3}}\begin{bmatrix}1&1&1&1&1&0\\0&1&2&2&6&2\\0&0&1&1&2&1\\0&0&0&0&0&0\end{bmatrix}\xrightarrow[r_1-r_3]{r_2-2r_3}$$

$$\begin{bmatrix}1&0&0&0&-3&-1\\0&1&0&0&2&0\\0&0&1&1&2&1\\0&0&0&0&0&0\end{bmatrix}\text{行最简形}\xrightarrow{r_1-r_2}\begin{bmatrix}1&0&0&0&-3&-1\\0&1&0&0&2&0\\0&0&1&1&2&1\\0&0&0&0&0&0\end{bmatrix}\xrightarrow[C_6+C_1-C_3]{\substack{C_4-C_3\\C_5+3C_1-2C_2-2C_3}}$$

$$\begin{bmatrix}1&0&0&0&0&0\\0&1&0&0&0&0\\0&0&1&0&0&0\\0&0&0&0&0&0\end{bmatrix}\text{标准形}$$

例 12　设 $\boldsymbol{A}$ 是三阶矩阵，将 $\boldsymbol{A}$ 的第二行加到第1行得到矩阵 $\boldsymbol{B}$. 再将矩阵 $\boldsymbol{B}$ 的第1列的 -1 倍加到第2列得到矩阵 $\boldsymbol{C}$，记 $\boldsymbol{P}=\begin{bmatrix}1&1&0\\0&1&0\\0&0&1\end{bmatrix}$，则

A. $\boldsymbol{C}=\boldsymbol{P}^{-1}\boldsymbol{A}\boldsymbol{P}$　　　B. $\boldsymbol{C}=\boldsymbol{P}\boldsymbol{A}\boldsymbol{P}^{-1}$

C. $\boldsymbol{C}=\boldsymbol{P}^{\mathrm{T}}\boldsymbol{A}\boldsymbol{P}$　　　D. $\boldsymbol{C}=\boldsymbol{P}\boldsymbol{A}\boldsymbol{P}^{\mathrm{T}}$.

中间哪一个成立?

分析：把已知条件用初等矩阵描述，注意

$$\boldsymbol{P}=\boldsymbol{E}_3[1,\ 2(1)],\ \boldsymbol{P}^{-1}=\boldsymbol{E}_3[1,\ 2(-1)]=\begin{bmatrix}1&-1&0\\0&1&0\\0&0&1\end{bmatrix}.$$

解　将已知条件用初等矩阵描述，有

$$B=E_3[1,2(1)]A=PA,\ C=BE_3[1,2(-1)]=BP^{-1},$$

于是
$$C=PAP^{-1}.$$

因此(B)成立.

注: 注意掌握初等矩阵左乘、右乘的性质及初等矩阵的逆矩阵.

例 13 解矩阵方程 $AX=B$, 其中

$$A=\begin{bmatrix}1&0&-1\\0&4&2\\1&-1&0\end{bmatrix},\ B=\begin{bmatrix}2&-3&1\\1&0&-1\\1&4&1\end{bmatrix}.$$

解 方法1: 逆矩阵法

由
$$|A|=\begin{vmatrix}1&0&-1\\0&4&2\\1&-1&0\end{vmatrix}=6\neq 0,$$

故 A 可逆, 且

$$A^{-1}=\frac{1}{6}\begin{bmatrix}2&1&4\\2&1&-2\\-4&1&4\end{bmatrix},$$

于是,

$$X=A^{-1}B=\frac{1}{6}\begin{bmatrix}2&1&4\\2&1&-2\\-4&1&4\end{bmatrix}\begin{bmatrix}2&-3&1\\1&0&-1\\1&4&1\end{bmatrix}$$

$$=\frac{1}{6}\begin{bmatrix}9&10&5\\3&-14&-1\\-3&28&-1\end{bmatrix}.$$

方法2: 初等行变换法 A 可逆, $X=A^{-1}B$.

$$(A,B)\xrightarrow{\text{(初等行变换)}}(E,A^{-1}B).$$

$$\left[\begin{array}{ccc:ccc}1&0&-1&2&-3&1\\0&4&2&1&0&-1\\1&-1&0&1&4&1\end{array}\right]\xrightarrow{r_3-r_1}\left[\begin{array}{ccc:ccc}1&0&-1&2&-3&1\\0&4&2&1&0&-1\\0&-1&0&-1&7&0\end{array}\right]\xrightarrow[r_3+4r_2]{r_2\leftrightarrow r_3}$$

$$\left[\begin{array}{ccc:ccc}1&0&-1&2&-3&1\\0&-1&1&-1&7&0\\0&0&6&-3&28&-1\end{array}\right]\xrightarrow[-r_2]{\frac{1}{6}r_3}$$

$$\left[\begin{array}{ccc:ccc}1&0&-1&2&-3&1\\0&1&-1&1&-7&0\\0&0&1&-\frac{3}{6}&\frac{28}{6}&-\frac{1}{6}\end{array}\right]\xrightarrow[r_2+r_3]{r_1+r_3}$$

$$\begin{bmatrix} 1 & 0 & 0 & \vdots & \frac{3}{2} & \frac{10}{6} & \frac{5}{6} \\ 0 & 1 & 0 & \vdots & \frac{3}{6} & -\frac{14}{6} & -\frac{1}{6} \\ 0 & 0 & 1 & \vdots & -\frac{3}{6} & \frac{28}{6} & \frac{-1}{6} \end{bmatrix},$$

$$\boldsymbol{X}=\boldsymbol{A}^{-1}\boldsymbol{B}=\frac{1}{6}\begin{bmatrix} 9 & 10 & 5 \\ 3 & -14 & -1 \\ -3 & 28 & -1 \end{bmatrix}.$$

例 14 已知$\boldsymbol{A}=\begin{bmatrix} 1 & 1 & -1 \\ -1 & 1 & 1 \\ 1 & -1 & 1 \end{bmatrix}$，矩阵$\boldsymbol{X}$满足$\boldsymbol{A}^*\boldsymbol{X}=\boldsymbol{A}^{-1}+2\boldsymbol{X}$，求矩阵$\boldsymbol{X}$.

分析：这是一类所谓矩阵方程问题. 本题若先由$\boldsymbol{A}$来求$\boldsymbol{A}^*$，$\boldsymbol{A}^{-1}$，再代入求解$\boldsymbol{X}$，工作量大且有重复，对于此类矩阵方程以先恒等变形，化简后求解比较好.

解 由$\boldsymbol{A}\boldsymbol{A}^*=\boldsymbol{A}^*\boldsymbol{A}=|\boldsymbol{A}|\boldsymbol{E}$，用矩阵$\boldsymbol{A}$左乘方程$\boldsymbol{A}^*\boldsymbol{X}=\boldsymbol{A}^{-1}+2\boldsymbol{X}$的两端，$\boldsymbol{A}\boldsymbol{A}^*\boldsymbol{A}=\boldsymbol{A}\boldsymbol{A}^{-1}+2\boldsymbol{A}\boldsymbol{X}$即有$|\boldsymbol{A}|\boldsymbol{X}=\boldsymbol{E}+2\boldsymbol{A}\boldsymbol{X}$，即$(|\boldsymbol{A}|\boldsymbol{E}-2\boldsymbol{A})\boldsymbol{X}=\boldsymbol{E}$，由逆矩阵的定义得

$$\boldsymbol{X}=(|\boldsymbol{A}|\boldsymbol{E}-2\boldsymbol{A})^{-1}.$$

由于

$$|\boldsymbol{A}|=\begin{vmatrix} 1 & 1 & -1 \\ -1 & 1 & 1 \\ 1 & -1 & 1 \end{vmatrix}=4,\quad |\boldsymbol{A}|\boldsymbol{E}-2\boldsymbol{A}=2\begin{bmatrix} 1 & -1 & 1 \\ 1 & 1 & -1 \\ -1 & 1 & 1 \end{bmatrix},$$

故

$$\boldsymbol{X}=\frac{1}{2}\begin{bmatrix} 1 & -1 & 1 \\ 1 & 1 & -1 \\ -1 & 1 & 1 \end{bmatrix}^{-1}=\frac{1}{4}\begin{bmatrix} 1 & 1 & 0 \\ 0 & 1 & 1 \\ 1 & 0 & 1 \end{bmatrix}.$$

注：矩阵的乘法不满足交换律，所以在对矩阵方程两边作乘法运算时，应注意是同时左乘还是右乘一个矩阵.

例 15 设

$$\boldsymbol{A}=\begin{bmatrix} 1 & 2 & 3 & 4 \\ 2 & 3 & 4 & 5 \\ 3 & 4 & 5 & 6 \\ 4 & 5 & 6 & 7 \end{bmatrix},$$

求$r(\boldsymbol{A})$.

解 初等变换不改变矩阵的秩

$$\boldsymbol{A}=\begin{bmatrix} 1 & 2 & 3 & 4 \\ 2 & 3 & 4 & 5 \\ 3 & 4 & 5 & 6 \\ 4 & 5 & 6 & 7 \end{bmatrix}\xrightarrow[i=2,3,4]{r_i-r_1}\begin{bmatrix} 1 & 2 & 3 & 4 \\ 1 & 1 & 1 & 1 \\ 2 & 2 & 2 & 2 \\ 3 & 3 & 3 & 3 \end{bmatrix}\xrightarrow[r_4-3r_2]{r_3-2r_2}\begin{bmatrix} 1 & 2 & 3 & 4 \\ 1 & 1 & 1 & 1 \\ 0 & 0 & 0 & 0 \\ 0 & 0 & 0 & 0 \end{bmatrix},$$

$$\xrightarrow{r_2-r_1}\begin{bmatrix}1&2&3&4\\0&-1&-2&-3\\0&0&0&0\\0&0&0&0\end{bmatrix}$$

故 $r(\boldsymbol{A})=2$.

例 16

$$\boldsymbol{A}=\begin{bmatrix}1&1&1&-1\\1&3&x&1\\2&0&3&-4\\3&5&y&-1\end{bmatrix},$$

已知 $r(\boldsymbol{A})=2$，确定 x，y 的值.

解　显然 $\boldsymbol{A}$ 中有二阶子式不等于 0，因已知 $r(\boldsymbol{A})=2$，故 $\boldsymbol{A}$ 中任何三阶子式均应等于零，包含 x 或 y 的三阶子式应等于零，故有

$$\begin{vmatrix}1&1&1\\1&3&x\\2&0&3\end{vmatrix}=\begin{vmatrix}1&1&1\\0&2&x-1\\0&-2&1\end{vmatrix}=\begin{vmatrix}1&1&1\\0&2&x-1\\0&0&x\end{vmatrix}=2x=0,$$

得 $x=0$，

$$\begin{vmatrix}1&1&1\\2&0&3\\3&5&y\end{vmatrix}=\begin{vmatrix}1&1&1\\2&0&3\\-2&0&y-5\end{vmatrix}=-[2(y-5)+6]=0,$$

得 $y=2$.

例 17　设 $\boldsymbol{A}^*$ 是 n 阶矩阵 $\boldsymbol{A}$ 的伴随矩阵，证明：

$$r(\boldsymbol{A}^*)=\begin{cases}n,\ r(\boldsymbol{A})=n\\1,\ r(\boldsymbol{A})=n-1.\\0,\ r(\boldsymbol{A})<n-1\end{cases}$$

证明　(1)若 $r(\boldsymbol{A})=n$，则 $\boldsymbol{A}$ 可逆，即 $|\boldsymbol{A}|\neq0$，由 $\boldsymbol{AA}^*=|\boldsymbol{A}|\boldsymbol{E}$ 可知 $\boldsymbol{A}^*$ 可逆，所以 $r(\boldsymbol{A}^*)=n$.

(2)若 $r(\boldsymbol{A})=n-1$，则 $|\boldsymbol{A}|=0$. 由 $\boldsymbol{AA}^*=|\boldsymbol{A}|\boldsymbol{E}=\boldsymbol{O}$，根据秩的有关性质知 $r(\boldsymbol{A})+r(\boldsymbol{A}^*)\leqslant n$，即 $r(\boldsymbol{A}^*)\leqslant n-r(\boldsymbol{A})=1$. 又因为 $r(\boldsymbol{A})=n-1$，则由矩阵秩的定义知，$\boldsymbol{A}$ 中至少有一个 $n-1$ 阶子式不为 0，那么矩阵 $\boldsymbol{A}^*$ 中至少有一个非零元素，所以 $r(\boldsymbol{A}^*)\geqslant1$，综合所述，可知 $r(\boldsymbol{A}^*)=1$.

(3)若 $r(\boldsymbol{A})<n-1$，则 $\boldsymbol{A}$ 中任意$(n-1)$阶子式均为 0，故 $\boldsymbol{A}^*=\boldsymbol{O}$，所以 $r(\boldsymbol{A}^*)=0$.

例 18　设 $\boldsymbol{A}$ 为 n 阶方阵，$\boldsymbol{E}$ 为 n 阶单位矩阵，且 $\boldsymbol{A}^2-\boldsymbol{A}=2\boldsymbol{E}$，则 $r(2\boldsymbol{E}-\boldsymbol{A})+r(\boldsymbol{E}+\boldsymbol{A})=n$.

分析：证明：$F=r(2\boldsymbol{E}-\boldsymbol{A})+r(\boldsymbol{E}+\boldsymbol{A})=n$

可证 $F\geqslant n$ 且 $F\leqslant n$

证明　由 $\boldsymbol{A}^2-\boldsymbol{A}=2\boldsymbol{E}$ 可知

$$r(2\boldsymbol{E}-\boldsymbol{A})+r(\boldsymbol{E}+\boldsymbol{A})\geqslant r(\boldsymbol{E})=n$$

又因为$(2\boldsymbol{E}-\boldsymbol{A})(\boldsymbol{E}+\boldsymbol{A})=2\boldsymbol{E}+2\boldsymbol{A}-\boldsymbol{A}-\boldsymbol{A}^2=\boldsymbol{O}$，故

$$r(\boldsymbol{O})\geqslant r(2\boldsymbol{E}-\boldsymbol{A})+r(\boldsymbol{E}+\boldsymbol{A})-n$$

即
$$r(2\boldsymbol{E}-\boldsymbol{A})+r(\boldsymbol{E}+\boldsymbol{A})\leqslant n$$
因为
$$r(2\boldsymbol{E}-\boldsymbol{A})+r(\boldsymbol{E}+\boldsymbol{A})=n$$

例 19　用分块法求 $\boldsymbol{A}$ 矩阵的逆矩阵.

$$\boldsymbol{A}=\begin{bmatrix}3&1&0&0\\2&1&0&0\\0&0&2&5\\0&0&4&1\end{bmatrix}$$

解　令 $\boldsymbol{A}=\begin{bmatrix}\boldsymbol{A}_1&\boldsymbol{O}\\\boldsymbol{O}&\boldsymbol{A}_2\end{bmatrix}$，其中 $\boldsymbol{A}_1=\begin{bmatrix}3&1\\2&1\end{bmatrix}$，$\boldsymbol{A}_2=\begin{bmatrix}2&5\\4&1\end{bmatrix}$

则
$$\boldsymbol{A}_1^{-1}=\begin{bmatrix}1&-1\\-2&3\end{bmatrix},\ \boldsymbol{A}_2^{-1}=-\frac{1}{18}\begin{bmatrix}1&-5\\-4&2\end{bmatrix}=\begin{bmatrix}-\frac{1}{18}&\frac{5}{18}\\\frac{2}{9}&-\frac{1}{9}\end{bmatrix}$$

因此
$$\boldsymbol{A}^{-1}=\begin{bmatrix}\boldsymbol{A}_1^{-1}&\boldsymbol{O}\\\boldsymbol{O}&\boldsymbol{A}_2^{-1}\end{bmatrix}=\begin{bmatrix}1&-1&0&0\\-2&3&0&0\\0&0&-\frac{1}{18}&\frac{5}{18}\\0&0&\frac{2}{9}&-\frac{1}{9}\end{bmatrix}$$

例 20　设 $\boldsymbol{A}=\begin{bmatrix}0&1&0&0\\0&0&1&0\\0&0&0&1\\1&0&0&0\end{bmatrix}$，求 $\boldsymbol{A}^2$、$\boldsymbol{A}^4$.

解　$\boldsymbol{A}^2=\boldsymbol{A}\cdot\boldsymbol{A}=\begin{bmatrix}0&1&0&0\\0&0&1&0\\0&0&0&1\\1&0&0&0\end{bmatrix}\begin{bmatrix}0&1&0&0\\0&0&1&0\\0&0&0&1\\1&0&0&0\end{bmatrix}$，

左边的 $\boldsymbol{A}$ 分块如下：

$$\boldsymbol{A}=\left[\begin{array}{c:ccc}0&1&0&0\\0&0&1&0\\0&0&0&1\\\hdashline 1&0&0&0\end{array}\right]\xlongequal{记为}\begin{bmatrix}\boldsymbol{O}&\boldsymbol{E}_3\\\boldsymbol{1}&\boldsymbol{O}\end{bmatrix},$$

但右边的不能用同样的分法，为了可乘，左边的 $\boldsymbol{A}$ 分成了 1 列与 3 列，则右边的 $\boldsymbol{A}$ 必须分成 1 行和 3 行，即

$$\boldsymbol{A}=\left[\begin{array}{c:ccc}0&1&0&0\\\hdashline 0&0&1&0\\0&0&0&1\\1&0&0&0\end{array}\right]\xlongequal{记为}\begin{bmatrix}0&\boldsymbol{\alpha}\\\boldsymbol{\beta}&\boldsymbol{B}\end{bmatrix},$$

其中
$$\boldsymbol{\alpha}=[1,0,0],\ \boldsymbol{\beta}=\begin{bmatrix}0\\0\\1\end{bmatrix},\ \boldsymbol{B}=\begin{bmatrix}0&1&0\\0&0&1\\0&0&0\end{bmatrix},$$

从而有
$$\boldsymbol{A}^2=\begin{bmatrix}0&\boldsymbol{E}_3\\1&0\end{bmatrix}\begin{bmatrix}0&\boldsymbol{\alpha}\\\boldsymbol{\beta}&\boldsymbol{B}\end{bmatrix}=\begin{bmatrix}\boldsymbol{E}_3\boldsymbol{\beta}&\boldsymbol{E}_3\boldsymbol{B}\\0&\boldsymbol{\alpha}\end{bmatrix}=\begin{bmatrix}\boldsymbol{\beta}&\boldsymbol{B}\\0&\boldsymbol{\alpha}\end{bmatrix}$$
$$=\left[\begin{array}{c:ccc}0&0&1&0\\0&0&0&1\\1&0&0&0\\\hdashline 0&1&0&0\end{array}\right].$$

(2)$\boldsymbol{A}^4=\boldsymbol{A}^2\cdot\boldsymbol{A}^2$，将 $\boldsymbol{A}^2$ 作如下分块
$$\boldsymbol{A}^2=\left[\begin{array}{cc:cc}0&0&1&0\\0&0&0&1\\\hdashline 1&0&0&0\\0&1&0&0\end{array}\right]=\begin{bmatrix}\boldsymbol{O}&\boldsymbol{E}_2\\\boldsymbol{E}_2&\boldsymbol{O}\end{bmatrix},$$

则
$$\boldsymbol{A}^4=\boldsymbol{A}^2\cdot\boldsymbol{A}^2=\begin{bmatrix}\boldsymbol{O}&\boldsymbol{E}_2\\\boldsymbol{E}_2&\boldsymbol{O}\end{bmatrix}\begin{bmatrix}\boldsymbol{O}&\boldsymbol{E}_2\\\boldsymbol{E}_2&\boldsymbol{O}\end{bmatrix}=\begin{bmatrix}\boldsymbol{E}_2^2&\boldsymbol{O}\\\boldsymbol{O}&\boldsymbol{E}_2^2\end{bmatrix}$$
$$=\begin{bmatrix}\boldsymbol{E}_2&\boldsymbol{O}\\\boldsymbol{O}&\boldsymbol{E}_2\end{bmatrix}=\begin{bmatrix}1&0&0&0\\0&1&0&0\\0&0&1&0\\0&0&0&1\end{bmatrix}=\boldsymbol{E}_4.$$

注：*分块矩阵 $\boldsymbol{A}$、$\boldsymbol{B}$ 相乘时，必须要求：①左边矩阵 $\boldsymbol{A}$ 的列数 = 右边矩阵 $\boldsymbol{B}$ 的行数；②左边矩阵 $\boldsymbol{A}$ 的列的分法 = 右边矩阵 $\boldsymbol{B}$ 的行的分法，否则不能相乘.*

例 21 某中学设计校服样品，每个男生的服装需用面料 1.5 m，内面布料 1.2 m，装饰带 3 条；每个女生的服装需用面料 1.8 m，内面布料 1.5 m，装饰带 2 条. 现要制作 8 套男装和 10 套女装样品共需多少材料？面料 20 元/m，内面布料 10 元/m，装饰带 5 元/条，则制作的校服样品共需多少用料费？

解 设

面料　内面布料　装饰带
$$\boldsymbol{A}=\begin{bmatrix}1.5&1.2&3\\1.8&1.5&2\end{bmatrix}\begin{matrix}\text{男装}\\\text{女装}\end{matrix},\ \boldsymbol{B}=\begin{bmatrix}20\\10\\5\end{bmatrix}\begin{matrix}\text{面料}\\\text{内面布料}\\\text{装饰带}\end{matrix}$$

现在有向量 $\boldsymbol{X}=\begin{bmatrix}8\\10\end{bmatrix}^{\mathrm{T}}$，则所需材料为
$$\boldsymbol{Y}=\boldsymbol{XA}=(8\quad 10)\begin{bmatrix}1.5&1.2&3\\1.8&1.5&2\end{bmatrix}=(30\quad 24.6\quad 44).$$

制作这些校服样品的用料费用为
$$\boldsymbol{Z}=\boldsymbol{YB}=[30\quad 24.6\quad 44]\begin{bmatrix}20\\10\\5\end{bmatrix}=1066(\text{元})$$

则所需材料为面料30 m，内面料24.6 m，装饰带44条，制作这些校服样品的用料费用为1066元.

例22 假设猫头鹰和鼠的捕食者与被捕食者矩阵为$\boldsymbol{A}=\begin{bmatrix}0.5 & 0.4\\ -p & 1.1\end{bmatrix}$. 证明，如果捕食参数$p=0.104$(事实上，平均每个月一只猫头鹰吃掉鼠约$1000p$只)，则两个种群都会增长. 估计这个长期增长率及猫头鹰与鼠的最终比值.

解 易知，系数矩阵$\boldsymbol{A}=\begin{bmatrix}0.5 & 0.4\\ -0.104 & 1.1\end{bmatrix}$，求得$\boldsymbol{A}$的全部特征值

$$\lambda_1=1.02,\ \lambda_2=0.58.$$

其对应的特征向量分别是

$$\boldsymbol{p}_1=\begin{bmatrix}10\\13\end{bmatrix},\ \boldsymbol{p}_2\begin{bmatrix}5\\1\end{bmatrix}.$$

初始向量$\boldsymbol{x}_0=c_1\boldsymbol{p}_1+c_2\boldsymbol{p}_2$. 令$\boldsymbol{P}=(\boldsymbol{p}_1,\boldsymbol{p}_2)=\begin{bmatrix}10 & 5\\13 & 1\end{bmatrix}$，当$n\geqslant 0$时，则

$$\begin{aligned}\boldsymbol{x}_n=\boldsymbol{P}\boldsymbol{A}^n\boldsymbol{P}^{-1}\boldsymbol{x}_0&=\begin{bmatrix}10 & 5\\13 & 1\end{bmatrix}\begin{bmatrix}1.02^n & 0\\0 & 0.58^n\end{bmatrix}\begin{bmatrix}10 & 5\\13 & 1\end{bmatrix}^{-1}\boldsymbol{x}_0\\&=\begin{bmatrix}c_1 1.02^n\times 10+c_2 0.58^n\times 5\\ c_1 1.02^n\times 13+c_2 0.58^n\end{bmatrix}=c_1 1.02^n\begin{bmatrix}10\\13\end{bmatrix}+c_2 0.58^n\begin{bmatrix}5\\1\end{bmatrix}.\end{aligned}$$

假定$c_1>0$，则对足够大的n，0.58^n趋于0，进而

$$\boldsymbol{x}_n\approx c_1 1.02^n\boldsymbol{p}_1=c_1 1.02^n\begin{bmatrix}10\\13\end{bmatrix},\tag{1}$$

n越大，(1)式的近似程度越高，故对于充分大的n，

$$\boldsymbol{x}_{n+1}\approx c_1 1.02^{n+1}\begin{bmatrix}10\\13\end{bmatrix}=1.02c_1 1.02^n\begin{bmatrix}10\\13\end{bmatrix}=1.02\boldsymbol{x}_n.\tag{2}$$

(2)式的近似表明，最后$\boldsymbol{x}_n$的每个元素(猫头鹰和鼠的数量)几乎每个月都近似地增长了0.02倍，即有2%的月增长率. 由(1)式知$\boldsymbol{x}_n$约为$(10,13)^{\mathrm{T}}$的倍数，所以$\boldsymbol{x}_n$中元素的比值约为10∶13，即每10只猫头鹰对应着约13000只鼠.

习题

一、填空题

1. $\begin{bmatrix}2 & 1 & 0\\1 & -1 & 4\end{bmatrix}\begin{bmatrix}1 & 3\\0 & -1\\4 & 0\end{bmatrix}=$________.

2. 计算$\begin{bmatrix}1 & 2 & 3\end{bmatrix}\begin{bmatrix}3\\2\\1\end{bmatrix}=$________.

3. 设$A=\begin{bmatrix} a & a \\ -a & -a \end{bmatrix}$，$B=\begin{bmatrix} b & -b \\ -b & b \end{bmatrix}$，则$AB=$________.

4. 若$\alpha=[1 \quad 2 \quad 3]$，$\beta=[3 \quad -5 \quad 2]$，则$\alpha^{T}\beta=$________.

5. 计算$\begin{bmatrix} 4 & 3 & 1 \\ 1 & -2 & 3 \\ 5 & 7 & 0 \end{bmatrix}\begin{bmatrix} 7 \\ 2 \\ 1 \end{bmatrix}=$________.

6. 已知$\alpha=\begin{bmatrix} 1 \\ 2 \\ 3 \end{bmatrix}$，$\beta=\begin{bmatrix} 1 \\ -1 \\ 0 \end{bmatrix}$，$E$是三阶单位矩阵，则$\alpha\beta^{T}+\beta^{T}\alpha E=$________.

7. $\begin{bmatrix} 1 & 1 \\ 0 & 0 \end{bmatrix}^{n}=$________（$n$为正整数）.

8. 设$A=\begin{bmatrix} 1 \\ 2 \\ 3 \end{bmatrix}$，则$AA^{T}=$________.

9. 计算$\begin{bmatrix} 2 \\ 1 \\ 3 \end{bmatrix}[-1 \quad 2]=$________.

10. $\begin{bmatrix} 1 & 0 & 0 \\ 0 & 2 & 0 \\ 0 & 0 & 3 \end{bmatrix}^{-1}=$________.

11. 设$A=\begin{bmatrix} 1 & 2 & 1 \\ 3 & 1 & 0 \end{bmatrix}$，$B=\begin{bmatrix} 1 & 2 & 0 \\ 1 & 0 & 1 \end{bmatrix}$，则$A^{T}B=$________.

12. 设$A=\begin{bmatrix} 1 & 2 & 0 \\ 0 & 1 & 0 \\ 0 & 0 & 2 \end{bmatrix}$，则$A^{-1}=$________.

13. 设$A=\begin{bmatrix} 1 & -1 \\ 0 & 1 \end{bmatrix}$，则$(2A)^{-1}=$________.

14. 若n阶矩阵A、B、C满足$ABC=I$，I为n阶单位矩阵，则$C^{-1}=$________.

15. 设方阵A满足$A^{k}=E$，这里k为正整数，则矩阵A的逆$A^{-1}=$________.

16. 设4阶矩阵$A=[\alpha_1,\beta_1,\beta_2,\beta_3]$，$B=[\alpha_2,\beta_1,\beta_2,\beta_3]$，其中$\alpha_1,\alpha_2,\beta_1,\beta_2,\beta_3$均为4维列向量，且$|A|=4$，$|B|=1$，则$|A+B|=$________.

17. 设α为3维列向量，α^{T}是α的转置，$\alpha\alpha^{T}=\begin{bmatrix} 1 & -1 & 1 \\ -1 & 1 & -1 \\ 1 & -1 & 1 \end{bmatrix}$，则$\alpha^{T}\alpha=$________.

18. 设A、B为可逆矩阵，则$AXB=C$的解为$X=$________.

19. 设A为2001阶矩阵，且满足$A^{T}=-A$，则$|A|=$________.

20. 若A、B为同阶方阵，则$(A+B)(A-B)=A^{2}-B^{2}$的充分必要条件是________.

21. 已知矩阵$\begin{bmatrix} a & 2 & 3 & 4 & 5 \\ 2 & 3 & 4 & 5 & 6 \\ 3 & 4 & 5 & 6 & 7 \\ 7 & 6 & 5 & 4 & 3 \end{bmatrix}$的秩为2，则$a=$________.

22. 设矩阵$\boldsymbol{A}=\begin{bmatrix} 1 & 2 \\ 3 & 4 \end{bmatrix}$，则行列式$|\boldsymbol{A}^{\mathrm{T}}\boldsymbol{A}|=$________.

23. 若$\boldsymbol{A}$、$\boldsymbol{B}$均为三阶矩阵，且$|\boldsymbol{A}|=2$，$\boldsymbol{B}=-3\boldsymbol{E}$，则$|\boldsymbol{AB}|=$________.

24. 设$\det(\boldsymbol{A})=-1$，$\det(\boldsymbol{B})=2$，且$\boldsymbol{A}$，$\boldsymbol{B}$为同阶方阵，则$\det((\boldsymbol{AB})^3)=$________.

25. 设$\boldsymbol{A}$为三阶可逆矩阵，且$\boldsymbol{A}^{-1}=\begin{bmatrix} 1 & 2 & 3 \\ 0 & 1 & -2 \\ 0 & 0 & -1 \end{bmatrix}$，则$\boldsymbol{A}^*=$________.

26. 设$\boldsymbol{A}=\begin{bmatrix} 1 & 0 & 0 \\ 2 & 2 & 0 \\ 3 & 3 & 3 \end{bmatrix}$的伴随矩阵为$\boldsymbol{A}^*$，则$(\boldsymbol{A}^*)^{-1}=$________.

27. $\boldsymbol{A}$为n阶方阵，$\boldsymbol{B}$为n阶方阵，$|\boldsymbol{A}|=a$，$|\boldsymbol{B}|=b$，则$\begin{vmatrix} 0 & A \\ B & C \end{vmatrix}=$________.

28. 设矩阵$\boldsymbol{A}$满足$\boldsymbol{A}^2+\boldsymbol{A}-4\boldsymbol{E}=0$，其中$\boldsymbol{E}$为单位矩阵，则$(\boldsymbol{A}-\boldsymbol{E})^{-1}=$________.

29. 设$\boldsymbol{A}=\begin{bmatrix} 1 & 2 & -2 \\ 4 & a & 1 \\ 3 & -1 & 1 \end{bmatrix}$，$\boldsymbol{B}$为三阶非零方阵，且$\boldsymbol{AB}=0$，则$a=$________.

30. 设矩阵$\boldsymbol{A}=[\alpha_1, \alpha_2, \alpha_3, \alpha_4]$，矩阵

$\boldsymbol{B}=[\alpha_1-2\alpha_2, 2\alpha_1+\alpha_2, \alpha_2+\alpha_3, 3\alpha_3-\alpha_4]$，且$|\boldsymbol{A}|=\dfrac{2}{5}$，则$|-\boldsymbol{B}^{-1}|=$________.

31. 设$\boldsymbol{A}$为二阶矩阵，将$\boldsymbol{A}$的第2列的-2倍加到第1列得到矩阵$\boldsymbol{B}=\begin{bmatrix} 1 & 2 \\ 3 & 4 \end{bmatrix}$，则$\boldsymbol{A}=$________.

32. 设$\boldsymbol{A}$是4×3矩阵，$r(\boldsymbol{A})=2$，$\boldsymbol{B}=\begin{bmatrix} 1 & 0 & 2 \\ 0 & 2 & 0 \\ -1 & 0 & 3 \end{bmatrix}$，则$r(\boldsymbol{AB})=$________.

33. 设三阶矩阵$\boldsymbol{A}$的秩为2，矩阵$\boldsymbol{P}=\begin{bmatrix} 0 & 0 & 1 \\ 0 & 1 & 0 \\ 1 & 0 & 0 \end{bmatrix}$，$\boldsymbol{Q}=\begin{bmatrix} 1 & 0 & 0 \\ 0 & 1 & 0 \\ 1 & 0 & 0 \end{bmatrix}$，若矩阵$\boldsymbol{B}=\boldsymbol{QAP}$，则$r(\boldsymbol{B})=$________.

34. 设$\boldsymbol{A}$、$\boldsymbol{B}$均为$m\times n$矩阵，若$\boldsymbol{A}$的列向量组$\boldsymbol{\alpha}_1$，$\boldsymbol{\alpha}_2$，$\cdots$，$\boldsymbol{\alpha}_n$可由$\boldsymbol{B}$的列向量组$\boldsymbol{\beta}_1$，$\boldsymbol{\beta}_2$，$\cdots$，$\boldsymbol{\beta}_n$线性表示，则$r(\boldsymbol{A})$与$r(\boldsymbol{B})$的关系为________.

35. 设矩阵$\boldsymbol{A}=\begin{bmatrix} 1 & 0 & 1 \\ 0 & 2 & 0 \\ 0 & 0 & 1 \end{bmatrix}$，矩阵$\boldsymbol{B}=\boldsymbol{A}-\boldsymbol{E}$，则矩阵$\boldsymbol{B}$的秩$r(\boldsymbol{B})=$________.

36. 若$\boldsymbol{A}=\begin{bmatrix}2&2&1\\1&2&4\\1&4&t\end{bmatrix}$，且$r(\boldsymbol{A})=2$，则$t=$________.

37. 若$\boldsymbol{A}$、$\boldsymbol{B}$都是n阶方阵，$|\boldsymbol{A}|=1$，$|\boldsymbol{B}|=-3$，则$|3\boldsymbol{A}^*\boldsymbol{B}^{-1}|=$________.

38. 若n阶方阵$\boldsymbol{A}$满足$|\boldsymbol{A}|=0$，$\boldsymbol{A}^*\neq 0$，则秩$\boldsymbol{A}=$________.

39. 设四阶方阵$\boldsymbol{A}$的秩为2，则其伴随矩阵$\boldsymbol{A}^*$的秩为________.

40. 若$\boldsymbol{A}$是三阶矩阵，且$|\boldsymbol{A}|=2$，则$|4\boldsymbol{A}^{-1}-\boldsymbol{A}^*|=$________.

二、单项选择题

1. 设$\boldsymbol{A}$、$\boldsymbol{B}$、$\boldsymbol{C}$均为n阶矩阵，$\boldsymbol{AB}=\boldsymbol{BA}$，$\boldsymbol{AC}=\boldsymbol{CA}$，则$\boldsymbol{ABC}=$(　　).

A. $\boldsymbol{ACB}$　　B. $\boldsymbol{CBA}$　　C. $\boldsymbol{BCA}$　　D. $\boldsymbol{CAB}$

2. 设$\boldsymbol{A}$为n阶可逆矩阵，则(　　).

A. $(2\boldsymbol{A})^{-1}=2\boldsymbol{A}^{-1}$　　B. $(2\boldsymbol{A})^{\mathrm{T}}=2\boldsymbol{A}^{T}$

C. $((\boldsymbol{A}^{-1})^{-1})^{\mathrm{T}}=((\boldsymbol{A}^{\mathrm{T}})^{\mathrm{T}})^{-1}$　　D. $((\boldsymbol{A}^{\mathrm{T}})^{-1})^{\mathrm{T}}=((\boldsymbol{A}^{-1})^{\mathrm{T}})^{-1}$

3. 设矩阵$\boldsymbol{A}=[1,\ 2]$，$\boldsymbol{B}=\begin{bmatrix}1&2\\3&4\end{bmatrix}$，$\boldsymbol{C}=\begin{bmatrix}1&2&3\\4&5&6\end{bmatrix}$，则下列矩阵运算中有意义的是(　　).

A. $\boldsymbol{ACB}$　　B. $\boldsymbol{ABC}$　　C. $\boldsymbol{BAC}$　　D. $\boldsymbol{CBA}$

4. $(\boldsymbol{A}+\boldsymbol{B})^2=\boldsymbol{A}^2+2\boldsymbol{AB}+\boldsymbol{B}^2$成立的充分必要条件是(　　).

A. $\boldsymbol{B}=\boldsymbol{E}$　　B. $\boldsymbol{A}=\boldsymbol{E}$　　C. $\boldsymbol{AB}=\boldsymbol{BA}$　　D. $\boldsymbol{A}=\boldsymbol{B}$

5. 下列等式中正确的是(　　).

A. $(\boldsymbol{A}+\boldsymbol{B})^2=\boldsymbol{A}^2+\boldsymbol{AB}+\boldsymbol{BA}+\boldsymbol{B}^2$　　B. $(\boldsymbol{AB})^{\mathrm{T}}=\boldsymbol{A}^{\mathrm{T}}\boldsymbol{B}^{\mathrm{T}}$

C. $(\boldsymbol{A}-\boldsymbol{B})(\boldsymbol{A}+\boldsymbol{B})=\boldsymbol{A}^2-\boldsymbol{B}^2$　　D. $\boldsymbol{A}^2-3\boldsymbol{A}=(\boldsymbol{A}-3)\boldsymbol{A}$

6. 设$\boldsymbol{A}$、$\boldsymbol{B}$都是n阶矩阵，且$\boldsymbol{AB}=0$，则下列一定成立的是(　　).

A. $\boldsymbol{A}=0$或$\boldsymbol{B}=0$　　B. $\boldsymbol{A}$，$\boldsymbol{B}$都不可逆

C. $\boldsymbol{A}$，$\boldsymbol{B}$中至少有一个不可逆　　D. $\boldsymbol{A}+\boldsymbol{B}=0$

7. $\boldsymbol{A}$、$\boldsymbol{B}$均为n阶矩阵，下列各式中成立的为(　　).

A. $(\boldsymbol{A}+\boldsymbol{B})^2=\boldsymbol{A}^2+2\boldsymbol{AB}+\boldsymbol{B}^2$

B. $(\boldsymbol{AB})^{\mathrm{T}}=\boldsymbol{A}^{\mathrm{T}}\boldsymbol{B}^{\mathrm{T}}$

C. $\boldsymbol{AB}=0$，则$\boldsymbol{A}=0$或$\boldsymbol{B}=0$

D. 若$|\boldsymbol{A}+\boldsymbol{AB}|=0$，则$|\boldsymbol{A}|=0$或$|\boldsymbol{E}+\boldsymbol{B}|=0$.

8. 设$\boldsymbol{A}$、$\boldsymbol{B}$为n阶矩阵，则下列各式成立的为(　　).

A. $\boldsymbol{AB}=\boldsymbol{BA}$　　B. $\boldsymbol{A}^2-\boldsymbol{B}^2=(\boldsymbol{A}+\boldsymbol{B})(\boldsymbol{A}-\boldsymbol{B})$

C. $(\boldsymbol{AB})^{\mathrm{T}}=\boldsymbol{A}^{\mathrm{T}}\boldsymbol{B}^{\mathrm{T}}$　　D. $|\boldsymbol{AB}|=|\boldsymbol{BA}|$

9. 设 $\boldsymbol{A}$ 是 n 阶反对称矩阵，且 $\boldsymbol{A}$ 可逆，则（　）.

A. $\boldsymbol{A}^{\mathrm{T}}\boldsymbol{A}^{-1}=-\boldsymbol{E}$　　B. $\boldsymbol{A}\boldsymbol{A}^{\mathrm{T}}=-\boldsymbol{E}$

C. $\boldsymbol{A}^{-1}=-\boldsymbol{A}^{\mathrm{T}}$　　D. $|\boldsymbol{A}^{\mathrm{T}}|=-|\boldsymbol{A}|$

10. $\boldsymbol{A}$、$\boldsymbol{B}$ 为 n 阶对称矩阵，不真的陈述为（　）.

A. $\boldsymbol{A}+\boldsymbol{B}$ 为对称矩阵　　B. $\boldsymbol{A}-\boldsymbol{B}$ 为对称矩阵

C. $\boldsymbol{AB}$ 为对称矩阵　　D. 如果 $\boldsymbol{A}$ 可逆，则 $\boldsymbol{A}^{-1}$ 为对称矩阵

11. 设 $\boldsymbol{A}$ 为任意 n 阶矩阵，下列矩阵中为反对称矩阵的是（　）.

A. $\boldsymbol{A}+\boldsymbol{A}^{\mathrm{T}}$　　B. $\boldsymbol{A}-\boldsymbol{A}^{\mathrm{T}}$　　C. $\boldsymbol{A}\boldsymbol{A}^{\mathrm{T}}$　　D. $\boldsymbol{A}^{\mathrm{T}}\boldsymbol{A}$

12. 设 $\boldsymbol{A}$、$\boldsymbol{B}$ 为同阶方阵，下列等式中恒正确的是（　）.

A. $\boldsymbol{AB}=\boldsymbol{BA}$　　B. $(\boldsymbol{A}+\boldsymbol{B})^{-1}=\boldsymbol{A}^{-1}+\boldsymbol{B}^{-1}$

C. $|\boldsymbol{A}+\boldsymbol{B}|=|\boldsymbol{A}|+|\boldsymbol{B}|$　　D. $(\boldsymbol{A}+\boldsymbol{B})^{\mathrm{T}}=\boldsymbol{A}^{\mathrm{T}}+\boldsymbol{B}^{\mathrm{T}}$

13. 矩阵 $\boldsymbol{A}=\begin{bmatrix}1&2\\3&5\end{bmatrix}$ 的伴随矩阵 $\boldsymbol{A}^{*}=$（　）.

A. $\begin{bmatrix}5&2\\3&1\end{bmatrix}$　　B. $\begin{bmatrix}5&-3\\-2&1\end{bmatrix}$

C. $\begin{bmatrix}5&-2\\-3&1\end{bmatrix}$　　D. $\begin{bmatrix}-5&2\\3&-1\end{bmatrix}$

14. 设 $\boldsymbol{A}$、$\boldsymbol{B}$ 都是 n 阶矩阵，且 $\boldsymbol{AB}=0$，则下列一定成立的是（　）.

A. $\boldsymbol{A}=0$ 或 $\boldsymbol{B}=0$　　B. $\boldsymbol{A}$、$\boldsymbol{B}$ 都不可逆

C. $\boldsymbol{A}$、$\boldsymbol{B}$ 中至少有一个不可逆　　D. $\boldsymbol{A}+\boldsymbol{B}=0$

15. $\boldsymbol{A}$ 是 n 阶方阵，且 $\boldsymbol{A}^2=2\boldsymbol{A}$，则未必有（　）.

A. $\boldsymbol{A}$ 可逆　　B. $\boldsymbol{A}-\boldsymbol{E}$ 可逆

C. $\boldsymbol{A}+\boldsymbol{E}$ 可逆　　D. $\boldsymbol{A}-3\boldsymbol{E}$ 可逆

16. 设矩阵 $\boldsymbol{A}$、$\boldsymbol{X}$ 为同阶方阵，且 $\boldsymbol{A}$ 可逆，若 $\boldsymbol{A}(\boldsymbol{X}-\boldsymbol{E})=\boldsymbol{E}$，则矩阵 $\boldsymbol{X}=$（　）.

A. $\boldsymbol{E}+\boldsymbol{A}^{-1}$　　B. $\boldsymbol{E}-\boldsymbol{A}$　　C. $\boldsymbol{E}+\boldsymbol{A}$　　D. $\boldsymbol{E}-\boldsymbol{A}^{-1}$

17. $\boldsymbol{A}$、$\boldsymbol{B}$ 均为可逆方阵，则 $\begin{bmatrix}\boldsymbol{0}&\boldsymbol{A}\\\boldsymbol{B}&\boldsymbol{0}\end{bmatrix}$ 的逆为（　）.

A. $\begin{bmatrix}0&\boldsymbol{A}^{-1}\\\boldsymbol{B}^{-1}&0\end{bmatrix}$　　B. $\begin{bmatrix}0&\boldsymbol{B}^{-1}\\\boldsymbol{A}^{-1}&0\end{bmatrix}$

C. $\begin{bmatrix}\boldsymbol{A}^{-1}&0\\0&\boldsymbol{B}^{-1}\end{bmatrix}$　　D. $\begin{bmatrix}\boldsymbol{B}^{-1}&0\\0&\boldsymbol{A}^{-1}\end{bmatrix}$

18. 下列矩阵中不是初等矩阵的（　）.

A. $\begin{bmatrix}0&0&1\\0&1&0\\1&0&0\end{bmatrix}$　　B. $\begin{bmatrix}1&0&0\\0&0&1\\0&1&0\end{bmatrix}$

C. $\begin{bmatrix}1&0&0\\0&\frac{1}{2}&0\\0&1&1\end{bmatrix}$　　D. $\begin{bmatrix}1&0&0\\0&1&-4\\0&0&1\end{bmatrix}$

19. 设 $\boldsymbol{A}$ 为 n 阶方阵，将 $\boldsymbol{A}$ 的第 1 列与第 2 列交换得到方阵 $\boldsymbol{B}$，若 $|\boldsymbol{A}| \neq |\boldsymbol{B}|$，则必有(　　).

A. $|\boldsymbol{A}|=0$　　B. $|\boldsymbol{A}+\boldsymbol{B}| \neq 0$

C. $|\boldsymbol{A}| \neq 0$　　D. $|\boldsymbol{A}-\boldsymbol{B}| \neq 0$

20. 设三阶方阵 $\boldsymbol{A}$ 的秩为 2，则与 $\boldsymbol{A}$ 等价的矩阵为(　　).

A. $\begin{bmatrix}1&1&1\\0&0&0\\0&0&0\end{bmatrix}$　　B. $\begin{bmatrix}1&1&1\\0&1&1\\0&0&0\end{bmatrix}$

C. $\begin{bmatrix}1&1&1\\2&2&2\\0&0&0\end{bmatrix}$　　D. $\begin{bmatrix}1&1&1\\2&2&2\\3&3&3\end{bmatrix}$

21. 设 $\boldsymbol{A}=\begin{bmatrix}a&b&b\\b&a&b\\b&b&a\end{bmatrix}$，若 $\boldsymbol{A}$ 的伴随矩阵的秩等于 1，则必有(　　).

A. $a=b$ 且 $a+2b=0$　　B. $a=b$ 且 $a+2b\neq 0$

C. $a\neq b$ 且 $a+2b=0$　　D. $a\neq b$ 且 $a+2b\neq 0$

22. 当矩阵 $\boldsymbol{A}=$(　　)时，$\boldsymbol{A}\begin{bmatrix}a_{11}&a_{12}&a_{13}\\a_{21}&a_{22}&a_{23}\\a_{31}&a_{32}&a_{33}\end{bmatrix}=\begin{bmatrix}a_{11}-3a_{31}&a_{12}-3a_{32}&a_{13}-3a_{33}\\a_{21}&a_{22}&a_{23}\\a_{31}&a_{32}&a_{33}\end{bmatrix}$.

A. $\begin{bmatrix}1&0&0\\0&1&0\\-3&0&1\end{bmatrix}$　　B. $\begin{bmatrix}1&0&-3\\0&1&0\\0&0&1\end{bmatrix}$

C. $\begin{bmatrix}1&0&0\\0&1&0\\0&0&-3\end{bmatrix}$　　D. $\begin{bmatrix}-3&0&0\\0&1&0\\0&0&1\end{bmatrix}$

23. 设 $\boldsymbol{A}$，$\boldsymbol{B}$ 都是可逆矩阵，且 $\boldsymbol{AB}=\boldsymbol{BA}$，则(　　)成立.

A. $\boldsymbol{A}^{-1}\boldsymbol{B}=\boldsymbol{B}^{-1}\boldsymbol{A}$　　B. $\boldsymbol{AB}^{-1}=\boldsymbol{B}^{-1}\boldsymbol{A}$

C. $\boldsymbol{AB}=\boldsymbol{B}^{-1}\boldsymbol{A}^{-1}$　　D. $|\boldsymbol{A}^{-1}+\boldsymbol{B}^{-1}|=|\boldsymbol{A}+\boldsymbol{B}|^{-1}$

24. 设 $\boldsymbol{A}$、$\boldsymbol{B}$ 均为 n 阶可逆矩阵，则下列结论成立的是(　　).

A. $\boldsymbol{AB}=\boldsymbol{BA}$

B. 存在可逆矩阵 $\boldsymbol{P}$，使 $\boldsymbol{P}^{-1}\boldsymbol{AP}=\boldsymbol{B}$

C. 存在可逆矩阵 $\boldsymbol{P}$ 和 $\boldsymbol{Q}$，使 $\boldsymbol{PAQ}=\boldsymbol{B}$

D. 存在可逆矩阵 $\boldsymbol{C}$，使 $\boldsymbol{C}^{\mathrm{T}}\boldsymbol{AC}=\boldsymbol{B}$

25. 设 $\boldsymbol{A}$、$\boldsymbol{B}$ 均为 n 阶可逆矩阵，则下列各式中不正确的是(　　).

A. $(\boldsymbol{A}+\boldsymbol{B})^{\mathrm{T}}=\boldsymbol{A}^{\mathrm{T}}+\boldsymbol{B}^{\mathrm{T}}$　　B. $(\boldsymbol{A}+\boldsymbol{B})^{-1}=\boldsymbol{A}^{-1}+\boldsymbol{B}^{-1}$

C. $(\boldsymbol{AB})^{-1}=\boldsymbol{B}^{-1}\boldsymbol{A}^{-1}$　　D. $(\boldsymbol{AB})^{\mathrm{T}}=\boldsymbol{B}^{\mathrm{T}}\boldsymbol{A}^{\mathrm{T}}$

26. 设 n 阶可逆矩阵 $\boldsymbol{A}$、$\boldsymbol{B}$、$\boldsymbol{C}$ 满足 $\boldsymbol{ABC}=\boldsymbol{E}$，则 $\boldsymbol{B}^{-1}=($　　$)$.

A. $\boldsymbol{A}^{-1}\boldsymbol{C}$　　B. $\boldsymbol{C}^{-1}\boldsymbol{A}^{-1}$

C. $\boldsymbol{AC}$　　D. $\boldsymbol{CA}$

27. 设 $\boldsymbol{A}$、$\boldsymbol{B}$ 均为方阵，则下列结论中正确的是(　　).

A. 若 $|\boldsymbol{AB}|=0$，则 $\boldsymbol{A}=0$ 或 $\boldsymbol{B}=0$

B. 若 $|\boldsymbol{AB}|=0$，则 $|\boldsymbol{A}|=0$ 或 $|\boldsymbol{B}|=0$

C. 若 $\boldsymbol{AB}=0$，则 $\boldsymbol{A}=0$ 或 $\boldsymbol{B}=0$

D. 若 $\boldsymbol{AB}\neq 0$，则 $|\boldsymbol{A}|\neq 0$ 或 $|\boldsymbol{B}|\neq 0$

28. 设 $\boldsymbol{A}$ 是 $n(n>1)$ 阶矩阵，满足 $\boldsymbol{A}^k=2\boldsymbol{E}(k>2$ 为正整数$)$，则 $(\boldsymbol{A}^*)^k=($　　$)$.

A. $\frac{1}{2}E$　　B. $2E$　　C. $2^{k-1}E$　　D. $2^{n-1}E$

29. 设 $\boldsymbol{A}$，$\boldsymbol{B}$ 均为 n 阶可逆矩阵，则 $\left|-2\begin{bmatrix}\boldsymbol{A}^{\mathrm{T}} & 0\\ 0 & \boldsymbol{B}^{-1}\end{bmatrix}\right|=($　　$)$.

A. $(-2)^n|\boldsymbol{A}||\boldsymbol{B}|^{-1}$　　B. $-2|\boldsymbol{A}^{\mathrm{T}}||\boldsymbol{B}|$

C. $-2|\boldsymbol{A}||\boldsymbol{B}^{-1}|$　　D. $(-2)^{2n}|\boldsymbol{A}||\boldsymbol{B}|^{-1}$

30. 设 $\boldsymbol{A}$、$\boldsymbol{B}$ 均为 n 阶方阵，则下列结论正确的是(　　).

A. $\boldsymbol{A}$ 或 $\boldsymbol{B}$ 可逆，必有 $\boldsymbol{AB}$ 可逆

B. $\boldsymbol{A}$ 或 $\boldsymbol{B}$ 不可逆，必有 $\boldsymbol{AB}$ 不可逆

C. $\boldsymbol{A}$、$\boldsymbol{B}$ 均可逆，必有 $\boldsymbol{A}+\boldsymbol{B}$ 可逆

D. $\boldsymbol{A}$、$\boldsymbol{B}$ 均不可逆，必有 $\boldsymbol{A}+\boldsymbol{B}$ 可逆

31. 设 $\boldsymbol{A}$ 是 n 阶阵，且 $\boldsymbol{AB}=\boldsymbol{AC}$，则由(　　)可得出 $\boldsymbol{B}=\boldsymbol{C}$.

A. $|\boldsymbol{A}|\neq 0$　　B. $\boldsymbol{A}\neq 0$

C. 秩$(\boldsymbol{A})<n$　　D. $\boldsymbol{A}$ 为任意 n 阶矩阵

32. 矩阵 $\begin{bmatrix}1 & t & 0\\ 2 & 4 & t\\ t & 16 & 32\end{bmatrix}$ 可逆，则(　　).

A. $t\neq 6$　　B. $t\neq 7$　　C. $t\neq 8$　　D. $t\neq 9$

33. 设 $A=\begin{bmatrix}a_{11} & a_{12} & a_{13}\\ a_{21} & a_{22} & a_{23}\\ a_{31} & a_{32} & a_{33}\end{bmatrix}$，$\boldsymbol{X}=\begin{bmatrix}x_1\\ x_2\\ x_3\end{bmatrix}$，$\boldsymbol{Y}=\begin{bmatrix}y_1\\ y_2\\ y_3\end{bmatrix}$，则关系式 $\begin{cases}x_1=a_{11}y_1+a_{21}y_2+a_{31}y_3\\ x_2=a_{12}y_1+a_{22}y_2+a_{33}y_3\\ x_3=a_{13}y_1+a_{23}y_2+a_{33}y_3\end{cases}$ 的矩阵表示形式是(　　).

A. $\boldsymbol{X}=\boldsymbol{AY}$　　B. $\boldsymbol{X}=\boldsymbol{A}^{\mathrm{T}}\boldsymbol{Y}$　　C. $\boldsymbol{YA}$　　D. $\boldsymbol{X}=\boldsymbol{Y}^{\mathrm{T}}\boldsymbol{A}$

34. 若 $\boldsymbol{A}$ 是(　　)，则 $\boldsymbol{A}$ 必为方阵.

A. 分块矩阵　　B. 可逆矩阵

C. 转置矩阵　　D. 线性方程组的系数矩阵

35. 设 $\boldsymbol{A}$ 为 n 阶方阵，$n\geqslant 2$，则 $|-5A|=($　　$)$.

A. $(-5)^n|\boldsymbol{A}|$　　B. $-5|\boldsymbol{A}|$

C. $5|\boldsymbol{A}|$　　D. $5^n|\boldsymbol{A}|$

36. 矩阵 $\boldsymbol{A}$ 的第 i 行乘以 c 加到第 j 行上，矩阵 $\boldsymbol{AB}$ 会怎样变换？(　　).

A. $\boldsymbol{AB}$ 的第 i 列乘以 c 加到第 j 行上

B. $\boldsymbol{AB}$ 的第 i 行乘以 c 加到第 j 列上

C. $\boldsymbol{AB}$ 不变

D. 没有规律

37. 设 $\boldsymbol{A}$ 可逆，则有(　　).

A. $\boldsymbol{A}^*$ 也可逆，且 $(\boldsymbol{A}^*)^{-1}=(\boldsymbol{A}^{-1})^*$

B. $\boldsymbol{A}^*$ 也可逆，且 $(\boldsymbol{A}^*)^{-1}=\boldsymbol{A}^{-1}$

C. $\boldsymbol{A}^*$ 也可逆，$(\boldsymbol{A}^*)^{-1}=\boldsymbol{A}^*$

D. $\boldsymbol{A}^*$ 不一定可逆

38. 设矩阵 $\boldsymbol{A}$ 的伴随矩阵 $\boldsymbol{A}^*=\begin{bmatrix}1&2\\3&4\end{bmatrix}$，则 $\boldsymbol{A}^{-1}=$(　　).

A. $-\frac{1}{2}\begin{bmatrix}4&-3\\-2&1\end{bmatrix}$　　B. $-\frac{1}{2}\begin{bmatrix}1&2\\3&4\end{bmatrix}$

C. $-\frac{1}{2}\begin{bmatrix}1&-2\\-3&4\end{bmatrix}$　　D. $-\frac{1}{2}\begin{bmatrix}4&2\\3&1\end{bmatrix}$

39. 设 $\boldsymbol{A}=\begin{bmatrix}1&2\\3&4\end{bmatrix}$，则 $|\boldsymbol{A}^*|=$(　　).

A. -4　　B. -2　　C. 2　　D. 4

40. $\boldsymbol{A}$、$\boldsymbol{B}$ 均为 n 阶可逆矩阵，则 $\boldsymbol{AB}$ 的伴随矩阵 $(\boldsymbol{AB})^*=$(　　).

A. $\boldsymbol{A}^*\boldsymbol{B}^*$　　B. $|\boldsymbol{AB}|\boldsymbol{A}^{-1}\boldsymbol{B}^{-1}$　　C. $\boldsymbol{B}^{-1}\boldsymbol{A}^{-1}$　　D. $\boldsymbol{B}^*\boldsymbol{A}^*$

41. 设矩阵 $\boldsymbol{A}=\begin{bmatrix}1&2&0\\1&2&0\\0&0&3\end{bmatrix}$，则 $\boldsymbol{A}^*$ 中位于第 1 行第 2 列的元素是(　　).

A. -6　　B. -3　　C. 3　　D. 6

42. 设 $\boldsymbol{A}$ 为三阶矩阵，且 $|\boldsymbol{A}|=3$，则 $|(-\boldsymbol{A})^{-1}|=$(　　).

A. -3　　B. $-\frac{1}{3}$　　C. $\frac{1}{3}$　　D. 3

43. 设 $\boldsymbol{A}$ 为三阶方阵，且 $|\boldsymbol{A}|=2$，则 $|2\boldsymbol{A}^{-1}|=$(　　).

A. -4　　B. -1　　C. 1　　D. 4

44. 矩阵 $\begin{bmatrix}3&3\\-1&0\end{bmatrix}$ 的逆矩阵是(　　).

A. $\begin{bmatrix}0&-1\\3&3\end{bmatrix}$　　B. $\begin{bmatrix}0&-3\\1&3\end{bmatrix}$

C. $\begin{bmatrix}0&-1\\\frac{1}{3}&1\end{bmatrix}$　　D. $\begin{bmatrix}1&\frac{1}{3}\\-1&0\end{bmatrix}$

45. 矩阵$\begin{bmatrix}1 & 2 & 3 & 4\\1 & -2 & 4 & 5\\1 & 10 & 1 & 2\end{bmatrix}$的秩是(　　).

A. 1　　B. 2　　C. 4　　D. 3

46. 设$\boldsymbol{A}$为3×4矩阵，若矩阵$\boldsymbol{A}$的秩为2，则矩阵$3\boldsymbol{A}^{\mathrm{T}}$的秩等于(　　).

A. 1　　B. 2　　C. 3　　D. 4

47. 设$\boldsymbol{A}=\begin{bmatrix}a_1b_1 & a_1b_2 & a_1b_3\\a_2b_1 & a_2b_2 & a_2b_3\\a_3b_1 & a_3b_2 & a_3b_3\end{bmatrix}$，其中$a_i\neq0$，$b_i\neq0$，$i=1,2,3$，则矩阵$\boldsymbol{A}$的秩为(　　).

A. 0　　B. 1　　C. 2　　D. 3

48. 设6阶方阵$\boldsymbol{A}$的秩为4，则$\boldsymbol{A}$的伴随矩阵$\boldsymbol{A}^*$的秩为(　　).

A. 0　　B. 2　　C. 3　　D. 4

49. 设$\boldsymbol{A}=\begin{bmatrix}1 & 2 & 3\\1 & 1 & 1\\0 & 2 & 1\\0 & 0 & 3\end{bmatrix}$，则$r(\boldsymbol{A})=$(　　).

A. 1　　B. 2　　C. 3　　D. 4

50. 设$\boldsymbol{A}$为三阶矩阵，$\boldsymbol{P}=\begin{bmatrix}1 & 0 & 0\\2 & 1 & 0\\0 & 0 & 1\end{bmatrix}$，则用$\boldsymbol{P}$左乘$\boldsymbol{A}$，相当于将$\boldsymbol{A}$(　　).

A. 第1行的2倍加到第2行

B. 第1列的2倍加到第2列

C. 第2行的2倍加到第1行

D. 第2列的2倍加到第1列

51. 下列选项中不真的陈述为(　　).

A. 初等矩阵的逆是初等矩阵

B. 两个初等矩阵的乘积是初等矩阵

C. 初等矩阵的转置是初等矩阵

D. 行列式为1的初等矩阵的伴随矩阵是初等矩阵

52. 设矩阵$\boldsymbol{A}=\begin{bmatrix}1 & 0 & -1 & 0\\0 & -2 & 3 & 4\\0 & 0 & 0 & 5\end{bmatrix}$，则$\boldsymbol{A}$中(　　).

A. 所有二阶子式都不为零　　B. 所有二阶子式都为零

C. 所有三阶子式都不为零　　D. 存在一个三阶子式不为零

53. 设$\boldsymbol{A}$为n阶方阵，则(　　).

A. 对$\boldsymbol{A}$的列施行一次初等变换等于对A的行施行一次同型初等变换

B. 对$\boldsymbol{A}$的列施行一次初等变换，A的秩增1

C. 对 $\boldsymbol{A}$ 的列施行一次初等变换，A 的秩减 1

D. 对 $\boldsymbol{A}$ 的列施行一次初等变换，A 的秩即不增 1，也不能减 1

54.（　）是行最简形矩阵.

A. $\begin{bmatrix}1&2&0&3&-1\\0&0&1&4&3\\0&0&0&0&0\\0&0&0&0&0\end{bmatrix}$　　B. $\begin{bmatrix}1&5&0&4\\0&1&1&0\\0&0&0&0\\0&0&0&0\end{bmatrix}$

C. $\begin{bmatrix}1&0&3&-2\\0&0&0&0\\0&1&-2&8\\0&0&0&0\end{bmatrix}$　　D. $\begin{bmatrix}1&0&2&7\\0&2&-3&5\\0&0&0&0\\0&0&0&0\end{bmatrix}$

55. $\boldsymbol{A}$ 为 n 阶方阵，下面各项正确的是（　）.

A. $|-\boldsymbol{A}|=-|\boldsymbol{A}|$　　B. 若 $|\boldsymbol{A}|\neq 0$，则 $\boldsymbol{AX}=0$ 有非零解

C. 若 $\boldsymbol{A}^2=\boldsymbol{A}$，则 $\boldsymbol{A}=\boldsymbol{E}$　　D. 若秩$(\boldsymbol{A})<n$，则 $|\boldsymbol{A}|=0$

56. 如果 $\boldsymbol{A}$ 的秩为 r，则一定有（　）.

A. $\boldsymbol{A}$ 的所有 $r+2$ 阶子式均为零

B. $\boldsymbol{A}$ 的所有 r 阶子式均不为零

C. $\boldsymbol{A}$ 无非零的 $r-1$ 阶子式

D. $\boldsymbol{A}$ 无非零的 r 阶子式

57. 已知 $\boldsymbol{B}$ 为可逆矩阵，则 $(((\boldsymbol{B}^{-1})^{\mathrm{T}})^{-1})^{\mathrm{T}}=$（　）.

A. $\boldsymbol{B}$　　B. $\boldsymbol{B}^{\mathrm{T}}$　　C. $\boldsymbol{B}^{-1}$　　D. $(\boldsymbol{B}^{-1})^{\mathrm{T}}$

三、计算题

1. 设 $\boldsymbol{A}=\begin{bmatrix}1&0&1\\0&2&0\\1&0&1\end{bmatrix}$，求 $\boldsymbol{A}^2$ 及 $\boldsymbol{A}^n$.

2. 设 $\boldsymbol{P}=\begin{bmatrix}2&3\\1&2\end{bmatrix}$，$\boldsymbol{\Lambda}=\begin{bmatrix}1&0\\0&-2\end{bmatrix}$，$\boldsymbol{Q}=\begin{bmatrix}2&-3\\-1&2\end{bmatrix}$，$\boldsymbol{A}=\boldsymbol{P\Lambda Q}$，求 $\boldsymbol{PQ}$ 及 $\boldsymbol{A}^n$.

3. 设 $\boldsymbol{A}=\begin{bmatrix}1&-1&-1\\2&3&-2\\-1&0&1\end{bmatrix}$，求 $\boldsymbol{A}^2-2\boldsymbol{A}+2\boldsymbol{E}$.

4. 求 $\boldsymbol{A}=\begin{bmatrix}\cos\theta&\sin\theta&0&0&0\\-\sin\theta&\cos\theta&0&0&0\\0&0&1&a&b\\0&0&0&1&a\\0&0&0&0&1\end{bmatrix}$ 的逆矩阵.

5. 设 $\boldsymbol{A}=\begin{bmatrix}1&-2&3&-1\\2&-1&1&0\\1&-5&8&-3\end{bmatrix}$.

求：(1)$\boldsymbol{A}$ 的所有三阶子式. (2)$\boldsymbol{A}$ 的秩.

6. 已知矩阵 $\boldsymbol{A}=\begin{bmatrix}1 & \lambda & -1 & 2\\2 & -1 & \lambda & 5\\1 & 10 & -6 & 1\end{bmatrix}$，求 λ 的值，使矩阵 $\boldsymbol{A}$ 的秩最小.

7. 设 $\boldsymbol{A}=\mathrm{diag}(1,\ -2,\ 1)$，$\boldsymbol{A}^{*}\cdot\boldsymbol{BA}=2\boldsymbol{BA}-8\boldsymbol{E}$，求 $\boldsymbol{B}$.

8. 已知两个线性变换

$$\begin{cases}x_1=2y_1+y_3\\x_2=-2y_1+3y_2+2y_3\\x_3=4y_1+y_2+5y_3\end{cases},\quad\begin{cases}y_1=-3z_1+z_2\\y_2=2z_1+z_3\\y_3=-z_2+3z_3\end{cases},$$

求从变量 z_1，z_2，z_3 到变量 x_1，x_2，x_3 的线性变换.

9. 已知$\begin{cases}x_1=2y_1+2y_2+y_3\\x_2=3y_1+y_2+5y_3\\x_3=3y_1+2y_2+3y_3\end{cases}$，求从变量 x_1，x_2，x_3 到变量 y_1，y_2，y_3 的线性变换.

10. 设矩阵 $\boldsymbol{A}=\begin{bmatrix}2 & 0 & 0\\0 & 3 & 0\\0 & 0 & 5\end{bmatrix}$，且矩阵 $\boldsymbol{B}$ 满足 $\boldsymbol{ABA}^{-1}=4\boldsymbol{A}^{-1}+\boldsymbol{BA}^{-1}$，求矩阵 $\boldsymbol{B}$.

11. 已知 $\boldsymbol{A}=\begin{bmatrix}1 & 1 & 1\\2 & -1 & 0\\1 & 0 & 1\end{bmatrix}$，$\boldsymbol{B}=\begin{bmatrix}1 & 0 & 0\\2 & 1 & 0\\0 & 2 & 1\end{bmatrix}$，求 $\boldsymbol{AB}-\boldsymbol{BA}$.

12. 求矩阵$\begin{bmatrix}3 & 1 & 0 & 2\\1 & -1 & 2 & -1\\1 & 3 & -4 & 4\end{bmatrix}$的秩.

13. 已知 $\boldsymbol{A}=\begin{bmatrix}2 & 0\\0 & 1\end{bmatrix}$，$\boldsymbol{B}=\begin{bmatrix}-1 & 1\\2 & 5\end{bmatrix}$，求 $\boldsymbol{B}^2-\boldsymbol{A}^2(\boldsymbol{B}^{-1}\boldsymbol{A})^{-1}$.

14. 设 $\boldsymbol{A}=\begin{bmatrix}0 & 3 & 3\\1 & 1 & 0\\-1 & 2 & 3\end{bmatrix}$且 $\boldsymbol{AB}=\boldsymbol{A}+2\boldsymbol{B}$，求 $\boldsymbol{B}$.

15. $\boldsymbol{A}=\begin{bmatrix}1 & 0 & 1\\2 & 1 & 0\\-3 & 2 & -5\end{bmatrix}$是否可逆. 若可逆，求其逆阵.

16. 已知 $\boldsymbol{A}=\begin{bmatrix}1 & 1 & -1\\0 & 1 & 1\\0 & 0 & 1\end{bmatrix}$，$\boldsymbol{A}^2-\boldsymbol{AB}=\boldsymbol{E}$，求 $\boldsymbol{B}$.

17. 设 $\boldsymbol{A}=\begin{bmatrix}1 & -2 & 3k\\-1 & 2k & -3\\k & -2 & 3\end{bmatrix}$，问 k 为何值，可使

(1)$r(A)=1$；(2)$r(A)=2$；(3)$r(A)=3$.

18. 设矩阵 $A=\begin{bmatrix}1 & 2 & a & 1\\ 2 & -3 & 1 & 0\\ 4 & 1 & a & b\end{bmatrix}$的秩为2，求 a, b.

19. 设方阵 A 满足 $A^2-A-2E=0$，证明 A 可逆，并求其逆矩阵.

20. 设 $A=\begin{bmatrix}\lambda & 1 & 0\\ 0 & \lambda & 1\\ 0 & 0 & \lambda\end{bmatrix}$，求 A^k.

21. 设 $A=\begin{bmatrix}a & 1 & 1\\ 1 & a & 1\\ 1 & 1 & a\end{bmatrix}$，求 $r(A)$.

22. 设 $A=\begin{bmatrix}1 & -3 & 0\\ 2 & 1 & 0\\ 0 & 0 & 2\end{bmatrix}$，矩阵 X 满足关系式 $A+X=XA$，求 X.

23. 设矩阵 $A=\begin{bmatrix}2 & 1 & 0\\ 1 & 2 & 0\\ 0 & 0 & 1\end{bmatrix}$，矩阵 X 满足方程 $AXA^*=2XA^*+I$，其中 A^* 为 A 的伴随矩阵，求矩阵 X.

24. 设 $A=\begin{bmatrix}-1 & 1 & 0\\ 0 & 0 & 2\\ 0 & 0 & 2\end{bmatrix}$，$B=\begin{bmatrix}1 & 1 & 0\\ 0 & 2 & 2\\ 0 & 0 & 3\end{bmatrix}$，且 A，B，X 满足 $(E-B^{-1}A)^{\mathrm{T}}B^{\mathrm{T}}X=E$，求 X，X^{-1}.

25. 已知 $AX+B=X$，其中 $A=\begin{bmatrix}0 & 1 & 0\\ -1 & 1 & 1\\ -1 & 0 & -1\end{bmatrix}$，$B=\begin{bmatrix}1 & -1\\ 2 & 0\\ 5 & -3\end{bmatrix}$，求 X.

四、综合题

1. 已知 n 阶方阵 A 满足关系式 $A^2-3A-2E=0$，证明 A 是可逆矩阵，并求出其逆矩阵.
2. 若 n 阶矩阵 A 满足 $A^2-5A+3I=0$，求证 $A-3I$ 可逆，并求 $(A-3I)^{-1}$.
3. 证明：如果矩阵 A 可逆，求证：A^* 也可逆，并求 $(A^*)^{-1}$.
4. 设矩阵 A、B 及 $A+B$ 都可逆，证明 $A^{-1}+B^{-1}$ 也可逆，并求其逆阵.
5. 设 A 是 n 阶方阵，且满足 $AA^{\mathrm{T}}=E$，$|A|<0$，求 $|A+E|$.
6. 设 $A^k=0$（k 为正整数）. 证明：$(E-A)^{-1}=E+A+A^2+\cdots+A^{k-1}$.
7. 设 n 阶矩阵 A 的伴随矩阵为 A^*，证明：

(1)若 $|A|=0$，则 $|A^*|=0$；

(2) $|A^*|=|A|^{n-1}$.

8. 已知 n 阶矩阵 A，B 满足 $A^2=A$，$B^2=B$ 及 $(A-B)^2=A+B$，证明 $AB=0$.
9. 设 A 为任意的方阵，证明 $A+A^{\mathrm{T}}$，AA^{T} 均为对称矩阵.

10. 设 $\boldsymbol{A}$ 为三阶矩阵，$|\boldsymbol{A}|=\frac{1}{2}$，求 $|(2\boldsymbol{A})^{-1}-5\boldsymbol{A}^*|$.

11. 设 $\boldsymbol{A}$, $\boldsymbol{B}$ 为 n 阶矩阵，且 $\boldsymbol{A}$ 为对称矩阵，证明 $\boldsymbol{B}^{\mathrm{T}}\boldsymbol{A}\boldsymbol{B}$ 也是对称矩阵.

12. 设 $\boldsymbol{A}$, $\boldsymbol{B}$ 都是 n 阶对称矩阵，证明 $\boldsymbol{AB}$ 是对称矩阵的充分必要条件是 $\boldsymbol{AB}=\boldsymbol{BA}$.

13. 设方阵 $\boldsymbol{A}$ 满足 $\boldsymbol{A}^2-\boldsymbol{A}-2\boldsymbol{E}=\boldsymbol{O}$，证明 $\boldsymbol{A}$ 及 $\boldsymbol{A}+2\boldsymbol{E}$ 都可逆，并求 $\boldsymbol{A}^{-1}$ 及 $(\boldsymbol{A}+2\boldsymbol{E})^{-1}$.

14. 某国里每年有30%的农村居民移居城市，有20%的城市居民移居农村. 假设该国总人数不变，且上述人口迁移规律也不变. 该国现有农村人口320万，城市人口80万. 问该国三年后农村与城市人口各是多少？

15. 在某城市有15万人具有本科以上学历，其中有1.5万人是教师，据调查，平均每年有10%的人从教师职业转为其他职业，又有1%的人从其他职业转为教师职业，试预测两年以后这15万人中还有多少人在从事教师职业.

参考答案

一、填空题

1. $\begin{bmatrix}2&5\\17&4\end{bmatrix}$　2. 10　3. $\begin{bmatrix}0&0\\0&0\end{bmatrix}$　4. $\begin{bmatrix}3&-5&2\\6&-10&4\\9&-15&6\end{bmatrix}$　5. $\begin{bmatrix}35\\6\\49\end{bmatrix}$

6. $\begin{bmatrix}0&-1&0\\2&-3&0\\3&-3&-1\end{bmatrix}$　7. $\begin{bmatrix}1&1\\0&0\end{bmatrix}$　8. $\begin{bmatrix}1&2&3\\2&4&6\\3&6&9\end{bmatrix}$　9. $\begin{bmatrix}-2&4\\-1&2\\-3&6\end{bmatrix}$

10. $\begin{bmatrix}1&0&0\\0&\frac{1}{2}&0\\0&0&\frac{1}{3}\end{bmatrix}$　11. $\begin{bmatrix}4&2&3\\3&4&1\\1&2&0\end{bmatrix}$　12. $\begin{bmatrix}1&-2&0\\0&1&0\\0&0&\frac{1}{2}\end{bmatrix}$　13. $\begin{bmatrix}\frac{1}{2}&\frac{1}{2}\\0&\frac{1}{2}\end{bmatrix}$

14. AB　15. A^{k-1}　16. 40　17. 3　18. $A^{-1}CB^{-1}$　19. 0　20. $AB=BA$

21. 1　22. 4　23. -54　24. -8　25. $\begin{bmatrix}-1&-2&-3\\0&-1&2\\0&0&1\end{bmatrix}$　26. $\begin{bmatrix}\frac{1}{6}&0&0\\\frac{1}{3}&\frac{1}{3}&0\\\frac{1}{2}&\frac{1}{2}&\frac{1}{2}\end{bmatrix}$

27. $(-1)^n ab$　28. $\frac{1}{2}(A+2E)$　29. -1　30. $-\frac{1}{2}$　31. $\begin{bmatrix}5&2\\11&4\end{bmatrix}$　32. 2

33. 2　34. $r(A)\leqslant r(B)$　35. 2　36. 11　37. -3^{n-1}　38. $n-1$

39. 0　40. 4

二、单项选择题

1. C　2. B　3. B　4. C　5. A　6. C　7. D　8. D　9. A
10. C　11. B　12. D　13. C　14. C　15. A　16. A　17. B　18. C
19. C　20. B　21. C　22. B　23. B　24. C　25. B　26. D　27. B
28. D　29. D　30. B　31. A　32. C　33. B　34. B　35. A　36. B
37. A　38. B　39. B　40. D　41. A　42. B　43. D　44. C　45. B
46. B　47. B　48. A　49. C　50. A　51. B　52. D　53. D　54. A
55. D　56. A　57. A

三、计算题

1. $\boldsymbol{A}^2=2\boldsymbol{A}$；$\boldsymbol{A}^n=2^{n-1}\boldsymbol{A}$.

2. $\boldsymbol{PQ}=\boldsymbol{E}$；$\boldsymbol{QP}=\boldsymbol{E}$

$$\boldsymbol{A}^n=\boldsymbol{P\Lambda Q}\ \boldsymbol{P\Lambda Q}\cdots\boldsymbol{P\Lambda Q}=\boldsymbol{P\Lambda}^n\boldsymbol{Q}$$

$$=\begin{bmatrix}4-3(-2)^n & -6+6(-2)^n\\ 2-2(-2)^n & -3+4(-2)^n\end{bmatrix}.$$

3. $\boldsymbol{A}^2-2\boldsymbol{A}+2\boldsymbol{E}=[\boldsymbol{A}-\boldsymbol{E}]^2+\boldsymbol{E}=\begin{bmatrix}0 & -2 & 2\\ 6 & 3 & -6\\ 0 & 1 & 2\end{bmatrix}$.

4. 令 $\boldsymbol{A}=\begin{bmatrix}\boldsymbol{A}_1 & \boldsymbol{O}\\ \boldsymbol{O} & \boldsymbol{A}_2\end{bmatrix}$，其中 $\boldsymbol{A}_1=\begin{bmatrix}\cos\theta & \sin\theta\\ -\sin\theta & \cos\theta\end{bmatrix}$，$\boldsymbol{A}_2=\begin{bmatrix}1 & a & b\\ 0 & 1 & a\\ 0 & 0 & 1\end{bmatrix}$

则 $\boldsymbol{A}_1^{-1}=\begin{bmatrix}\cos\theta & \sin\theta\\ \sin\theta & \cos\theta\end{bmatrix}$，$\boldsymbol{A}_2^{-1}=\begin{bmatrix}1 & -a & a^2-b\\ 0 & 1 & -a\\ 0 & 0 & 1\end{bmatrix}$

因此 $\boldsymbol{A}^{-1}=\begin{bmatrix}\boldsymbol{A}_1^{-1} & \boldsymbol{O}\\ \boldsymbol{O} & \boldsymbol{A}_2^{-1}\end{bmatrix}=\begin{bmatrix}\cos\theta & -\sin\theta & 0 & 0 & 0\\ \sin\theta & \cos\theta & 0 & 0 & 0\\ 0 & 0 & 1 & -a & a^2-b\\ 0 & 0 & 0 & 1 & -a\\ 0 & 0 & 0 & 0 & 1\end{bmatrix}$

5. 解　(1) $\boldsymbol{A}$ 为 3×4 阶矩阵，共有 $C_3^3C_4^3=4$ 个三阶子式，分别为

$$D_1=\begin{vmatrix}1 & -2 & 3\\ 2 & -1 & 1\\ 1 & -5 & 8\end{vmatrix}=0,\qquad D_2=\begin{vmatrix}-2 & 3 & -1\\ -1 & 1 & 0\\ -5 & 8 & -3\end{vmatrix}=0,$$

$$D_3=\begin{vmatrix}3 & -1 & 1\\ 1 & 0 & 2\\ 8 & -3 & 1\end{vmatrix}=0,\qquad D_4=\begin{vmatrix}1 & -2 & -1\\ 2 & -1 & 0\\ 1 & -5 & -3\end{vmatrix}=0,$$

即 4 个三阶子式全为 0.

(2) 由 (1) 的结论，则 $r(\boldsymbol{A})<3$，在 $\boldsymbol{A}$ 的二阶子式中 $\begin{vmatrix}1 & -2\\2 & -1\end{vmatrix}=3\neq 0$，所以 $r(\boldsymbol{A})=2$.

6. 解　$\boldsymbol{A}\xrightarrow[\substack{r_2+r_1\times(-2)\\ r_3+r_1\times(-1)}]{r_1\leftrightarrow r_3}\begin{bmatrix}1 & 10 & -6 & 1\\0 & -21 & \lambda+12 & 3\\0 & \lambda-10 & 5 & 1\end{bmatrix}$，显然，当 $r(\boldsymbol{A})$ 在最第 2，3 行元素对应成比例时取得最小秩 2，则令

$\dfrac{-21}{\lambda-10}=\dfrac{\lambda+12}{5}=\dfrac{3}{1}$，解得 $\lambda=3$.

故　当 $\lambda=3$ 时，A 取得最小秩 2.

7. 解　由 $\boldsymbol{A}^*\boldsymbol{B}\boldsymbol{A}=2\boldsymbol{B}\boldsymbol{A}-8\boldsymbol{E}$ 得

$$
\begin{aligned}
(\boldsymbol{A}^*-2\boldsymbol{E})\boldsymbol{B}\boldsymbol{A}&=-8\boldsymbol{E},\\
\boldsymbol{B}&=-8(\boldsymbol{A}^*-2\boldsymbol{E})^{-1}\boldsymbol{A}^{-1}\\
&=-8[\boldsymbol{A}(\boldsymbol{A}^*-2\boldsymbol{E})]^{-1}\\
&=-8(\boldsymbol{A}\boldsymbol{A}^*-2\boldsymbol{A})^{-1}\\
&=-8(|\boldsymbol{A}|\boldsymbol{E}-2\boldsymbol{A})^{-1}\\
&=-8(-2\boldsymbol{E}-2\boldsymbol{A})^{-1}\\
&=4(\boldsymbol{E}+\boldsymbol{A})^{-1}\\
&=4[\mathrm{diag}(2,\ -1,\ 2)]^{-1}\\
&=4\mathrm{diag}(\frac{1}{2},\ -1,\ \frac{1}{2})\\
&=2\mathrm{diag}(1,\ -2,\ 1).
\end{aligned}
$$

8. 解　由已知

$$
\begin{bmatrix}x_1\\x_2\\x_3\end{bmatrix}=\begin{bmatrix}2 & 0 & 1\\-2 & 3 & 2\\4 & 1 & 5\end{bmatrix}\begin{bmatrix}y_1\\y_2\\y_3\end{bmatrix},\ \begin{bmatrix}y_1\\y_2\\y_3\end{bmatrix}=\begin{bmatrix}-3 & 1 & 0\\2 & 0 & 1\\0 & -1 & 3\end{bmatrix}\begin{bmatrix}z_1\\z_2\\z_3\end{bmatrix}
$$

故

$$
\begin{bmatrix}x_1\\x_2\\x_3\end{bmatrix}=\begin{bmatrix}2 & 0 & 1\\-2 & 3 & 2\\4 & 1 & 5\end{bmatrix}\begin{bmatrix}y_1\\y_2\\y_3\end{bmatrix}=\begin{bmatrix}2 & 0 & 1\\-2 & 3 & 2\\4 & 1 & 5\end{bmatrix}\begin{bmatrix}-3 & 1 & 0\\2 & 0 & 1\\0 & -1 & 3\end{bmatrix}\begin{bmatrix}z_1\\z_2\\z_3\end{bmatrix}
$$

$$
=\begin{bmatrix}-6 & 1 & 3\\12 & -4 & 9\\-10 & -1 & 16\end{bmatrix}\begin{bmatrix}z_1\\z_2\\z_3\end{bmatrix}
$$

9. 解　由已知：

$$
\begin{bmatrix}x_1\\x_2\\x_3\end{bmatrix}=\begin{bmatrix}2 & 2 & 1\\3 & 1 & 5\\3 & 2 & 3\end{bmatrix}\begin{bmatrix}y_1\\y_2\\y_3\end{bmatrix},\ 而\begin{bmatrix}2 & 2 & 1\\3 & 1 & 5\\3 & 2 & 3\end{bmatrix}\neq 0
$$

故 $\begin{bmatrix} y_1 \\ y_2 \\ y_3 \end{bmatrix} = \begin{bmatrix} 2 & 2 & 1 \\ 3 & 1 & 5 \\ 3 & 2 & 3 \end{bmatrix}^{-1} \begin{bmatrix} x_1 \\ x_2 \\ x_3 \end{bmatrix} = \begin{bmatrix} -7 & -4 & 9 \\ 6 & 3 & -7 \\ 3 & 2 & -4 \end{bmatrix} \begin{bmatrix} y_1 \\ y_2 \\ y_3 \end{bmatrix}$,

$$\begin{cases} y_1 = -7x_1 - 4x_2 + 9x_3 \\ y_2 = 6x_1 + 3x_2 - 7x_3 \\ y_3 = 3x_1 + 2x_2 - 4x_3 \end{cases}$$

10. 解　由条件 $\boldsymbol{ABA}^{-1} = 4\boldsymbol{A}^{-1} + \boldsymbol{BA}^{-1}$，得

$(\boldsymbol{A}-\boldsymbol{E})\boldsymbol{BA}^{-1} = 4\boldsymbol{A}^{-1}$

从而 $(\boldsymbol{A}-\boldsymbol{E})\boldsymbol{B} = 4\boldsymbol{E}$

故 $\boldsymbol{B} = 4(\boldsymbol{A}-\boldsymbol{E})^{-1} = 4\begin{bmatrix} 1 & & \\ & 2 & \\ & & 4 \end{bmatrix}^{-1} = 4\begin{bmatrix} 1 & & \\ & \frac{1}{2} & \\ & & \frac{1}{4} \end{bmatrix} = \begin{bmatrix} 4 & & \\ & 2 & \\ & & 1 \end{bmatrix}$

11. 解

$$\begin{aligned} &\boldsymbol{AB} - \boldsymbol{BA} \\ &= \begin{bmatrix} 1 & 1 & 1 \\ 2 & -1 & 0 \\ 1 & 0 & 1 \end{bmatrix} \begin{bmatrix} 1 \\ 2 \\ 0 \end{bmatrix} - \begin{bmatrix} 1 & 0 & 0 \\ 2 & 1 & 0 \\ 0 & 2 & 1 \end{bmatrix} \begin{bmatrix} 1 & 1 & 1 \\ 2 & -1 & 0 \\ 1 & 0 & 0 \end{bmatrix} \\ &= \begin{bmatrix} 3 & 3 & 1 \\ 0 & -1 & 0 \\ 1 & 2 & 1 \end{bmatrix} - \begin{bmatrix} 4 & 1 & 1 \\ 4 & 1 & 2 \\ 5 & -2 & 1 \end{bmatrix} = \begin{bmatrix} 2 & 2 & 0 \\ -4 & -2 & -2 \\ -4 & 4 & 0 \end{bmatrix} \end{aligned}$$

12. 解　对矩阵进行初等行变换

$\begin{bmatrix} 3 & 1 & 0 & 2 \\ 1 & -1 & 2 & -1 \\ 1 & 3 & -4 & 4 \end{bmatrix} \sim \begin{bmatrix} 0 & -8 & 12 & -10 \\ 0 & -4 & 6 & -5 \\ 1 & 3 & -4 & 4 \end{bmatrix} \sim \begin{bmatrix} 0 & 0 & 0 & 0 \\ 0 & -4 & 6 & -5 \\ 1 & 3 & -4 & 4 \end{bmatrix}$，所以秩为 2

13. 解

$$\begin{aligned} \boldsymbol{B}^2 - \boldsymbol{A}^2(\boldsymbol{B}^{-1}\boldsymbol{A})^{-1} &= \boldsymbol{B}^2 - \boldsymbol{A}^2(\boldsymbol{A}^{-1}\boldsymbol{B}) = \boldsymbol{B}^2 - \boldsymbol{A}(\boldsymbol{A}\cdot\boldsymbol{A}^{-1})\boldsymbol{B} \\ &= \boldsymbol{B}^2 - \boldsymbol{A}\cdot\boldsymbol{E}\cdot\boldsymbol{B} = \boldsymbol{B}^2 - \boldsymbol{A}\cdot\boldsymbol{B} = (\boldsymbol{B}-\boldsymbol{A})\boldsymbol{B} \end{aligned}$$

因为　$\boldsymbol{B}-\boldsymbol{A} = \begin{bmatrix} -1 & 1 \\ 2 & 5 \end{bmatrix} - \begin{bmatrix} 2 & 0 \\ 0 & 1 \end{bmatrix} = \begin{bmatrix} -3 & 1 \\ 2 & 4 \end{bmatrix}$

所以　$\boldsymbol{B}^2 - \boldsymbol{A}^2(\boldsymbol{B}^{-1}\boldsymbol{A}^{-1})^{-1} = (\boldsymbol{B}-\boldsymbol{A})\boldsymbol{B} = \begin{bmatrix} -3 & 1 \\ 2 & 4 \end{bmatrix} \cdot \begin{bmatrix} -1 & 1 \\ 2 & 5 \end{bmatrix} = \begin{bmatrix} 5 & 2 \\ 6 & 22 \end{bmatrix}$

14. 解　由已知：$(\boldsymbol{A}-2\boldsymbol{E})\boldsymbol{B} = \boldsymbol{A}$，则 $\boldsymbol{B} = (\boldsymbol{A}-2\boldsymbol{E})^{-1}\boldsymbol{A}$，构造增广矩阵 $[\boldsymbol{A}-2\boldsymbol{E} \mid \boldsymbol{A}]$

$[\boldsymbol{A}-2\boldsymbol{E} \mid \boldsymbol{A}] = \begin{bmatrix} -2 & 3 & 3 & \vdots & 0 & 3 & 3 \\ 1 & -1 & 0 & \vdots & 1 & 1 & 0 \\ -1 & 2 & 1 & \vdots & -1 & 2 & 3 \end{bmatrix} \to \begin{bmatrix} 1 & -1 & 0 & \vdots & 1 & 1 & 0 \\ -2 & 3 & 3 & \vdots & 0 & 3 & 3 \\ -1 & 2 & 1 & \vdots & -1 & 2 & 3 \end{bmatrix}$

$$\rightarrow\begin{bmatrix}1&-1&0&\vdots&1&1&0\\0&1&3&\vdots&2&5&3\\0&1&1&\vdots&0&3&3\end{bmatrix}\rightarrow\begin{bmatrix}1&-1&0&\vdots&1&1&0\\0&1&3&\vdots&2&5&3\\0&0&1&\vdots&1&1&0\end{bmatrix}$$

$$\rightarrow\begin{bmatrix}1&-1&0&\vdots&1&1&0\\0&1&0&\vdots&-1&2&3\\0&0&1&\vdots&1&1&0\end{bmatrix}\rightarrow\begin{bmatrix}1&0&&\vdots&3&3&\\0&1&0&\vdots&-1&2&3\\0&0&1&\vdots&1&1&0\end{bmatrix}$$

所以　$B=\begin{bmatrix}0&3&3\\-1&2&3\\1&1&0\end{bmatrix}=(A-2E)^{-1}A$

15. 解　因为$|A|=\begin{vmatrix}1&0&1\\2&1&0\\-3&2&-5\end{vmatrix}=2\neq0$，所以$A$可逆；

因为$\begin{bmatrix}1&0&1&\vdots&1&0&0\\2&1&0&\vdots&0&1&0\\-3&2&-5&\vdots&0&0&1\end{bmatrix}\rightarrow\begin{bmatrix}1&0&0&\vdots&-\frac{5}{2}&1&-\frac{1}{2}\\0&1&0&\vdots&5&-1&1\\0&0&1&\vdots&\frac{7}{2}&-1&\frac{1}{2}\end{bmatrix}$，

所以$A^{-1}=\begin{bmatrix}-\frac{5}{2}&1&-\frac{1}{2}\\5&-1&1\\\frac{7}{2}&-1&\frac{1}{2}\end{bmatrix}$

16. 解：$|A|=\begin{vmatrix}1&1&-1\\0&1&1\\0&0&1\end{vmatrix}\neq0$，由$A^2-AB=E$，可知$AB=A^2-E$，则$B=A^{-1}(A^2-E)$

$=A-A^{-1}$

$$(A|E)=\left[\begin{array}{ccc|ccc}1&1&-1&1&0&0\\0&1&1&0&1&0\\0&0&1&0&0&1\end{array}\right]\rightarrow\left[\begin{array}{ccc|ccc}1&1&0&1&0&1\\0&1&0&0&1&-1\\0&0&2&0&0&1\end{array}\right]\rightarrow\left[\begin{array}{ccc|ccc}1&0&0&1&-1&2\\0&1&0&0&1&-1\\0&0&1&0&0&1\end{array}\right]$$

所以$A^{-1}=\begin{bmatrix}1&-1&2\\0&1&-1\\0&0&1\end{bmatrix}$　$B=A-A^{-1}=\begin{bmatrix}0&2&-3\\0&0&2\\0&0&0\end{bmatrix}$

17. 解　$A=\begin{bmatrix}1&-2&3k\\-1&2k&-3\\k&-2&3\end{bmatrix}\xrightarrow[r_3-kr_1]{r_2+r_1}\begin{bmatrix}1&-1&k\\0&k-1&k-1\\0&0&-(k-1)(k+2)\end{bmatrix}$

(1)当$k=1$时，$r(A)=1$；

(2)当$k=-2$且$k\neq1$时，$r(A)=2$；

(3)当$k\neq1$且$k\neq-2$时，$r(A)=3$.

18. **解** 因为 $r(\boldsymbol{A})=2$, 有 $\begin{vmatrix}1 & 2 & 1\\2 & -3 & 0\\4 & 1 & b\end{vmatrix}=0$; $\begin{vmatrix}1 & 2 & a\\2 & -3 & 1\\4 & 1 & a\end{vmatrix}=0$ 解得: $b=2$, $a=-1$.

19. **解** 由已知: $\boldsymbol{A}(\boldsymbol{A}-\boldsymbol{E})=2\boldsymbol{E}$; $\boldsymbol{A}\left(\dfrac{\boldsymbol{A}-\boldsymbol{E}}{2}\right)=\boldsymbol{E}$; 所以 $\boldsymbol{A}$ 可逆, 且 $\boldsymbol{A}^{-1}=\dfrac{\boldsymbol{A}-\boldsymbol{E}}{2}$

20. **解** 首先观察

$$\boldsymbol{A}^2=\begin{bmatrix}\lambda & 1 & 0\\0 & \lambda & 1\\0 & 0 & \lambda\end{bmatrix}\begin{bmatrix}\lambda & 1 & 0\\0 & \lambda & 1\\0 & 0 & \lambda\end{bmatrix}=\begin{bmatrix}\lambda^2 & 2\lambda & 1\\0 & \lambda^2 & 2\lambda\\0 & 0 & \lambda^2\end{bmatrix},$$

$$\boldsymbol{A}^3=\boldsymbol{A}^2\cdot\boldsymbol{A}=\begin{bmatrix}\lambda^3 & 3\lambda^2 & 3\lambda\\0 & \lambda^3 & 3\lambda^2\\0 & 0 & \lambda^3\end{bmatrix},$$

$$\boldsymbol{A}^4=\boldsymbol{A}^3\cdot\boldsymbol{A}=\begin{bmatrix}\lambda^4 & 4\lambda^3 & 6\lambda^2\\0 & \lambda^4 & 4\lambda^3\\0 & 0 & \lambda^4\end{bmatrix},$$

$$\boldsymbol{A}^5=\boldsymbol{A}^4\cdot\boldsymbol{A}=\begin{bmatrix}\lambda^5 & 5\lambda^4 & 10\lambda^3\\0 & \lambda^5 & 5\lambda^4\\0 & 0 & \lambda^5\end{bmatrix},$$

$$\vdots$$

$$\boldsymbol{A}^k=\begin{bmatrix}\lambda^k & k\lambda^k & \dfrac{k(k-1)}{2}\lambda^{k-2}\\0 & \lambda^k & k\lambda^{k-1}\\0 & 0 & \lambda^k\end{bmatrix}.$$

用数学归纳法证明:

当 $k=2$ 时, 显然成立.

假设 k 时成立, 则 $k+1$ 时,

$$\boldsymbol{A}^{k+1}=\boldsymbol{A}^k\cdot\boldsymbol{A}=\begin{bmatrix}\lambda^k & k\lambda^{k-1} & \dfrac{k(k-1)}{2}\lambda^{k-2}\\0 & \lambda^k & k\lambda^{k-1}\\0 & 0 & \lambda^k\end{bmatrix}\begin{bmatrix}\lambda & 1 & 0\\0 & \lambda & 1\\0 & 0 & \lambda\end{bmatrix}$$

$$=\begin{bmatrix}\lambda^k & (k+1)\lambda^{k-1} & \dfrac{(k+1)k}{2}\lambda^{k-1}\\0 & \lambda^{k+1} & (k+1)\lambda^{k-1}\\0 & 0 & \lambda^{k+1}\end{bmatrix}$$

由数学归纳法原理知:

$$A^k=\begin{bmatrix}\lambda^k & k\lambda^{k-1} & \frac{k(k-1)}{2}\lambda^{k-2}\\ 0 & \lambda^k & k\lambda^{k-1}\\ 0 & 0 & \lambda^k\end{bmatrix}$$

21. 解　对矩阵 A 进行初等变换

$$\begin{bmatrix}a & 1 & 1\\ 1 & a & 1\\ 1 & 1 & a\end{bmatrix}\sim\begin{bmatrix}1 & 1 & a\\ 1 & a & 1\\ a & 1 & 1\end{bmatrix}\sim\begin{bmatrix}1 & 1 & a\\ 0 & a-1 & 1-a\\ 0 & -(a-1) & 1-a^2\end{bmatrix}\sim$$

$$\begin{bmatrix}1 & 1 & a\\ 0 & a-1 & -(a-1)\\ 0 & 0 & -(a+2)(a-1)\end{bmatrix}$$

1°　当 $a\neq 1$，且 $a\neq -2$ 时，$R(\boldsymbol{A})=3$；

2°　当 $a=1$ 时，$R(\boldsymbol{A})=1$；

3°　当 $a=-2$ 时，$R(\boldsymbol{A})=2$.

22. 解　由 $\boldsymbol{A}+\boldsymbol{X}=\boldsymbol{XA}$ 可得 $\boldsymbol{X}(\boldsymbol{A}-\boldsymbol{E})=\boldsymbol{A}$

由 $\boldsymbol{A}-\boldsymbol{E}=\begin{bmatrix}0 & -3 & 0\\ 2 & 0 & 0\\ 0 & 0 & 1\end{bmatrix}$，得 $|\boldsymbol{A}-\boldsymbol{E}|=6\neq 0$，故 $\boldsymbol{A}-\boldsymbol{E}$ 可逆，

从而　$\boldsymbol{X}=\boldsymbol{A}(\boldsymbol{A}-\boldsymbol{E})^{-1}$.

$$(\boldsymbol{A}-\boldsymbol{E})^{-1}=\begin{bmatrix}0 & \frac{1}{2} & 0\\ -\frac{1}{3} & 0 & 0\\ 0 & 0 & 1\end{bmatrix},$$

因此

$$\boldsymbol{X}=\begin{bmatrix}1 & \frac{1}{2} & 0\\ -\frac{1}{3} & 1 & 0\\ 0 & 0 & 2\end{bmatrix}.$$

23. 解　因为 $|\boldsymbol{A}|=3$，由 $\boldsymbol{AXA}^*=2\boldsymbol{XA}^*+\boldsymbol{I}$，则 $\boldsymbol{AXA}^*\boldsymbol{A}=2\boldsymbol{XA}^*\boldsymbol{A}+\boldsymbol{IA}$，于是 $|\boldsymbol{A}|\boldsymbol{AX}=2|\boldsymbol{A}|\boldsymbol{X}+\boldsymbol{A}$，可得 $3\boldsymbol{AX}=6\boldsymbol{X}+\boldsymbol{A}$，所以 $\boldsymbol{X}=\frac{1}{3}(\boldsymbol{A}-2\boldsymbol{I})^{-1}\boldsymbol{A}$，$\boldsymbol{A}-2\boldsymbol{I}=\begin{bmatrix}0 & 1 & 0\\ 1 & 0 & 0\\ 0 & 0 & -1\end{bmatrix}$，$(\boldsymbol{A}-2\boldsymbol{I})^{-1}$

$=\begin{bmatrix}0 & 1 & 0\\ 1 & 0 & 0\\ 0 & 0 & -1\end{bmatrix}$，$\boldsymbol{X}=\frac{1}{3}\begin{bmatrix}1 & 2 & 0\\ 2 & 1 & 0\\ 0 & 0 & -1\end{bmatrix}$

24. 解：由 $(\boldsymbol{E}-\boldsymbol{B}^{-1}\boldsymbol{A})^{\mathrm{T}}\boldsymbol{B}^{\mathrm{T}}\boldsymbol{X}=\boldsymbol{E}$，可得 $(\boldsymbol{B}^{\mathrm{T}}-\boldsymbol{A}^{\mathrm{T}})\boldsymbol{X}=\boldsymbol{E}$

于是 $\boldsymbol{X}=(\boldsymbol{B}^{\mathrm{T}}-\boldsymbol{A}^{\mathrm{T}})=[(\boldsymbol{B}-\boldsymbol{A})^{\mathrm{T}}]^{-1}$

$$=\left(\left[\begin{pmatrix}1&1&0\\0&2&2\\0&0&3\end{pmatrix}-\begin{pmatrix}-1&1&0\\0&0&2\\0&0&2\end{pmatrix}\right]^{\mathrm{T}}\right)^{-1}=\left[\begin{pmatrix}2&0&0\\0&2&0\\0&0&1\end{pmatrix}^{\mathrm{T}}\right]^{-1}=\begin{pmatrix}\frac{1}{2}&0&0\\0&\frac{1}{2}&0\\0&0&1\end{pmatrix}$$

25. **解**　因为$\boldsymbol{AX}+\boldsymbol{B}=\boldsymbol{X}$，则$\boldsymbol{B}=\boldsymbol{X}-\boldsymbol{AX}$，所以$\boldsymbol{X}=(\boldsymbol{E}-\boldsymbol{A})^{-1}\boldsymbol{A}$.

又
$$\boldsymbol{E}-\boldsymbol{A}=\begin{bmatrix}1&-1&0\\1&0&-1\\1&0&2\end{bmatrix},$$

因为
$$\boldsymbol{X}=\begin{bmatrix}1&-1&0\\1&0&-1\\1&0&2\end{bmatrix}^{-1}\begin{bmatrix}1&-1\\2&0\\5&-3\end{bmatrix}=\begin{bmatrix}3&-1\\2&0\\1&-1\end{bmatrix}$$

四、综合题

1. 证明：

由已知：$\boldsymbol{A}(\boldsymbol{A}-3\boldsymbol{E})=2\boldsymbol{E}$，得：$\boldsymbol{A}\left[\frac{\boldsymbol{A}-3\boldsymbol{E}}{2}\right]=\boldsymbol{E}$，所以$\boldsymbol{A}$可逆，且$\boldsymbol{A}^{-1}=\frac{\boldsymbol{A}-3\boldsymbol{E}}{2}$.

2. 证明：因为　$(\boldsymbol{A}-3\boldsymbol{I})(\boldsymbol{A}-2\boldsymbol{I})=\boldsymbol{A}^2-5\boldsymbol{A}+6\boldsymbol{I}=3\boldsymbol{I}$

所以　$(\boldsymbol{A}-3\boldsymbol{I})[\frac{1}{3}(\boldsymbol{A}-2\boldsymbol{I})]=\boldsymbol{I}$，故$(\boldsymbol{A}-3\boldsymbol{I})$可逆，且$(\boldsymbol{A}-3\boldsymbol{I})^{-1}=\frac{1}{3}(\boldsymbol{A}-2\boldsymbol{I})$

3. 证明：因为矩阵$\boldsymbol{A}$可逆，所以$\boldsymbol{A}\frac{1}{|\boldsymbol{A}|}\boldsymbol{A}^*=\boldsymbol{E}$，即$\boldsymbol{A}^*\boldsymbol{A}\frac{1}{|\boldsymbol{A}|}=\boldsymbol{E}$. 故$\boldsymbol{A}^*$可逆，且$(\boldsymbol{A}^*)^{-1}$
$=\frac{\boldsymbol{A}}{|\boldsymbol{A}|}$.

4. 证明　因为

$$\boldsymbol{A}^{-1}(\boldsymbol{A}+\boldsymbol{B})\boldsymbol{B}^{-1}=\boldsymbol{B}^{-1}+\boldsymbol{A}^{-1}=\boldsymbol{A}^{-1}+\boldsymbol{B}^{-1},$$

而$\boldsymbol{A}^{-1}(\boldsymbol{A}+\boldsymbol{B})\boldsymbol{B}^{-1}$是三个可逆矩阵的乘积，所以$\boldsymbol{A}^{-1}(\boldsymbol{A}+\boldsymbol{B})\boldsymbol{B}^{-1}$可逆，即$\boldsymbol{A}^{-1}+\boldsymbol{B}^{-1}$可逆.

$$(\boldsymbol{A}^{-1}+\boldsymbol{B}^{-1})^{-1}=[\boldsymbol{A}^{-1}(\boldsymbol{A}+\boldsymbol{B})\boldsymbol{B}^{-1}]^{-1}=\boldsymbol{B}(\boldsymbol{A}+\boldsymbol{B})^{-1}\boldsymbol{A}.$$

5. **解**　因为　$|\boldsymbol{A}+\boldsymbol{E}|=|\boldsymbol{A}+\boldsymbol{A}\boldsymbol{A}^{\mathrm{T}}|=|\boldsymbol{A}(\boldsymbol{E}+\boldsymbol{A}^{\mathrm{T}})|=|\boldsymbol{A}||\boldsymbol{E}+\boldsymbol{A}^{\mathrm{T}}|$
$=|\boldsymbol{A}||(\boldsymbol{E}+\boldsymbol{A})^{\mathrm{T}}|=|\boldsymbol{A}||\boldsymbol{E}+\boldsymbol{A}|$

所以　$(1-|\boldsymbol{A}|)|\boldsymbol{A}+\boldsymbol{E}|=0$，又$|\boldsymbol{A}|<0$，则$1-|\boldsymbol{A}|>0$，故$|\boldsymbol{A}+\boldsymbol{E}|=0$

6. 证：　$(\boldsymbol{E}-\boldsymbol{A})(\boldsymbol{E}+\boldsymbol{A}+\boldsymbol{A}^2+\cdots+\boldsymbol{A}^{k-1})$
$=\boldsymbol{E}+\boldsymbol{A}+\boldsymbol{A}^2+\cdots+\boldsymbol{A}^{k-1}-\boldsymbol{A}-\boldsymbol{A}^2-\cdots-\boldsymbol{A}^k=\boldsymbol{E}-\boldsymbol{A}^k=\boldsymbol{E}$

故　$(\boldsymbol{E}-\boldsymbol{A})^{-1}=\boldsymbol{E}+\boldsymbol{A}+\boldsymbol{A}^2+\cdots+\boldsymbol{A}^{k-1}$.

7. 证明

(1)用反证法证明. 假设$|\boldsymbol{A}^*|\neq0$，则有$\boldsymbol{A}^*(\boldsymbol{A}^*)^{-1}=\boldsymbol{E}$，由此得

$$\boldsymbol{A}=\boldsymbol{A}\boldsymbol{A}^*(\boldsymbol{A}^*)^{-1}=|\boldsymbol{A}|\boldsymbol{E}(\boldsymbol{A}^*)^{-1}=\boldsymbol{O},$$

所以$\boldsymbol{A}^*=\boldsymbol{O}$，这与$|\boldsymbol{A}^*|\neq0$矛盾，故当$|\boldsymbol{A}|=0$时，有$|\boldsymbol{A}^*|=0$.

(2)由于$\boldsymbol{AA}^*=|\boldsymbol{A}|\boldsymbol{E}$，取行列式得到

$$|A||A^*|=|A|^n.$$

若$|A|\neq 0$，则$|A^*|=|A|^{n-1}$；

若$|A|=0$，由(1)知$|A^*|=0$，此时命题也成立.

因此$|A^*|=|A|^{n-1}$.

8. 证明　因为

$$(A-B)^2=A^2-AB-BA+B^2=A+B$$

又，$A^2=A$，$B^2=B$，所以，$AB=-BA$

再由，$(A-B)^2=A+B$，有

$$(A-B)^3=(A+B)(A-B)=(A-B)(A+B)$$

从而　$A^2+BA-AB-B^2=A^2-BA+AB-B^2$

从而　$BA-AB=-BA+AB$，

从而　$BA=AB$

即　　$AB=-AB$

所以　$AB=0$

9. 证明：$(A+A^T)^T=A^T+(A^T)^T=A^T+A=A+A^T$，故$A+A^T$为对称阵.

$(AA^T)^T=(A^T)^TA^T=AA^T$，故AA^T为对称阵.

10. **解**　因为$A^{-1}=\dfrac{1}{|A|}A^*$，所以

$$|(2A)^{-1}-5A^*|=\left|\frac{1}{2}A^{-1}-5|A|A^{-1}\right|=\left|\frac{1}{2}A^{-1}-\frac{5}{2}A^{-1}\right|$$

$$=|-2A^{-1}|=(-2)^3|A^{-1}|=-8|A|^{-1}=-8\times 2=-16.$$

11. 证明　因为$A^T=A$，所以

$$(B^TAB)^T=B^TA^T(B^T)^T=B^TAB,$$

从而B^TAB是对称矩阵.

12. 证明　充分性：因为$A^T=A$，$B^T=B$，且$AB=BA$，所以

$$(AB)^T=B^TA^T=BA=AB,$$

即AB是对称矩阵.

必要性：因为$AT=A$，$BT=B$，且$(AB)T=AB$，所以

$$AB=(AB)T=BTAT=BA.$$

13. 证法1：由$A^2-A-2E=O$得

$A^2-A=2E$，即$A(A-E)=2E$，

或　　$A\cdot\dfrac{1}{2}(A-E)=E$，

知A可逆，且$A^{-1}=\dfrac{1}{2}(A-E)$.

由$A^2-A-2E=O$得

$A^2-A-6E=-4E$，即$(A+2E)(A-3E)=-4E$，

或　　$(A+2E)\cdot\dfrac{1}{4}(3E-A)=E$

故$(\boldsymbol{A}+2\boldsymbol{E})$可逆，且$(\boldsymbol{A}+2\boldsymbol{E})^{-1}=\frac{1}{4}(3\boldsymbol{E}-\boldsymbol{A})$.

证法2：由$\boldsymbol{A}^2-\boldsymbol{A}-2\boldsymbol{E}=\boldsymbol{O}$得$\boldsymbol{A}^2-\boldsymbol{A}=2\boldsymbol{E}$，两端同时取行列式得

$$|\boldsymbol{A}^2-\boldsymbol{A}|=2^n\text{（}n\text{ 为方阵的阶数），}$$

即 $|\boldsymbol{A}||\boldsymbol{A}-\boldsymbol{E}|=2^n$，

故 $|\boldsymbol{A}|\neq 0$，

所以$\boldsymbol{A}$可逆，而$\boldsymbol{A}+2\boldsymbol{E}=\boldsymbol{A}^2$，$|\boldsymbol{A}+2\boldsymbol{E}|=|\boldsymbol{A}^2|=|\boldsymbol{A}|^2\neq 0$，故$\boldsymbol{A}+2\boldsymbol{E}$也可逆.

由 $\boldsymbol{A}^2-\boldsymbol{A}-2\boldsymbol{E}=\boldsymbol{O}\Rightarrow \boldsymbol{A}(\boldsymbol{A}-\boldsymbol{E})=2\boldsymbol{E}$

于是 $\boldsymbol{A}^{-1}\boldsymbol{A}(\boldsymbol{A}-\boldsymbol{E})=2\boldsymbol{A}^{-1}\boldsymbol{E}$ 于是 $\boldsymbol{A}^{-1}=\frac{1}{2}(\boldsymbol{A}-\boldsymbol{E})$，

又由 $\boldsymbol{A}^2-\boldsymbol{A}-2\boldsymbol{E}=\boldsymbol{O}$ 于是 $(\boldsymbol{A}+2\boldsymbol{E})\boldsymbol{A}-3(\boldsymbol{A}+2\boldsymbol{E})=-4\boldsymbol{E}$

于是 $(\boldsymbol{A}+2\boldsymbol{E})(\boldsymbol{A}-3\boldsymbol{E})=-4\boldsymbol{E}$，

所以 $(\boldsymbol{A}+2\boldsymbol{E})^{-1}(\boldsymbol{A}+2\boldsymbol{E})(\boldsymbol{A}-3\boldsymbol{E})=-4(\boldsymbol{A}+2\boldsymbol{E})^{-1}$，

于是 $(\boldsymbol{A}+2\boldsymbol{E})^{-1}=\frac{1}{4}(3\boldsymbol{E}-\boldsymbol{A})$.

14. 解

设k年后该国农村人口与城市人口分别为x_k，y_k（万），则：

$$\begin{cases}x_{k+1}=0.7x_k+0.2y_k\\ y_{k+1}=0.3x_k+0.8y_k\end{cases},\quad \begin{bmatrix}x_{k+1}\\ y_{k+1}\end{bmatrix}=\begin{bmatrix}0.7 & 0.2\\ 0.3 & 0.8\end{bmatrix}\begin{bmatrix}x_k\\ y_k\end{bmatrix},\ k\geqslant 0$$

其中

$$\begin{bmatrix}x_0\\ y_0\end{bmatrix}=\begin{bmatrix}320\\ 80\end{bmatrix}$$

若设$\boldsymbol{A}=\begin{bmatrix}0.7 & 0.2\\ 0.3 & 0.8\end{bmatrix}$，则$\begin{bmatrix}x_1\\ y_1\end{bmatrix}=\boldsymbol{A}\begin{bmatrix}x_0\\ y_0\end{bmatrix}=\begin{bmatrix}240\\ 160\end{bmatrix}$，

$$\begin{bmatrix}x_3\\ y_3\end{bmatrix}=\boldsymbol{A}^3\begin{bmatrix}x_0\\ y_0\end{bmatrix}=\begin{bmatrix}180\\ 220\end{bmatrix},$$

因此 一年后该国农村人口与城市人口分别为240万，160万

三年后该国农村人口与城市人口分别为180万，220万

15. 解 用x_n表示第n年后从事教师职业和其他职业的人数，则$x_0=\begin{bmatrix}1.5\\ 13.5\end{bmatrix}$，用矩阵$\boldsymbol{A}=\begin{bmatrix}0.9 & 0.01\\ 0.1 & 0.99\end{bmatrix}$表示教师职业和其他职业间的转移情况.

则有

$$x_1=\boldsymbol{A}x_0=\begin{bmatrix}0.9 & 0.01\\ 0.1 & 0.99\end{bmatrix}\begin{bmatrix}1.5\\ 13.5\end{bmatrix}=\begin{bmatrix}1.485\\ 13.515\end{bmatrix},$$

即一年后，从事教师职业和其他职业的人数分别是1.485万和13.515万.

又

$$x_2=\boldsymbol{A}x_1=\begin{bmatrix}0.9 & 0.01\\ 0.1 & 0.99\end{bmatrix}\begin{bmatrix}1.485\\ 13.515\end{bmatrix}=\begin{bmatrix}1.47165\\ 13.52835\end{bmatrix},$$

即两年后，从事教师职业和其他职业的人数分别是1.47165万和13.52835万.

第 2 章　行列式

2.1　基本要求

1. 理解三阶行列式的对角线法则，了解 n 行列式的概念.
2. 理解行列式的性质，熟练掌握低阶行列式值的计算.
3. 掌握行列式按行(列)展开公式，及会用它计算高阶行列式的值.
4. 掌握克莱姆法则，并会用它求解相关方程组.

2.2　主要内容和结论

2.2.1　行列式的定义

(1)二阶、三阶行列式

二阶行列式：

$$D=\begin{vmatrix} a_{11} & a_{12} \\ a_{21} & a_{22} \end{vmatrix}=a_{11}a_{22}-a_{12}a_{21}$$

三阶行列式：

$$\begin{vmatrix} a_{11} & a_{12} & a_{13} \\ a_{21} & a_{22} & a_{23} \\ a_{31} & a_{32} & a_{33} \end{vmatrix}=a_{11}a_{22}a_{33}+a_{12}a_{23}a_{31}+a_{13}a_{21}a_{32}$$

$$-a_{11}a_{23}a_{32}-a_{12}a_{21}a_{33}-a_{13}a_{22}a_{31}.$$

①对角线法则

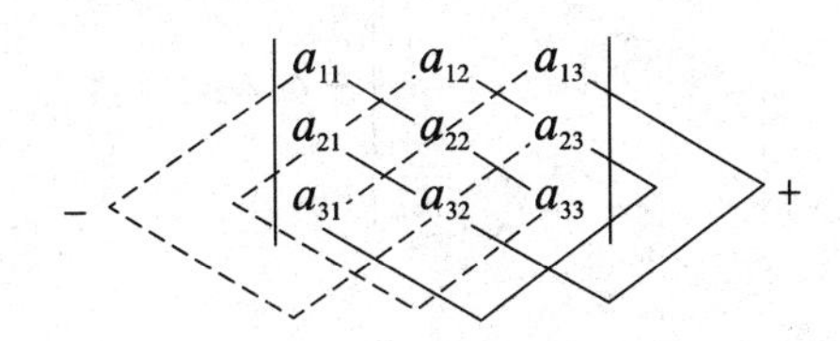

②沙路法则

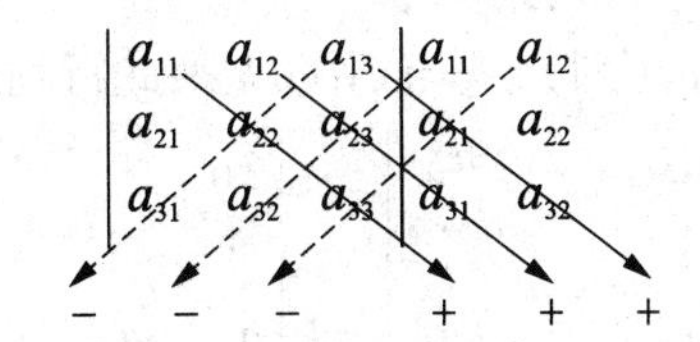

(2)排列与逆序数

n 级排列：自然数 1，2，…，n 按一定次序排成的一个无重复数字的有序数组称为一个 n 级排列，记为 $i_1\, i_2 \cdots i_n$.

逆序和逆序数：在一个 n 级排列中，若一个较大的数排在一个较小的数的前面，则称这两个数构成一个逆序.

一个排列中逆序的总数，称为这个排列的逆序数，记为 $N(i_1 i_2\cdots i_n)$.

逆序数为奇数的排列称为奇排列，逆序数为偶数的排列称为偶排列.

结论： ①n 级排列一共有 $n!$ 个.

②排列经一次对换，奇偶性改变.

(3) n 阶行列式的定义

$$D=\begin{vmatrix} a_{11} & a_{12} & \cdots & a_{1n} \\ a_{21} & a_{22} & \cdots & a_{2n} \\ \vdots & \vdots & & \vdots \\ a_{n1} & a_{n2} & \cdots & a_{nn} \end{vmatrix}=\sum_{i_1i_2\cdots i_n}(-1)^{N(i_1i_2\cdots i_n)}a_{1i_1}a_{2i_2}\cdots a_{ni_n}$$

它是 $n!$ 项的代数和，$a_{1i_1}a_{2i_2}\cdots a_{ni_n}$ 取自 D 的不同行不同列.

其他形式

$$\begin{aligned} D &= \sum_{j_1j_2\cdots j_n}(-1)^{N(j_1j_2\cdots j_n)}a_{j_11}a_{j_22}\cdots a_{j_nn} \\ &= \sum_{\substack{i_1i_2\cdots i_n \\ j_1j_2\cdots j_n}}(-1)^{N(i_1i_2\cdots i_n)+N(j_1j_2\cdots j_n)}a_{i_1j_1}a_{i_2j_2}\cdots a_{i_nj_n} \end{aligned}$$

2.2.2 特殊行列式

(1) 上、下三角行列式

$$\begin{vmatrix} a_{11} & a_{12} & \cdots & a_{1n} \\ 0 & a_{22} & \cdots & a_{2n} \\ \vdots & \vdots & & \vdots \\ 0 & 0 & \cdots & a_{nn} \end{vmatrix}=\begin{vmatrix} a_{11} & 0 & \cdots & 0 \\ a_{21} & a_{22} & \cdots & 0 \\ \vdots & \vdots & & \vdots \\ a_{n1} & a_{n2} & \cdots & a_{nn} \end{vmatrix}=a_{11}a_{22}\cdots a_{nn}$$

(2) 对角行列式

$$\begin{vmatrix} \lambda_1 & & & \\ & \lambda_2 & & \\ & & \ddots & \\ & & & \lambda_n \end{vmatrix}=\lambda_1\lambda_2\cdots\lambda_n;$$

2.2.3 行列式的性质

(1) 行列式与其转置行列式相等，即 $D^{\mathrm{T}}=D$.

(2) 交换行列式的两行(列)，行列式变号.

(3) 用数 k 乘行列式的某一行(列)，等于用数 k 乘此行列式，即

$$\begin{vmatrix} a_{11} & a_{12} & \cdots & a_{1n} \\ \vdots & \vdots & & \vdots \\ ka_{i1} & ka_{i2} & \cdots & ka_{in} \\ \vdots & \vdots & & \vdots \\ a_{n1} & a_{n2} & \cdots & a_{nn} \end{vmatrix}=k\begin{vmatrix} a_{11} & a_{12} & \cdots & a_{1n} \\ \vdots & \vdots & & \vdots \\ a_{i1} & a_{i2} & \cdots & a_{in} \\ \vdots & \vdots & & \vdots \\ a_{n1} & a_{n2} & \cdots & a_{nn} \end{vmatrix}$$

推论：

①若一个行列式有两行(列)的对应元素相同，则此行列式的值为零.

②若行列式有一行(列)的元素全为零，则行列式等于零.

③若行列式有两行(列)的对应元素成比例，则行列式等于零.

(4)若行列式的某一行(列)各元素都是两数之和，即若

$$D=\begin{vmatrix} a_{11} & a_{12} & \cdots & a_{1n} \\ \vdots & \vdots & & \vdots \\ b_{i1}+c_{i1} & b_{i2}+c_{i2} & \cdots & b_{in}+c_{in} \\ \vdots & \vdots & & \vdots \\ a_{n1} & a_{n2} & \cdots & a_{nn} \end{vmatrix},$$

$$D=\begin{vmatrix} a_{11} & a_{12} & \cdots & a_{1n} \\ \vdots & \vdots & & \vdots \\ b_{i1} & b_{i2} & \cdots & b_{in} \\ \vdots & \vdots & & \vdots \\ a_{n1} & a_{n2} & \cdots & a_{nn} \end{vmatrix}+\begin{vmatrix} a_{11} & a_{12} & \cdots & a_{1n} \\ \vdots & \vdots & & \vdots \\ c_{i1} & c_{i2} & \cdots & c_{in} \\ \vdots & \vdots & & \vdots \\ a_{n1} & a_{n2} & \cdots & a_{nn} \end{vmatrix}.$$

(5)将行列式某一行(列)所有元素都乘以数 k 后加到另一行(列)对应位置的元素上，行列式的值不变.

2.2.4　行列式按行按列展开

(1)余子式：在行列式 $|\boldsymbol{A}|$ 中，去掉元素 a_{ij} 所在的第 i 行和第 j 列，由剩下的元素按原来的位置顺序组成的 $n-1$ 阶行列式称为元素 a_{ij} 的余子式，记成 M_{ij}，即

$$M_{ij}=\begin{vmatrix} a_{11} & \cdots & a_{1(j-1)} & a_{1(j+1)} & \cdots & a_{1n} \\ \vdots & & \vdots & \vdots & & \vdots \\ a_{(i-1)1} & \cdots & a_{(i-1)(j-1)} & a_{(i-1)(j+1)} & \cdots & i_{(i-1)n} \\ \vdots & & \vdots & \vdots & & \vdots \\ a_{n1} & \cdots & a_{n(j-1)} & a_{n(j+1)} & \cdots & a_{nn} \end{vmatrix}$$

(2)代数余子式：带有正负号 $(-1)^{i+j}$ 的余子式称为元素 a_{ij} 的代数余子式，记为 A_{ij}，即

$$A_{ij}=(-1)^{i+j}M_{ij},$$

M_{ij}，A_{ij} 与 a_{ij} 的大小、正负无关，与 a_{ij} 所在的第 i 行、第 j 列元素无关.

(3)行列式的展开公式：

$$|\boldsymbol{A}|=a_{i1}A_{i1}+a_{i2}A_{i2}+\cdots+a_{in}A_{in}=\sum_{k=1}^{n}a_{ik}A_{ik}\,(i=1,2,\cdots,n)$$

$$=a_{j1}A_{j1}+a_{j2}A_{j2}+\cdots+a_{jn}A_{jn}=\sum_{k=1}^{n}a_{jk}A_{jk}\,(j=1,2,\cdots,n)$$

且有

$$a_{i1}A_{k1}+a_{i2}A_{k2}+\cdots+a_{in}A_{kn}=0,\ j\neq k,$$
$$a_{j1}A_{k1}+a_{j2}A_{k2}+\cdots+a_{jn}A_{kn}=0,\ j\neq k.$$

故

$$\sum_{j=1}^{n}a_{ij}A_{kj}=\begin{cases}|\boldsymbol{A}|,\ i=k\\ 0,\ i\neq k,\end{cases}\quad i=1,2,\cdots,n;\ k=1,2,\cdots,n.$$

$$\sum_{i=1}^{n} a_{ij}A_{ik} = \begin{cases} |\boldsymbol{A}|, j=k \\ 0, j\neq k, \end{cases} \quad j=1, 2, \cdots, n; \ k=1, 2, \cdots, n.$$

2.2.5 克莱姆(Cramer)法则

考虑含有 n 个未知量、n 个方程的线性方程组：

$$\begin{cases} a_{11}x_1 + a_{12}x_2 + \cdots a_{1n}x_n = b_1 \\ a_{21}x_1 + a_{22}x_2 + \cdots + a_{2n}x_n = b_2 \\ \vdots \qquad\quad \vdots \qquad\qquad\quad \vdots \\ a_{n1}x_1 + a_{n2}x_2 + \cdots + a_{nn}x_n = b_n \end{cases} \tag{1}$$

(1)如果其系数行列式 $D\neq 0$，那么方程组有唯一解：$x_i = \dfrac{D_i}{D}$，$i=1, 2, \cdots, n$. 其中 D_i 是把 D 中第 i 列元素换成方程组右端的常数列得到的 n 阶行列式；

(2)如果方程组无解或有无数解，则系数行列式 $D=0$.

2.3 典型例题

例 1 求排列 3 4 2 6 5 1 的逆序数.

分析：在排列中 1 是最小的数，那么排在 1 之前的数都和 1 构成逆序，由此可求出与 1 构成逆序的个数，然后去掉 1，2 之前的数都和 2 构成逆序依次下去可求出总的逆序个数.

3 4 2 6 5 1　　1 之前有 5 个数

3 4 2 6 5 1　　划去 1，2 之前有 2 个数

3 4 2 6 5 1　　再划去 2，3 之前有 0 个数

3 4 2 6 5 1　　同样，得到 4 之前有 0 个数

3 4 2 6 5 1　　同样，得到 5 之前有 1 个数

所以　$N(3\,4\,2\,6\,5\,1) = 5+2+0+0+1=8$

例 2 求 n 级排列 $n(n-1)\cdots 321$ 的逆序数，并讨论它的奇偶性

解 因为 1 之前的数都比 1 大，2 之前的数都比 2 大，依次下去得

$$N(n(n-1)\cdots 321) = (n-1)+(n-2)+\cdots+2+1 = \frac{1}{2}n(n-1)$$

当 $n=4k$ 或 $4k+1$ 时，排列为偶排列；

当 $n=4k+2$ 或 $4k+3$ 时，排列为奇排列.

例 3 求行列式 $D = \begin{vmatrix} a_1 & a_2 & a_3 & a_4 & a_5 \\ b_1 & b_2 & b_3 & b_4 & b_5 \\ 0 & 0 & 0 & c_1 & c_2 \\ 0 & 0 & 0 & d_1 & d_2 \\ 0 & 0 & 0 & e_1 & e_1 \end{vmatrix}$

分析：行列式的展开中，每一项都包含最后三行中位于不同列的元素，而后三行的前两列元素全为 0，因此每一次都含 0，从而 $D=0$.

例 4　计算行列式 $D_4=\begin{vmatrix}2&3&2&1\\1&4&-6&1\\2&1&7&1\\-1&0&1&2\end{vmatrix}$

分析：对于元素是数字的行列式，通常运用行列式的性质将其化为三角行列式来计算，或将其某一行(列)化成有较多0元素之后，再按该行(列)展开降阶.

方法 1：化为三角形行列式

$$D_4\xlongequal{r_1\leftrightarrow r_4}-\begin{vmatrix}-1&0&1&2\\1&4&-6&1\\2&1&7&1\\2&3&2&1\end{vmatrix}\xlongequal[r_3+2r_1]{\substack{r_2+r_1\\r_4-r_3}}-\begin{vmatrix}-1&0&1&2\\0&4&-5&3\\0&1&9&5\\0&2&-5&0\end{vmatrix}$$

$$\xlongequal{r_2\leftrightarrow r_3}\begin{vmatrix}-1&0&1&2\\0&1&9&5\\0&4&-5&3\\0&2&-5&0\end{vmatrix}\xlongequal[r_4-2r_2]{r_3-4r_2}\begin{vmatrix}-1&0&1&2\\0&1&9&5\\0&0&-41&-17\\0&0&-23&-10\end{vmatrix}$$

$$\xlongequal{r_3-2r_4}\begin{vmatrix}-1&0&1&2\\0&1&9&5\\0&0&5&3\\0&0&-23&-10\end{vmatrix}\xlongequal{r_4+4r_3}\begin{vmatrix}-1&0&1&2\\0&1&9&5\\0&0&5&3\\0&0&-3&2\end{vmatrix}$$

$$\xlongequal{r_3+2r_4}\begin{vmatrix}-1&0&1&2\\0&1&9&5\\0&0&-1&7\\0&0&-3&2\end{vmatrix}\xlongequal{r_4-3r_2}\begin{vmatrix}-1&0&1&2\\0&1&9&5\\0&0&-1&7\\0&0&0&-19\end{vmatrix}$$

$$=-19.$$

方法 2：利用行列式的展开定理降阶

$$D_4\xlongequal[c_4+2c_1]{c_3+c_1}\begin{vmatrix}2&3&4&5\\1&4&-5&3\\2&1&9&5\\-1&0&0&0\end{vmatrix}=(-1)\times(-1)^{4+1}\begin{vmatrix}3&4&5\\4&-5&3\\1&9&5\end{vmatrix}$$

$$\xlongequal[c_3-5c_2]{c_2-9c_1}\begin{vmatrix}3&-23&-10\\4&-41&-17\\1&0&0\end{vmatrix}=1\times(-1)^{3+1}\begin{vmatrix}-23&-10\\-41&-17\end{vmatrix}=-19$$

注：此题采用的两种方法是计算数字型行列式常用的方法.

例 5　计算

$$\begin{vmatrix}a_0&1&1&\cdots&1\\1&a_1&0&\cdots&0\\1&0&a_2&\cdots&0\\\vdots&\vdots&\vdots&&\vdots\\1&0&0&\cdots&a_n\end{vmatrix}$$

其中：$a_i \neq 0$，$i=1, 2, \cdots, n$.

解 将 D 化成上三角形行列式

因为 $a_i \neq 0$，$i=1, 2, \cdots, n$，故将第 2 列的 $-\frac{1}{a_1}$倍，第 3 列的 $-\frac{1}{a_2}$倍，…，第 $n+1$ 列的 $-\frac{1}{a_n}$倍分别加到第 1 列，则

$$D_n=\begin{vmatrix} a_0-\sum_{i=1}^{n}\frac{1}{a_i} & 1 & 1 & \cdots & 1 \\ 0 & a_1 & 0 & \cdots & 0 \\ 0 & 0 & a_2 & \cdots & 0 \\ \vdots & \vdots & \vdots & & \vdots \\ 0 & 0 & 0 & \cdots & a_n \end{vmatrix}=\left(a_0-\sum_{i=1}^{n}\frac{1}{a_i}\right)a_1a_2\cdots a_n$$

注：此题行列式称为爪形行列式(即第 1 行、第一列及$\frac{1}{2}$对角线元素之外，其余元素均为零的系列式)，常用计算方法是将其化为上三角形行列式.

例 6 计算 n 阶行列式：

$$D_n=\begin{vmatrix} a & b & b & \cdots & b \\ b & a & b & \cdots & b \\ b & b & a & \cdots & b \\ \vdots & \vdots & \vdots & & \vdots \\ b & b & b & \cdots & a \end{vmatrix}$$

方法 1：将第 1 行的 -1 倍加到其余各行，然后将其余各列都加到第 1 列.

$$D_n=\begin{vmatrix} a & b & b & \cdots & b \\ b & a & b & \cdots & b \\ b & b & a & \cdots & b \\ \vdots & \vdots & \vdots & & \vdots \\ b & b & b & \cdots & a \end{vmatrix}=\begin{vmatrix} a & b & b & \cdots & b \\ b-a & a-b & 0 & \cdots & 0 \\ b-a & 0 & a-b & \cdots & 0 \\ \vdots & \vdots & \vdots & & \vdots \\ b-a & 0 & 0 & \cdots & a-b \end{vmatrix}$$

$$=\begin{vmatrix} a+(n-1)b & b & b & \cdots & b \\ 0 & a-b & 0 & \cdots & 0 \\ 0 & 0 & a-b & \cdots & 0 \\ \vdots & \vdots & \vdots & & \vdots \\ 0 & 0 & 0 & \cdots & a-b \end{vmatrix}$$

$$=[a+(n-1)b](a-b)^{n-1}.$$

注：第一次消零，已将 D_n 化成了“爪形”行列式.

方法 2：D_n 中每行元素之和均为 $a+(n-1)b$，而且各行元素依次循环，故行列式称为循环行列式，将第 2，3，…，n 列加到第 1 列，则可提出公因子，即

$$D_n=\begin{vmatrix} a & b & b & \cdots & b \\ b & a & b & \cdots & b \\ b & b & a & \cdots & b \\ \vdots & \vdots & \vdots & & \vdots \\ b & b & b & \cdots & a \end{vmatrix}$$

$$\xlongequal{c_1+c_2+\cdots+c_n}[a+(n-1)b]\begin{vmatrix} 1 & b & b & \cdots & b \\ 1 & a & b & \cdots & b \\ 1 & b & a & \cdots & b \\ \vdots & \vdots & \vdots & & \vdots \\ 1 & b & b & \cdots & a \end{vmatrix}$$

$$\xlongequal[i=2,3,\cdots,n]{r_i-r_1}[a+(n-1)b]\begin{vmatrix} 1 & b & b & \cdots & b \\ 0 & a-b & 0 & \cdots & 0 \\ 0 & 0 & a-b & \cdots & 0 \\ \vdots & \vdots & \vdots & & \vdots \\ 0 & 0 & 0 & \cdots & a-b \end{vmatrix}$$

$$=[a+(n-1)b](a-b)^{n-1}$$

注：行列式中每行(列)元素之和相等时，将各列(或各行)加到第1列(第1行)，然后提出公因子是可取的方法.

例7 计算行列式：

$$D_4=\begin{vmatrix} x & -1 & 0 & 0 \\ 0 & x & -1 & 0 \\ 0 & 0 & x & -1 \\ a_0 & a_1 & a_2 & a_3+x \end{vmatrix}$$

方法1：连续按第1列展开

$$D_4=\begin{vmatrix} x & -1 & 0 & 0 \\ 0 & x & -1 & 0 \\ 0 & 0 & x & -1 \\ a_0 & a_1 & a_2 & a_3+x \end{vmatrix}$$

$$=x\begin{vmatrix} x & -1 & 0 \\ 0 & x & -1 \\ a_1 & a_2 & a_3+x \end{vmatrix}+(-1)^{4+1}a_0\begin{vmatrix} -1 & 0 & 0 \\ x & -1 & 0 \\ 0 & x & -1 \end{vmatrix}$$

$$=x\left(x\begin{vmatrix} x & -1 \\ a_2 & a_3+x \end{vmatrix}+a_1(-1)^{3+1}\begin{vmatrix} -1 & 0 \\ x & -1 \end{vmatrix}\right)+a_0(-1)^8$$

$$=x^2(x(a_3+x)+a_2)+a_1x+a_0$$

$$=a_0+a_1x+a_2x^2+a_3x^3+x^4$$

方法2：将第 i 列乘 x 加到第 $i-1$ 列，次序为 $i=4, 3, 2$.

$$D_4 \xlongequal[i=4,3,2]{c_{i-1}+xc_i} \begin{vmatrix} 0 & -1 & 0 & 0 \\ 0 & 0 & -1 & 0 \\ 0 & 0 & 0 & -1 \\ a_0+a_1x+a_2x^2+a_3x^3+x^4 & a_1+a_2x+a_3x^2+x^3 & a_2+a_3x+x^2 & a_3+x \end{vmatrix}$$

再按第 1 列展开，得

$D_4=(-1)^{4+1}(a_0+a_1x+a_2x^2+a_3x^3+x^4)(-1)^3=a_0+a_1x+a_2x^2+a_3x^3+x^4$

例 8 计算 n 阶行列式

$$D_n=\begin{vmatrix} 2 & -1 & 0 & \cdots & 0 & 0 \\ -1 & 2 & -1 & \cdots & 0 & 0 \\ 0 & -1 & 2 & \cdots & 0 & 0 \\ \vdots & \vdots & \vdots & & \vdots & \vdots \\ 0 & 0 & 0 & \cdots & 2 & -1 \\ 0 & 0 & 0 & \cdots & -1 & 2 \end{vmatrix}$$

解 将 D_n 第 2, 3, …, n 列加到第 1 列，然后按第 1 列展开，得

$$D_n=\begin{vmatrix} 1 & -1 & 0 & \cdots & 0 & 0 \\ 0 & 2 & -1 & \cdots & 0 & 0 \\ 0 & -1 & 2 & \cdots & 0 & 0 \\ \vdots & \vdots & \vdots & & \vdots & \vdots \\ 0 & 0 & 0 & \cdots & 2 & -1 \\ 1 & 0 & 0 & \cdots & -1 & 2 \end{vmatrix}=D_{n-1}+(-1)^{n+1}\begin{vmatrix} -1 & 0 & \cdots & 0 & 0 \\ 2 & -1 & \cdots & 0 & 0 \\ \vdots & \vdots & & \vdots & \vdots \\ 0 & 0 & \cdots & -1 & 0 \\ 0 & 0 & \cdots & 2 & -1 \end{vmatrix}$$

$=D_{n-1}+(-1)^{n+1}(-1)^{n-1}=D_{n-1}+1.$

由上述递推关系得

$$D_n=D_{n-1}+1=D_{n-2}+2=\cdots=D_1+n-1=2+n-1=n+1.$$

注：此题中行列式称为三对角形行列式，计算采用降阶法而将 n 阶行列式 D_n 按列展开成 $n-1$ 阶行列式 D_{n-1}，再利用递推公式求出 D_n.

例 9 计算 n 阶行列式 $D_n=\begin{vmatrix} \alpha+\beta & \alpha\beta & 0 & \cdots & 0 & 0 \\ 1 & \alpha+\beta & \alpha\beta & \cdots & 0 & 0 \\ 0 & 1 & \alpha+\beta & \cdots & 0 & 0 \\ \vdots & \vdots & \vdots & & \vdots & \vdots \\ 0 & 0 & 0 & \cdots & \alpha+\beta & \alpha\beta \\ 0 & 0 & 0 & \cdots & 1 & \alpha+\beta \end{vmatrix}$，其中 $\alpha\neq\beta$, $n\geqslant 2$.

分析：利用“递推关系式法”来解.

解 按第一行展开，得

$$D_n=(\alpha+\beta)\begin{vmatrix} \alpha+\beta & \alpha\beta & \cdots & 0 & 0 \\ 1 & \alpha+\beta & \cdots & 0 & 0 \\ \vdots & \vdots & & \vdots & \vdots \\ 0 & 0 & \cdots & \alpha+\beta & \alpha\beta \\ 0 & 0 & \cdots & 1 & \alpha+\beta \end{vmatrix}-\alpha\beta\begin{vmatrix} 1 & \alpha\beta & \cdots & 0 & 0 \\ 0 & \alpha+\beta & \cdots & 0 & 0 \\ \vdots & \vdots & & \vdots & \vdots \\ 0 & 0 & \cdots & \alpha+\beta & \alpha\beta \\ 0 & 0 & \cdots & 1 & \alpha+\beta \end{vmatrix}$$

$$=(\alpha+\beta)D_{n-1}-\alpha\beta\begin{vmatrix}\alpha+\beta & \cdots & 0 & 0\\ \vdots & & \vdots & \vdots\\ 0 & \cdots & \alpha+\beta & \alpha\beta\\ 0 & \cdots & 1 & \alpha+\beta\end{vmatrix}$$

$$=(\alpha+\beta)D_{n-1}-\alpha\beta D_{n-2}.$$

将上述递推关系式改写为

$$D_n-\alpha D_{n-1}=\beta(D_{n-1}-\alpha D_{n-2}).$$

如此递推，有

$$\begin{aligned}D_n\alpha D_{n-1}&=\beta(D_{n-1}-\alpha D_{n-2})\\&=\beta\cdot\beta(D_{n-2}-\alpha D_{n-3})\\&=\beta^2(D_{n-2}-\alpha D_{n-3})\\&\vdots\\&=\beta^{n-2}(D_2-\alpha D_1)\\&=\beta^{n-2}[(\alpha+\beta)^2-\alpha\beta-\alpha(\alpha+\beta)]\\&=\beta^n\end{aligned}$$

其中 $D_2=\begin{vmatrix}\alpha+\beta & \alpha\beta\\ 1 & \alpha+\beta\end{vmatrix}=(\alpha+\beta)^2-\alpha\beta$，$D_1=\alpha+\beta$.

同时，上述递推关系式也可改写为

$$D_n-\beta D_{n-1}=\alpha(D_{n-1}-\beta D_{n-2}).$$

如此有

$$\begin{aligned}D_n-\beta D_{n-1}&=\alpha(D_{n-1}-\beta D_{n-2})\\&=\alpha^2(D_{n-2}-\beta D_{n-3})\\&=\cdots\\&=\alpha^{n-2}(D_2-\beta D_1)\\&=\alpha^{n-2}[(\alpha+\beta)^2-\alpha\beta-\beta(\alpha+\beta)]\\&=\alpha^n\end{aligned}$$

所以 $\begin{cases}D_n-\alpha D_{n-1}=\beta^n\\ D_n-\beta D_{n-1}=\alpha^n\end{cases}$

解得 $D_n=\dfrac{\alpha^{n+1}-\beta^{n+1}}{\alpha-\beta}$.

例 10　计算行列式

$$D_n=\begin{vmatrix}x_1+1 & x_1+2 & \cdots & x_1+n\\ x_2+1 & x_2+2 & \cdots & x_2+n\\ \vdots & \vdots & & \vdots\\ x_n+1 & x_n+2 & \cdots & x_n+n\end{vmatrix}$$

解　当 $n=2$ 时，$D_2=\begin{vmatrix}x_1+1 & x_1+2\\ x_2+1 & x_2+2\end{vmatrix}$

$$=(x_1+1)(x_2+2)-(x_1+2)(x_2+1)$$

$$=x_1-x_2$$

当 $n>2$ 时，根据行列式的特点，可拆成两个行列式计算

$$D_n=\begin{vmatrix} x_1 & x_1+2 & \cdots & x_1+n \\ x_2 & x_2+2 & \cdots & x_2+n \\ \vdots & \vdots & & \vdots \\ x_n & x_n+2 & \cdots & x_n+n \end{vmatrix}+\begin{vmatrix} 1 & x_1+2 & \cdots & x_1+n \\ 1 & x_2+2 & \cdots & x_2+n \\ \vdots & \vdots & & \vdots \\ 1 & x_n+2 & \cdots & x_n+n \end{vmatrix}$$

$$=\begin{vmatrix} x_1 & 2 & \cdots & n \\ x_2 & 2 & \cdots & n \\ \vdots & \vdots & & \vdots \\ x_n & 2 & \cdots & n \end{vmatrix}+\begin{vmatrix} 1 & x_1 & \cdots & x_1 \\ 1 & x_2 & \cdots & x_2 \\ \vdots & \vdots & & \vdots \\ 1 & x_n & \cdots & x_n \end{vmatrix}$$

例 11 计算 n 阶行列式

$$D_n=\begin{vmatrix} 1+x_1^2 & x_1x_2 & \cdots & x_1x_n \\ x_2x_1 & 1+x_2^2 & \cdots & x_2x_n \\ \vdots & \vdots & & \vdots \\ x_nx_1 & x_nx_2 & \cdots & 1+x_n^2 \end{vmatrix}.$$

解 将 D_n 加一行、一列构成 D_{n+1} 如下

$$D_n=\begin{vmatrix} 1+x_1^2 & x_1x_2 & \cdots & x_1x_n \\ x_2x_1 & 1+x_2^2 & \cdots & x_2x_n \\ \vdots & \vdots & & \vdots \\ x_nx_1 & x_nx_2 & \cdots & 1+x_n^2 \end{vmatrix}=D_{n+1}$$

$$=\begin{vmatrix} 1 & x_1 & x_2 & \cdots & x_n \\ 0 & 1+x_1^2 & x_1x_2 & \cdots & x_1x_n \\ 0 & x_2x_1 & 1+x_2^2 & \cdots & x_2x_n \\ \vdots & \vdots & \vdots & & \vdots \\ 0 & x_nx_1 & x_nx_2 & \cdots & 1+x_n^2 \end{vmatrix}$$

第 1 行乘 $-x_i$ 加到第 $i+1$ 行，再将 i 列乘 $x_{i-1}(i=2,3,\cdots,n+1)$ 加到第 1 列，得

$$D_n=D_{n+1}=\begin{vmatrix} 1 & x_1 & x_2 & \cdots & x_n \\ -x_1 & 1 & 0 & \cdots & 0 \\ -x_2 & 0 & 1 & \cdots & 0 \\ \vdots & \vdots & \vdots & & \vdots \\ -x_n & 0 & 0 & \cdots & 1 \end{vmatrix}=\begin{vmatrix} 1+\sum\limits_{i=1}^{n}x_i^2 & x_1 & x_2 & \cdots & x_n \\ 0 & 1 & 0 & \cdots & 0 \\ 0 & 0 & 1 & \cdots & 0 \\ \vdots & \vdots & & & \vdots \\ 0 & 0 & \cdots & & 1 \end{vmatrix}$$

$$=1+\sum_{i=1}^{n}x_i^2.$$

注：此题采用“加边法”，或“升阶法”，将原来 n 阶行列式添加一行一列，变成 $n+1$ 阶行列式.

例 12 解方程

$$\begin{vmatrix} 1 & 1 & 2 & 3 \\ 1 & 2-x^2 & 2 & 3 \\ 2 & 3 & 1 & 5 \\ 2 & 3 & 1 & 9-x^2 \end{vmatrix}=0.$$

解：方法1：

$$\begin{vmatrix} 1 & 1 & 2 & 3 \\ 1 & 2-x^2 & 2 & 3 \\ 2 & 3 & 1 & 5 \\ 2 & 3 & 1 & 9-x^2 \end{vmatrix} \xlongequal[r_4-r_3]{r_2-r_1} \begin{vmatrix} 1 & 1 & 2 & 3 \\ 0 & 1-x^2 & 0 & 0 \\ 2 & 3 & 1 & 5 \\ 0 & 0 & 0 & 4-x^2 \end{vmatrix}$$

$$=(1-x^2)\begin{vmatrix} 1 & 2 & 3 \\ 2 & 1 & 5 \\ 0 & 0 & 4-x^2 \end{vmatrix}=-3(1-x^2)(4-x^2)=0,$$

故 $x=\pm1$ 及 $x=\pm2$.

方法2：直接由观察知，当 $x=\pm1$ 时，行列式的第1，2行元素对应相等，行列式为0，当 $x=\pm2$ 时，行列式的第3，4行元素对应相等，行列式为0，故方程的根为

$$x=\pm1 \text{ 及 } x=\pm2$$

例13　设

$$|\boldsymbol{A}|=\begin{vmatrix} -2 & 2 & -2 & 2 \\ 1 & 2 & 3 & 4 \\ 1 & 1 & 1 & 1 \\ 2 & -1 & 3 & 5 \end{vmatrix},$$

计算：①$A_{41}+A_{42}+A_{43}+A_{44}$，其中，$A_{4j}(j=1,2,3,4)$是元素 a_{4j}的代数余子式.

②$M_{31}+M_{32}+M_{33}+M_{34}$，其中，$M_{3j}(j=1,2,3,4)$是元素 a_{3j}的余子式.

解：①方法1：将$|\boldsymbol{A}|$中第4行元素改换为1，1，1，1，则

$$A_{41}+A_{42}+A_{43}+A_{44}=\begin{vmatrix} -2 & 2 & -2 & 2 \\ 1 & 2 & 3 & 4 \\ 1 & 1 & 1 & 1 \\ 1 & 1 & 1 & 1 \end{vmatrix}=0.$$

方法2：行列式$|\boldsymbol{A}|$中第3行元素全为1，故

$$A_{41}+A_{42}+A_{43}+A_{44}=a_{31}A_{41}+a_{32}A_{42}+a_{33}A_{43}+a_{34}A_{44},$$

故由展开公式知，第3行元素乘对应的第4行元素的代数余子式之和为零，故有

$$A_{41}+A_{42}+A_{43}+A_{44}=0.$$

②余子式和代数余子式有如下关系：

$$A_{ij}=(-1)^{i+j}M_{ij},$$

两边乘$(-1)^{i+j}$，因$(-1)^{i+j}\cdot(-1)^{i+j}=(-1)^{2i+2j}=1$，故

$$M_{ij}=(-1)^{i+j}A_{ij},$$

从而有

$$M_{31}+M_{32}+M_{33}+M_{34}=A_{31}-A_{32}+A_{33}-A_{34},$$

将$|\boldsymbol{A}|$中第3行元素分别换成1，-1，1，-1，得

$$M_{31}+M_{32}+M_{33}+M_{34}=A_{31}-A_{32}+A_{33}-A_{34}\begin{vmatrix}-2&2&-2&2\\1&2&3&4\\1&-1&1&-1\\2&-1&3&5\end{vmatrix}=0.$$

例 14 计算

$$D_n=\begin{vmatrix}1&1&\cdots&1\\x_1+1&x_2+1&\cdots&x_n+1\\x_1^2+x_1&x_2^2+x_2&\cdots&x_n^2+x_n\\\vdots&\vdots&&\vdots\\x_1^{n-1}+x_1^{n-2}&x_2^{n-1}+x_2^{n-2}&\cdots&x_n^{n-1}+x_n^{n-2}\end{vmatrix}$$

分析：利用范德蒙行列式

解 第1行的(-1)倍加到第2行，第2行的(-1)倍加到第3行，直到第$n-1$行的(-1)倍加到第n行，得

$$D_n=\begin{vmatrix}1&1&\cdots&1\\x_1&x_2&\cdots&x_n\\x_1^2&x_2^2&\cdots&x_n^2\\\vdots&\vdots&&\vdots\\x_1^{n-1}&x_2^{n-1}&\cdots&x_n^{n-1}\end{vmatrix}=\prod_{1\leqslant j\leqslant i\leqslant n}(x_i-x_j)$$

例 15 若齐次线性方程组

$$\begin{cases}\lambda x_1+x_2+x_3=0,\\x_1+\lambda x_2+x_3=0\\x_1+x_2+x_3=0\end{cases}$$

问：λ 满足什么条件时，方程组只有零解.

分析：n 个方程 n 个未知量的齐次线性方程组只有零解⇔其对应的系数行列式不为零.

解 当

$$\begin{vmatrix}\lambda&1&1\\1&\lambda&1\\1&1&1\end{vmatrix}=\begin{vmatrix}\lambda-1&0&0\\0&\lambda-1&0\\1&1&1\end{vmatrix}=(\lambda-1)^2\neq0$$，即 $\lambda\neq1$ 时，题设方程组只有零解.

例 16 求解线性方程组

$$\begin{cases}x_1+x_2+x_3+x_4=1\\2x_1+3x_2-x_3+4x_4=5\\4x_1+9x_2+x_3+16x_4=25\\8x_1+27x_2-x_3+64x_4=125\end{cases}$$

解 其系数行列式

$$D=\begin{vmatrix}1&1&1&1\\2&3&-1&4\\4&9&1&16\\8&27&-1&64\end{vmatrix}$$

$$=(3-2)(-1-2)(4-2)(-1-3)(4-3)(4+1)=120\neq 0$$

由 Cramer 法则方程组有唯一解.

$$D_1=\begin{vmatrix}1&1&1&1\\5&3&-1&4\\25&9&1&16\\125&27&-1&64\end{vmatrix}$$

$$=(3-5)(-1-5)(4-5)(-1-3)(4-3)(4+1)=240$$

$$D_2=\begin{vmatrix}1&1&1&1\\2&5&-1&4\\4&25&1&16\\8&125&-1&64\end{vmatrix}$$

$$=(5-2)(-1-2)(4-2)(-1-5)(4-5)(4+1)=-540$$

$$D_3=\begin{vmatrix}1&1&1&1\\2&3&5&4\\4&9&25&16\\8&27&125&64\end{vmatrix}$$

$$=(3-2)(5-2)(4-2)(5-3)(4-3)(4-5)=-12$$

$$D_4=\begin{vmatrix}1&1&1&1\\2&3&-1&5\\4&9&1&25\\8&27&-1&125\end{vmatrix}$$

$$=(3-2)(-1-2)(5-2)(-1-3)(5-3)(5+1)=432$$

方程组有唯一解 $x_1=\dfrac{D_1}{D}=2$　$x_2=\dfrac{D_2}{D}=-\dfrac{9}{2}$　$x_3=\dfrac{D_3}{D}=-\dfrac{1}{10}$　$x_4=\dfrac{D_4}{D}=\dfrac{18}{5}$

习题

一、填空题

1. 设 $D=\begin{vmatrix}1&2&3&4\\0&1&2&5\\3&3&3&3\\1&1&1&1\end{vmatrix}$，$A_{ij}$表示 D 中(i,j)元素$(i,j=1,2,3,4)$的代数余子式，则 $A_{21}+A_{22}+A_{23}+A_{24}=$________.

2. 若 $\begin{vmatrix}k&1\\1&2\end{vmatrix}=0$，则 $k=$________.

3. 若$\begin{vmatrix} a & b & c & d \\ 0 & a_{11} & a_{12} & a_{13} \\ 0 & a_{21} & a_{22} & a_{23} \\ 0 & a_{31} & a_{32} & a_{33} \end{vmatrix}=1$，则$\begin{vmatrix} a_{11} & a_{12} & a_{13} \\ a_{21} & a_{22} & a_{23} \\ a_{31} & a_{32} & a_{33} \end{vmatrix}=$________.

4. 设行列式$D=\begin{vmatrix} 1 & 2 & 5 \\ 1 & 3 & -2 \\ 2 & 5 & a \end{vmatrix}=0$，则$a=$________.

5. 一个n阶行列式的展开式中，带正号的项有________个.

6. 已知三阶行列式$\begin{vmatrix} a_{11} & 2a_{12} & 3a_{13} \\ 2a_{21} & 4a_{22} & 6a_{23} \\ 3a_{31} & 6a_{32} & 9a_{33} \end{vmatrix}=6$，则$\begin{vmatrix} a_{11} & a_{12} & a_{13} \\ a_{21} & a_{22} & a_{23} \\ a_{31} & a_{32} & a_{33} \end{vmatrix}=$________.

7. 设三阶行列式D_3的第2列元素分别1，-2，3，对应的代数余子式分别为-3，2，1，则$D_3=$________.

8. 在n阶行列式中，把元素a_{ij}所在的行和列划去后得到的一个$n-1$阶行列式称为a_{ij}的________，如果还在其前面加上符号$(-1)^{i+j}$，则称之为________.

9. 当$j=$________，$k=$________时，排列$274j56k8$是偶排列.

10. $\begin{vmatrix} x & a & a \\ a & x & a \\ a & a & x \end{vmatrix}=$________.

11. 已知$\boldsymbol{A}$，$\boldsymbol{B}$为n阶矩阵，$|\boldsymbol{A}|=2$，$|\boldsymbol{B}|=-3$，则$|\boldsymbol{A}^{\mathrm{T}}\boldsymbol{B}^{-1}|=$________.

12. 设行列式$\begin{vmatrix} 1 & 2 & a \\ 2 & 0 & 3 \\ 3 & 6 & 9 \end{vmatrix}$，余子式$M_{21}=3$，则$a=$________.

13. 设$\boldsymbol{A}$为2阶方阵，且$|\boldsymbol{A}|=\frac{1}{2}$，则$|2\boldsymbol{A}^*|=$________.

14. 行列式$\begin{vmatrix} -1 & 1 & 1 \\ 1 & -1 & x \\ 1 & 1 & -1 \end{vmatrix}$的展开式中$x$的系数是________.

15. k取________时，线性方程组$\begin{cases} kx+y+z=0 \\ x+ky-z=0 \\ 2x-y+z=0 \end{cases}$仅有零解.

16. $\begin{vmatrix} 0 & 0 & \cdots & 0 & 1 \\ 0 & 0 & \cdots & 2 & 0 \\ \vdots & \vdots & & \vdots & \vdots \\ 0 & n-1 & \cdots & 0 & 0 \\ n & 0 & \cdots & 0 & 0 \end{vmatrix}=$________.

17. 4阶行列式中，带负号且含有a_{23}，a_{31}的项是________.

18. 若$a_{1i}a_{23}a_{35}a_{5j}a_{44}$是行列式中带有正号的项，则$i=$________.

19. 排列 $1\ 3\ \cdots\ (2n-1)\ 2\ 4\ \cdots\ (2n)$ 的逆序数是________.

20. n 阶行列式 D 中，副对角线上元素的乘积 $a_{1n}a_{2(n-1)}\cdots a_{n1}$ 在行列式中的符号为________.

21. $\begin{vmatrix} 103 & 100 & 204 \\ 199 & 200 & 395 \\ 301 & 300 & 600 \end{vmatrix}=$________.

22. $\begin{vmatrix} k-1 & 2 \\ 2 & k-1 \end{vmatrix}\neq 0$ 的充分必要条件是________.

23. 已知方程组 $\begin{cases} \lambda x_1+x_2+x_3=0 \\ x_1+\lambda x_2+x_3=0 \\ x_1+x_2+x_3=0 \end{cases}$ 只有零解，则 $\lambda\neq$________.

24. 已知方程组 $\begin{cases} \lambda x_1+x_2+\lambda^2 x_3=0 \\ x_1+\lambda x_2+x_3=0 \\ x_1+x_2+\lambda x_3=0 \end{cases}$ 有非零解，则 $\lambda=$________.

25. α,β,γ 是方程 $x^3+px+q=0$ 的三个根，则行列式 $\begin{vmatrix} \alpha & \beta & \gamma \\ \gamma & \alpha & \beta \\ \beta & \gamma & \alpha \end{vmatrix}=$________.

26. 设关于 x 的一元二次方程 $\begin{vmatrix} x & 1 & a \\ 1 & x-1 & 1 \\ 1 & 1 & 1 \end{vmatrix}=0$ 有二重根，则 $a=$________.

27. 行列式 $\begin{vmatrix} 0 & 0 & 1 & 2 \\ 2 & 0 & 1 & 0 \\ 1 & 2 & 0 & 0 \\ 1 & 0 & 0 & 0 \end{vmatrix}=$________.

28. 设 4×4 矩阵 $\boldsymbol{A}=[\eta,\alpha,\beta,\lambda]$，$\boldsymbol{B}=[\eta,\beta,\gamma,\alpha]$，已知 $|\boldsymbol{A}|=1=\frac{1}{2}|\boldsymbol{B}|$，则行列式 $|\boldsymbol{A}+\boldsymbol{B}|=$________.

29. 设矩阵 $\boldsymbol{A}=\begin{bmatrix} a_1 & b_1 & c_1 \\ a_2 & b_2 & c_2 \\ a_3 & b_3 & c_3 \end{bmatrix}$，$\boldsymbol{B}=\begin{bmatrix} a_1 & b_1 & d_1 \\ a_2 & b_2 & d_2 \\ a_3 & b_3 & d_3 \end{bmatrix}$，则 $|\boldsymbol{A}|=4$，$|\boldsymbol{B}|=5$，则 $|\boldsymbol{A}+\boldsymbol{B}|=$________.

二、单项选择题

1. 设 $\boldsymbol{A}$ 是三阶方阵，则 $|\boldsymbol{A}|=2$，则 $|-\boldsymbol{A}|=$(　　).

A. -6　　B. -2　　C. 2　　D. 6

2. 矩阵 $\boldsymbol{A}=\begin{bmatrix} 1 & 2 \\ 3 & 4 \end{bmatrix}$ 的伴随矩阵 $\boldsymbol{A}^*=$(　　).

A. $\begin{bmatrix} 4 & 2 \\ 3 & 1 \end{bmatrix}$　　B. $\begin{bmatrix} 4 & -3 \\ -2 & 1 \end{bmatrix}$　　C. $\begin{bmatrix} 4 & -2 \\ -3 & 1 \end{bmatrix}$　　D. $\begin{bmatrix} -4 & 2 \\ 3 & -1 \end{bmatrix}$

3. 若齐次线性方程组$\begin{cases}kx_1+x_2+x_3=0\\x_1+kx_2-x_3=0\\2x_1-x_2+x_3=0\end{cases}$仅有零解则(　　).

A. $k=4$ 或 $k=-1$　　B. $k=-4$ 或 $k=1$

C. $k\neq4$ 且 $k\neq-1$　　D. $k\neq-4$ 且 $k\neq1$

4. 行列式$\begin{vmatrix}b_1+c_1 & c_1+a_1 & a_1+b_1\\b_2+c_2 & c_2+a_2 & a_2+b_2\\b_3+c_3 & c_3+a_3 & a_3+b_3\end{vmatrix}$的值为(　　)

A. $3\begin{vmatrix}a_1 & b_1 & c_1\\a_2 & b_2 & c_2\\a_3 & b_3 & c_3\end{vmatrix}$　　B. $2\begin{vmatrix}a_1 & b_1 & c_1\\a_2 & b_2 & c_2\\a_3 & b_3 & c_3\end{vmatrix}$　　C. $\begin{vmatrix}a_1 & b_1 & c_1\\a_2 & b_2 & c_2\\a_3 & b_3 & c_3\end{vmatrix}$　　D. 0

5. 设行列式$\begin{vmatrix}a_{11} & a_{12} & a_{13}\\a_{21} & a_{22} & a_{23}\\a_{31} & a_{32} & a_{33}\end{vmatrix}=2$，则$\begin{vmatrix}3a_{11} & 3a_{12} & 3a_{13}\\-a_{31} & -a_{32} & -a_{33}\\a_{21}-a_{31} & a_{22}-a_{32} & a_{23}-a_{33}\end{vmatrix}=$(　　)

A. -6　　B. -3　　C. 3　　D. 6

6. 排列 134782695 的逆序数为(　　)

A. 9　　B. 10　　C. 1　　D. 12

7. $D=\begin{vmatrix}0 & \cdots & 0 & a_1\\0 & \cdots & a_2 & 0\\\vdots & & \vdots & \vdots\\a_n & \cdots & 0 & 0\end{vmatrix}$的值为(　　)

A. $a_1a_2\cdots a_n$　　B. $-a_1a_2\cdots a_n$

C. $(-1)^{\frac{n(n-1)}{2}}a_1a_2\cdots a_n$　　D. $(a_1a_2\cdots a_n)^{-1}$

8. $D=\begin{vmatrix}a_1 & 0 & \cdots & 0\\0 & a_2 & \cdots & 0\\\vdots & \vdots & & \vdots\\0 & 0 & \cdots & a_n\end{vmatrix}$的值为(　　)

A. $a_1a_2\cdots a_n$　　B. $-a_1a_2\cdots a_n$

C. $(-1)^{\frac{n(n-1)}{2}}a_1a_2\cdots a_n$　　D. $(a_1a_2\cdots a_n)^{-1}$

10. $f(x)=\begin{vmatrix}5x & 1 & 2 & 3\\x & x & 1 & 2\\1 & 2 & x & 3\\x & 1 & 2 & 2x\end{vmatrix}=\cdots+bx^3+\cdots$，则(　　)

A. $b=0$　　B. $b=-5$　　C. $b=5$　　D. $b=1$

12. 设 $\boldsymbol{A}$ 是 4 阶方阵，$\boldsymbol{A}$ 的行列式$|\boldsymbol{A}|=0$，则 $\boldsymbol{A}$ 中(　　)

A. 必有一列元素全为零

B. 必有两列元素对应成比例

C. 必有一列向量是其余列向量的线性组合

D. 任一列向量是其余列向量的线性组合

13. 设行列式 $\begin{vmatrix} a_{11} & a_{12} & a_{13} \\ a_{21} & a_{22} & a_{23} \\ a_{31} & a_{32} & a_{33} \end{vmatrix}=3$，则 $\begin{vmatrix} 3a_{11} & 3a_{12} & 3a_{13} \\ 3a_{31} & 3a_{32} & 3a_{33} \\ 3a_{21} & 3a_{22} & 3a_{23} \end{vmatrix}$ 等于（　　）.

A. -81　　B. -9　　C. 9　　D. 81

14. 三阶行列式 $|a_{ij}|=\begin{vmatrix} 0 & -1 & 1 \\ 1 & 0 & -1 \\ -1 & 1 & 0 \end{vmatrix}$ 中元素 a_{21} 的代数余了式 $A_{21}=$（　　）.

A. -2　　B. -1　　C. 1　　D. 2

15. 若 $\begin{vmatrix} a_{11} & a_{12} \\ a_{21} & a_{22} \end{vmatrix}=6$，则 $\begin{vmatrix} a_{12} & 2a_{11} & 0 \\ a_{22} & 2a_{21} & 0 \\ 0 & -2 & -1 \end{vmatrix}$ 的值为（　　）.

A. 12　　B. -12　　C. 18　　D. 0

16. $\begin{vmatrix} 2 & 1 & 1 & 1 \\ 4 & 2 & 1 & -1 \\ 201 & 102 & -99 & 98 \\ 1 & 2 & 1 & -2 \end{vmatrix}$ 的值为（　　）.

A. -1800　　B. 1800　　C. 2000　　D. -2000

17. 如果行列式的所有元素变号，则（　　）.

A. 行列式一定变号　　B. 行列式一定不变号

C. 偶阶行列式变号　　D. 偶阶行列式不变号

18. 设 A 为三阶方阵且 $|\boldsymbol{A}|=-2$，则 $|3\boldsymbol{A}^{\mathrm{T}}\boldsymbol{A}|=$（　　）.

A. -108　　B. -12　　C. 12　　D. 108

19. 如果方程组 $\begin{cases} 3x_1+kx_2-x_3=0 \\ 4x_2-x_3=0 \\ 4x_2+kx_3=0 \end{cases}$ 有非零解，则 $k=$（　　）.

A. -2　　B. -1　　C. 1　　D. 2

20. 设 $\boldsymbol{A}$ 为三阶矩阵，且 $|\boldsymbol{A}^{-1}|=3$，则 $|-3\boldsymbol{A}|=$（　　）.

A. -9　　B. -1　　C. 1　　D. 9

21. $\begin{vmatrix} a & b & b & b \\ b & a & b & b \\ b & b & a & b \\ b & b & b & a \end{vmatrix}$ 的值为（　　）

A. $(b+3a)(b-a)^3$　　B. $(a+3b)(a-b)^3$

C. $(b+3a)(a-b)^3$　　D. $(a+3b)(b-a)^3$

22. 设 k 为常数，$\boldsymbol{A}$ 为 n 阶矩阵，则 $|k\boldsymbol{A}|=$（　　）.

A. $k|\boldsymbol{A}|$　　B. $|k||\boldsymbol{A}|$　　C. $k^n|\boldsymbol{A}|$　　D. $|k|^n|\boldsymbol{A}|$

23. $\begin{vmatrix} k-1 & 2 \\ 2 & k-1 \end{vmatrix} \neq 0$ 的充分必要条件是(　　).

A. $k \neq -1$　　B. $k \neq 3$

C. $k \neq -1$ 且 $k \neq 3$　　D. $k \neq -1$ 或 $k \neq 3$

三、计算题

1. 计算四阶行列式：$D = \begin{vmatrix} 2 & 2 & 3 & 4 \\ 1 & 3 & 3 & 4 \\ 1 & 2 & 4 & 4 \\ 1 & 2 & 3 & 5 \end{vmatrix}$.

2. 计算行列式的值：$D = \begin{vmatrix} 1 & 3+a & -3 & 1 \\ 1 & 3 & -3+a & 1 \\ 1 & 3 & -3 & 1+a \\ 1+a & 3 & -3 & 1 \end{vmatrix}$.

3. 已知三阶行列式 $|a_{ij}| = \begin{vmatrix} 1 & x & 3 \\ x & 2 & 0 \\ 5 & -1 & 4 \end{vmatrix}$ 中元素 a_{12} 的代数余子式 $A_{12}=8$，求元素 a_{21} 的代数余子式 A_{21} 的值.

4. 计算行列式 $D = \begin{vmatrix} 1 & 2 & 3 & 4 \\ 2 & 3 & 4 & 1 \\ 3 & 4 & 1 & 2 \\ 4 & 3 & 2 & 1 \end{vmatrix}$.

5. 计算 $D = \begin{vmatrix} 3 & 5 & 1 & 0 \\ 2 & 1 & 4 & 5 \\ 1 & 7 & 4 & 2 \\ -3 & 5 & 1 & 1 \end{vmatrix}$.

6. 计算 $n+1$ 阶行列式 $D_{n+1} = \begin{vmatrix} x & a_1 & a_2 & \cdots & a_{n-1} & 1 \\ a_1 & x & a_2 & \cdots & a_{n-1} & 1 \\ a_1 & a_2 & x & \cdots & a_{n-1} & 1 \\ \vdots & \vdots & \vdots & & \vdots & \vdots \\ a_1 & a_2 & a_3 & \cdots & x & 1 \\ a_1 & a_2 & a_3 & \cdots & a_n & 1 \end{vmatrix}$.

7. 计算 $D = \begin{vmatrix} a-b-c & 2a & 2a \\ 2b & b-c-a & 2b \\ 2c & 2c & c-a-b \end{vmatrix}$.

8. 设方程

$$\begin{vmatrix} x-1 & -2 & 3 \\ 1 & x-4 & 3 \\ -1 & -a & x-1 \end{vmatrix} = 0$$

有三重根，求参数 a 的值.

9. 设 $f(x)=\begin{vmatrix} x & 1 & 2 & 3 \\ 3 & x & 1 & 2 \\ 2 & 3 & x & 1 \\ 1 & 2 & 3 & x \end{vmatrix}$，求 $f(4)$.

10. 设三阶矩阵 $\boldsymbol{A}=(\alpha_1 \quad \alpha_2 \quad \alpha_3)$，$\boldsymbol{B}=(2\alpha_1 \quad -\alpha_2 \quad \beta)$，且 $|\boldsymbol{A}|=1$，$|\boldsymbol{B}|=-1$，求：(1) $|\boldsymbol{A}+\boldsymbol{B}|$；(2) $|\boldsymbol{A}-2\boldsymbol{B}|$

11. 计算 $\begin{vmatrix} 3 & 1 & 1 & 1 \\ 1 & 3 & 1 & 1 \\ 1 & 1 & 3 & 1 \\ 1 & 1 & 1 & 3 \end{vmatrix}$.

12. 设 $\boldsymbol{\alpha}$ 为 n 维列向量，且 $\boldsymbol{\alpha}^{\mathrm{T}}\boldsymbol{\alpha}=1$，矩阵 $\boldsymbol{A}=\boldsymbol{E}-\boldsymbol{\alpha}\boldsymbol{\alpha}^{\mathrm{T}}$，证明：行列式 $|\boldsymbol{A}|=0$.

13. 解方程 $\begin{vmatrix} 1 & x & x^2 & x^3 \\ 1 & 2 & 4 & 8 \\ 1 & -3 & 9 & -27 \\ 1 & 5 & 25 & 125 \end{vmatrix}=0$.

14. 计算 $D=\begin{vmatrix} \lambda & a_1 & a_1 & a_1 \\ a_2 & \lambda & a_2 & a_2 \\ a_3 & a_3 & \lambda & a_3 \\ a_4 & a_4 & a_4 & \lambda \end{vmatrix}$. $(\lambda \neq a_i,\ i=1,2,3,4)$

15. 计算行列式 $\begin{vmatrix} 1 & -1 & 1 & x-1 \\ 1 & -1 & x+1 & -1 \\ 1 & x-1 & 1 & -1 \\ x+1 & -1 & 1 & -1 \end{vmatrix}$.

16. 计算行列式 $D_5=\begin{vmatrix} 1-a & a & 0 & 0 & 0 \\ -1 & 1-a & a & 0 & 0 \\ 0 & -1 & 1-a & a & 0 \\ 0 & 0 & -1 & 1-a & a \\ 0 & 0 & 0 & -1 & 1-a \end{vmatrix}$.

17. 计算行列式 $D_n=\begin{vmatrix} 1-a_1 & a_2 & 0 & \cdots & 0 & 0 \\ -1 & 1-a_2 & a_3 & \cdots & 0 & 0 \\ 0 & -1 & 1-a_3 & \cdots & 0 & 0 \\ \vdots & \vdots & \vdots & & \vdots & \vdots \\ 0 & 0 & 0 & \cdots & 1-a_{n-1} & a_n \\ 0 & 0 & 0 & \cdots & -1 & 1-a_n \end{vmatrix}$.

参考答案

一、填空题

1. 0　2. $\frac{1}{2}$　3. $\frac{1}{a}$　4. 3　5. $\frac{n!}{2}$　6. $\frac{1}{6}$　7. -4　8. 余子式，代数余子式

9. 1，3　10. $(x+2a)(x-a)^2$ 或 $x^2+2a^3-2a^2x$　11. $-\frac{2}{3}$　12. $\frac{5}{2}$　13. 2

14. 2

15. $k\neq 1$ 且 $k\neq 4$　16. $(-1)^{\frac{n(n-1)}{2}}n!$　17. $a_{14}a_{23}a_{31}a_{42}$　18. 2　19. $\frac{n(n-1)}{2}$

20. $(-1)^{\frac{n(n-1)}{2}}$　21. 2000　22. $k\neq 3$，$k\neq -1$　23. $\neq 1$　24. 1　25. 0

26. 2　27. 4　28. 6　29. 36

二、单项选择题

1. B　2. C　3. C　4. B　5. D　6. B　7. C　8. A　9. A　10. B

11. B　12. C　13. A　14. C　15. A　16. A　17. D　18. D　19. B

20. A　21. B　22. C　23. C

三、计算题

1. $$D \xlongequal[\substack{r_3-r_1\\ r_4-r_1}]{r_2-r_1} \begin{vmatrix} 2 & 2 & 3 & 4 \\ -1 & 1 & 0 & 0 \\ -1 & 0 & 1 & 0 \\ -1 & 0 & 0 & 1 \end{vmatrix} = \begin{vmatrix} 11 & 2 & 3 & 4 \\ & 1 & & \\ & & 1 & \\ & & & 1 \end{vmatrix} = 11$$

2. 解
$$D \xlongequal{c_1+c_2+c_3+c_4} \begin{vmatrix} 2+a & 3+a & -3 & 1 \\ 2+a & 3 & -3+a & 1 \\ 2+a & 3 & -3 & 1+a \\ 2+a & 3 & -3 & 1 \end{vmatrix}$$
$$= (2+a)\begin{vmatrix} 1 & 3+a & -3 & 1 \\ 1 & 3 & -3+a & 1 \\ 1 & 3 & -3 & 1+a \\ 1 & 3 & -3 & 1 \end{vmatrix} = (2+a)\begin{vmatrix} 1 & a & 0 & 0 \\ 1 & 0 & a & 0 \\ 1 & 0 & 0 & a \\ 1 & 0 & 0 & 0 \end{vmatrix} = -a^3(2+a)$$

3. 解

因为 $A_{12} = -M_{12} = -\begin{vmatrix} x & 0 \\ 5 & 4 \end{vmatrix} = -4x = 8$，解得 $x=-2$；

所以 $A_{21} = -M_{21} = -\begin{vmatrix} x & 3 \\ -1 & 4 \end{vmatrix} = -\begin{vmatrix} -2 & 3 \\ -1 & 4 \end{vmatrix} = 5$

4. **解** $D=\begin{vmatrix}1&2&3&4\\2&3&4&1\\3&4&1&2\\4&3&2&1\end{vmatrix}=10\begin{vmatrix}1&1&1&1\\2&3&4&1\\3&4&1&2\\4&3&2&1\end{vmatrix}\xlongequal[r_3-3r_1\ \ r_4-4r_1]{r_2-2r_1}\begin{vmatrix}1&1&1&1\\0&1&2&-1\\0&1&-2&-1\\0&-1&-2&-3\end{vmatrix}$

$$\xlongequal[r_4+r_2]{r_3-r_2}\begin{vmatrix}1&1&1&1\\0&1&2&-1\\0&0&-4&0\\0&0&0&-2\end{vmatrix}=80.$$

5. **解** 将第三列乘以 -3 和 -5 分别加到第一列、第二列，然后按第一行展开，得

$$D\xlongequal[c_2-5c_3]{c_1-3c_3}\begin{vmatrix}0&0&1&0\\-10&-19&4&5\\-11&-13&4&2\\-6&0&1&1\end{vmatrix}=(-1)^{1+3}\begin{vmatrix}-10&-19&5\\-11&-13&2\\-6&0&1\end{vmatrix}$$

再将第三列乘以6加到第一列；按第三行展开，得

$$D=\begin{vmatrix}20&-19&5\\1&-13&2\\0&0&1\end{vmatrix}=(-1)^{3+3}\begin{vmatrix}20&-19\\1&-13\end{vmatrix}=-241.$$

6. $(x-a_1)(x-a_2)(x-a_3)\cdots(x-a_n)$.

提示：第 i 列减去最后一列的 a_i 倍，$i=1,2,\cdots,n$.

7. **解** 将第二行与第三行都加到第一行上，再提出公因子 $(a+b+c)$，得

$$D=\begin{vmatrix}a+b+c&a+b+c&a+b+c\\2b&b-c-a&2b\\2c&2c&c-a-b\end{vmatrix}=(a+b+c)\begin{vmatrix}1&1&1\\2b&b-c-a&2b\\2c&2c&c-a-b\end{vmatrix}$$

$$D=(a+b+c)\begin{vmatrix}1&1&1\\0&-(a+b+c)&0\\0&0&-(a+b+c)\end{vmatrix}=(a+b+c)^3$$

8. 解 $\begin{vmatrix}x-1&-2&3\\1&x-4&3\\-1&-a&x-1\end{vmatrix}\xlongequal{r_1-r_2}\begin{vmatrix}x-2&2-x&0\\1&x-4&3\\-1&-a&x-1\end{vmatrix}$

$$\xlongequal{c_2+c_1}\begin{vmatrix}x-2&0&0\\1&x-3&3\\-1&-1-a&x-1\end{vmatrix}$$

$$=(x-2)((x-3)(x-1)+3(1+a))$$

$$=(x-2)(x^2-4x+3a+6)=0.$$

方程有三重根，则该三重根必为 $x=2$，故

$$(x^2-4x+3a+6)|_{x=2}=4-8+3a+6=0,$$

得 $a=-\dfrac{2}{3}$.

因此，$a=-\dfrac{2}{3}$时，方程有三重根 $x=2$.

9. 解 $f(4)=\begin{vmatrix}4&1&2&3\\3&4&1&2\\2&3&4&1\\1&2&3&4\end{vmatrix}=10\begin{vmatrix}1&1&2&3\\1&4&1&2\\1&3&4&1\\1&2&3&4\end{vmatrix}=10\begin{vmatrix}1&1&2&3\\0&3&-1&1\\0&-1&3&-1\\0&-1&-1&3\end{vmatrix}=160.$

10. 解

(1) $|\boldsymbol{A}+\boldsymbol{B}|=|3\alpha_1\quad 0\quad \alpha_3+\beta|=0$

(2) $|\boldsymbol{A}-2\boldsymbol{B}|=|-3\alpha_1\quad 3\alpha_2\quad \alpha_3-2\beta|=|-3\alpha_1\quad 3\alpha_2\quad \alpha_3|+|-3\alpha_1\quad 3\alpha_2\quad -2\beta|$

$=-3\times3|\alpha_1\quad \alpha_2\quad \alpha_3|+\left(\frac{-3}{2}\right)(-3)\times(-2)|2\alpha_1\quad -\alpha_2\quad \beta|=-9|\boldsymbol{A}|-9|\boldsymbol{B}|=0$

11. 解 原行列式 $=\begin{vmatrix}6&1&1&1\\6&3&1&1\\6&1&3&1\\6&1&1&3\end{vmatrix}=6\begin{vmatrix}1&1&1&1\\0&2&0&0\\0&0&2&0\\0&0&0&2\end{vmatrix}=6\times2^3=48.$

12. 解 $\boldsymbol{A}\alpha=(\boldsymbol{E}-\alpha\alpha^{\mathrm{T}})\alpha=\boldsymbol{E}\alpha-\alpha\alpha^{\mathrm{T}}\alpha=\alpha-\alpha=0$

所以 $\boldsymbol{A}$ 有特征值0，从而 $|\boldsymbol{A}|=0$.

13. 解 将行列式转置便知它是一个4阶范德蒙行列式. 即

$$\begin{vmatrix}1&x&x^2&x^3\\1&2&4&8\\1&-3&9&-27\\1&5&25&125\end{vmatrix}=\begin{vmatrix}1&1&1&1\\x&2&-3&5\\x^2&4&9&25\\x^3&8&-27&125\end{vmatrix}$$

$$=(2-x)(-3-x)(5-x)(-3-2)(5-2)(5+3)=0$$

所以，方程的解为 $x=2$, $x=-3$, $x=5$.

14. 解 将 D 加边升阶得

$$D=\begin{vmatrix}1&0&0&0&0\\-a_1&\lambda&a_1&a_1&a_1\\-a_2&a_2&\lambda&a_2&a_2\\-a_3&a_3&a_3&\lambda&a_3\\-a_4&a_4&a_4&a_4&\lambda\end{vmatrix}=\begin{vmatrix}1&1&1&1&1\\-a_1&\lambda-a_1&0&0&0\\-a_2&0&\lambda-a_2&0&0\\-a_3&0&0&\lambda-a_3&0\\-a_4&0&0&0&\lambda-a_4\end{vmatrix}$$

第2列 $\frac{a_1}{\lambda-a_1}$ 倍、第3列 $\frac{a_2}{\lambda-a_2}$ 倍、第4列 $\frac{a_3}{\lambda-a_3}$ 倍、第5列 $\frac{a_4}{\lambda-a_4}$ 倍加到第一列上得

$$D=\begin{vmatrix}1+\sum_{i=1}^{4}\frac{a_i}{\lambda-a_i}&1&1&1&1\\0&\lambda-a_1&0&0&0\\0&0&\lambda-a_2&0&0\\0&0&0&\lambda-a_3&0\\0&0&0&0&\lambda-a_4\end{vmatrix}$$

$=\prod_{i=1}^{4}(\lambda-a_i)\left(1+\sum_{i=1}^{4}\frac{a_i}{\lambda-a_i}\right)$. 这里设 $a_i\neq\lambda(i=1,2,3,4)$

15. x^4.

提示：将其余各列都加到第一列.

16. $(1-a+a^2)(1-a^3)$

提示：按第一行展开，得递推关系式：$D_5=(1-a)D_4+aD_3$，递推即可.

17. $1-a_1+a_2a_1-\cdots+(-1)^n a_n\cdots a_2a_1$.

提示：按第一行展开，得递推关系式：$D_n=(1-a_n)D_{n-1}+a_nD_{n-2}$，递推即可.

第3章 线性方程组

3.1 基本要求

1. 理解并会用消元法求解线性方程组.

2. 掌握齐次、非齐次线性方程组解的存在性和解的结构；理解线性方程组通解、特解的概念，并能结合基础解系熟练掌握求法.

3. 理解 n 维向量的有关概念与表示法以及线性相关、线性无关、线性组合的有关概念熟练掌握线性相关的判别法.

4. 了解线性组合与线性相关有关定理；理解矩阵的秩与向量组的秩的联系.

5. 熟练掌握向量组的秩，以及极大线性无关组的求法.

6. 理解 n 维向量、矩阵以及线性方程组之间的联系.

7. 了解向量空间、子空间的概念，会求向量空间的基和维数.

8. 了解基变换和坐标变换公式，会求基之间的过渡矩阵.

9. 理解线性方程组在经济学中的应用，会运用线性方程组解决一些实际经济问题.

3.2 主要内容和结论

3.2.1 n 维向量的概念与运算

(1)定义

n 个有次序的数 $a_1, a_2, \cdots, a_n$ 所组成的数组称为 n 维向量，这 n 个数称为该向量的 n 个分量，第 i 个数 a_i 称为第 i 个分量，n 维向量可写成一行或一列，分别称为行向量和列向量.

①行向量(行矩阵)：

$$\boldsymbol{\alpha} = [a_1, a_2, \cdots, a_n]$$

②列向量(列矩阵)：

$$\boldsymbol{\beta} = \begin{bmatrix} a_1 \\ a_2 \\ \vdots \\ a_n \end{bmatrix}$$

矩阵 $\boldsymbol{A}_{m \times n} = [\alpha_1, \alpha_2, \cdots, \alpha_n] = [\beta_1, \beta_2, \cdots, \beta_m]^{\mathrm{T}}$

$\alpha_1, \alpha_2, \cdots, \alpha_n$ 称为 $\boldsymbol{A}$ 的行向量组.

$\beta_1, \beta_2, \cdots, \beta_m$ 称为 $\boldsymbol{A}$ 的列向量组.

(2)向量的运算

设 $\boldsymbol{\alpha} = [a_1, a_2, \cdots, a_n]$，$\boldsymbol{\beta} = [b_1, b_2, \cdots, b_n]$则

①$\boldsymbol{\alpha} \pm \boldsymbol{\beta} = [a_1 \pm b_1, a_2 \pm b_2, \cdots, a_n \pm b_n]$.

②$k\boldsymbol{\alpha} = [ka_1, ka_2, \cdots, ka_n]$，$k$ 为常数.

满足运算律如下(设$\boldsymbol{\alpha}$、$\boldsymbol{\beta}$、$\boldsymbol{\gamma}$均为n维向量，λ，μ为实数)：

①$\boldsymbol{\alpha}+\boldsymbol{\beta}=\boldsymbol{\beta}+\boldsymbol{\alpha}$.

②$(\boldsymbol{\alpha}+\boldsymbol{\beta})+\boldsymbol{\gamma}=\boldsymbol{\alpha}+(\boldsymbol{\beta}+\boldsymbol{\gamma})$.

③$\boldsymbol{\alpha}+\boldsymbol{0}=\boldsymbol{\alpha}$.

④$\boldsymbol{\alpha}+(-\boldsymbol{\alpha})=\boldsymbol{0}$.

⑤$1\cdot\boldsymbol{\alpha}=\boldsymbol{\alpha}$.

⑥$\lambda(\mu\boldsymbol{\alpha})=(\lambda\mu)\boldsymbol{\alpha}$.

⑦$\lambda(\boldsymbol{\alpha}+\boldsymbol{\beta})=\lambda\boldsymbol{\alpha}+\lambda\boldsymbol{\beta}$.

⑧$(\lambda+\mu)\boldsymbol{\alpha}=\lambda\boldsymbol{\alpha}+\mu\boldsymbol{\alpha}$.

3.2.2　向量的线性关系

(1)向量的线性表示

给定n维向量组$\boldsymbol{\alpha}_1$，$\boldsymbol{\alpha}_2$，…，$\boldsymbol{\alpha}_m$，$\boldsymbol{\beta}$，如果存在一组实数k_1，k_2，…，k_m，使得

$$\boldsymbol{\beta}=k_1\boldsymbol{\alpha}_1+k_2\boldsymbol{\alpha}_2+\cdots+k_n\boldsymbol{\alpha}_m.$$

则称$\boldsymbol{\beta}$是向量组$\boldsymbol{\alpha}_1$，$\boldsymbol{\alpha}_2$，…，$\boldsymbol{\alpha}_m$的线性组合，或称向量$\boldsymbol{\beta}$可由向量组$\boldsymbol{\alpha}_1$，$\boldsymbol{\alpha}_2$，…，$\boldsymbol{\alpha}_m$线性表示.

1)性质：

①零向量可以由任意一组向量线性表示

②向量组$\boldsymbol{\alpha}_1$，…，$\boldsymbol{\alpha}_s$中任一向量$\boldsymbol{\alpha}_j(j=1,\ s)$均可由向量组$\boldsymbol{\alpha}_1$，$\boldsymbol{\alpha}_2$，…，$\boldsymbol{\alpha}_s$线性表示.

③对n维单位向量$\begin{cases}\boldsymbol{\varepsilon}_1=(1,\ 0,\ \cdots,\ 0)\\\boldsymbol{\varepsilon}_2=(0,\ 1,\ \cdots,\ 0)\\\vdots\\\boldsymbol{\varepsilon}_n=(0,\ 0,\ \cdots,\ 1)\end{cases}$

$$\boldsymbol{\varepsilon}_1=\begin{pmatrix}1\\0\\\vdots\\0\end{pmatrix},\ \boldsymbol{\varepsilon}_2=\begin{pmatrix}0\\1\\\vdots\\0\end{pmatrix},\ \cdots,\ \boldsymbol{\varepsilon}_n=\begin{pmatrix}0\\0\\\vdots\\1\end{pmatrix},$$

$$\boldsymbol{\alpha}=[a_1,\ a_2,\ \cdots,\ a_n]，则\ \boldsymbol{\alpha}=a_1\boldsymbol{\varepsilon}_1+a_2\boldsymbol{\varepsilon}_2+\cdots+a_n\boldsymbol{\varepsilon}_n$$

$$\boldsymbol{\alpha}=\begin{pmatrix}a_1\\a_2\\\vdots\\a_n\end{pmatrix}=a_1\begin{pmatrix}1\\0\\\vdots\\0\end{pmatrix}+a_2\begin{pmatrix}0\\1\\\vdots\\0\end{pmatrix}+\cdots+a_n\begin{pmatrix}0\\0\\\vdots\\1\end{pmatrix}$$

2)判别方法：

向量组$\boldsymbol{\beta}$可由向量组$\boldsymbol{\alpha}_1$，$\boldsymbol{\alpha}_2$，…，$\boldsymbol{\alpha}_s$线性表示

$\Longleftrightarrow$线性方程组$\boldsymbol{A}=\boldsymbol{\beta}$有解. 其中$\boldsymbol{A}=[\boldsymbol{\alpha}_1,\ \boldsymbol{\alpha}_2,\ \cdots,\ \boldsymbol{\alpha}_s]$

$\Longleftrightarrow r[\boldsymbol{\alpha}_1,\ \boldsymbol{\alpha}_2,\ \cdots,\ \boldsymbol{\alpha}_s]=r[\boldsymbol{\alpha}_1,\ \boldsymbol{\alpha}_2,\ \cdots,\ \boldsymbol{\alpha}_s,\ \boldsymbol{\beta}]$

3)向量组间的线性表示与向量组的等价

设有两向量组$\boldsymbol{A}$：$\boldsymbol{\alpha}_1$，$\boldsymbol{\alpha}_2$，…，$\boldsymbol{\alpha}_s$；$\boldsymbol{B}$：$\boldsymbol{\beta}_1$，$\boldsymbol{\beta}_2$，…，$\boldsymbol{\beta}_t$，若向量组$\boldsymbol{B}$中的每一个向量都由向量组$\boldsymbol{A}$线性表示，则称向量组$\boldsymbol{B}$能由向量组$\boldsymbol{A}$线性表示.

若向量组 $\boldsymbol{A}$ 与向量组 $\boldsymbol{B}$ 能相互线性表示，则这两个向量组等价.

4)性质：

①向量组 $\boldsymbol{A}$：$\boldsymbol{\alpha}_1, \boldsymbol{\alpha}_2, \cdots, \boldsymbol{\alpha}_n$ 与向量组 $\boldsymbol{B}$：$\boldsymbol{\beta}_1, \boldsymbol{\beta}_2, \cdots, \boldsymbol{\beta}_n$ 等价的充要条件是 $r(\boldsymbol{A})=r(\boldsymbol{B})=r(\boldsymbol{A}, \boldsymbol{B})$.

②若向量组 $\boldsymbol{A}$ 可由向量组 $\boldsymbol{B}$ 线性表示，向量组 $\boldsymbol{B}$ 可由向量组 $\boldsymbol{C}$ 线性表示，则向量组 $\boldsymbol{A}$ 可由向量组 $\boldsymbol{C}$ 线性表示.

③向量组的等价是一种等价关系，即：满足反身性、对称性、传递性.

(2)线性相关与线性无关

1)线性相关的定义

线性相关：对于向量组 $\boldsymbol{\alpha}_1, \boldsymbol{\alpha}_2, \cdots, \boldsymbol{\alpha}_m$，如果存在一组不全为零的实数 $k_1, k_2, \cdots, k_m$，使得 $k_1\boldsymbol{\alpha}_1+k_2\boldsymbol{\alpha}_2+\cdots+k_m\boldsymbol{\alpha}_m=\boldsymbol{0}$，则称向量组 $\boldsymbol{\alpha}_1, \boldsymbol{\alpha}_2, \cdots, \boldsymbol{\alpha}_m$ 线性相关；否则称 $\boldsymbol{\alpha}_1, \boldsymbol{\alpha}_2, \cdots, \boldsymbol{\alpha}_m$ 线性无关，即：

$\boldsymbol{\alpha}_1, \boldsymbol{\alpha}_m$ 线性无关：当且仅当 $k_1=k_2=\cdots=k_m=0$ 时，$k_1\boldsymbol{\alpha}_1+k_2\boldsymbol{\alpha}_2+\cdots+k_m\boldsymbol{\alpha}_m=\boldsymbol{0}$ 成立.

2)性质

①单个非零向量线性无关.

②含有零向量的向量组一定线性相关.

③单位坐标向量组一定线性无关.

④两个非零向量线性相关的充分必要条件是对应分量成比例.

⑤$n+1$ 个 n 维向量线性相关.

3)判定定理

①向量组 $\boldsymbol{\alpha}_1, \boldsymbol{\alpha}_2, \cdots, \boldsymbol{\alpha}_s (s\geqslant 2)$ 线性相关的充要条件是向量组中至少有一个向量可由其余 $s-1$ 个向量线性表示.

②设有列向量组 $\boldsymbol{\alpha}_j=\begin{bmatrix} a_{1j} \\ \alpha_{2j} \\ \vdots \\ \alpha_{nj} \end{bmatrix}(j=1, 2, \cdots, s)$，则向量组 $\boldsymbol{\alpha}_1, \boldsymbol{\alpha}_2, \cdots, \boldsymbol{\alpha}_s$ 线性相关的充要条件是：矩阵 $\boldsymbol{A}=[\boldsymbol{\alpha}_1, \boldsymbol{\alpha}_2, \cdots, \boldsymbol{\alpha}_s]$ 的秩小于向量的个数 s.

③若向量组中有一部分向量(部分组)线性相关，则整个向量组线性相关. 向量组线性无关，则其任一部分向量组线性无关.

④若向量组 $\boldsymbol{\alpha}_1, \boldsymbol{\alpha}_2, \cdots, \boldsymbol{\alpha}_s, \boldsymbol{\beta}$ 线性相关，而向量组 $\boldsymbol{\alpha}_1, \boldsymbol{\alpha}_2, \cdots, \boldsymbol{\alpha}_s$ 线性无关，则向量 $\boldsymbol{\beta}$ 可由 $\boldsymbol{\alpha}_1, \boldsymbol{\alpha}_2, \cdots, \boldsymbol{\alpha}_s$ 线性表示，且表示法唯一.

⑤设有两量组 $\boldsymbol{A}$：$\boldsymbol{\alpha}_1, \boldsymbol{\alpha}_2, \cdots, \boldsymbol{\alpha}_s$；$\boldsymbol{B}$：$\boldsymbol{\beta}_1, \boldsymbol{\beta}_2, \cdots, \boldsymbol{\beta}_t$，向量组 B 能由向量组 $\boldsymbol{A}$ 线性表示，若 $s<t$，则向量组 $\boldsymbol{B}$ 线性相关.

⑥n 个 n 维列向量线性相关，$\Longleftrightarrow |\boldsymbol{A}|=0$，其中 $\boldsymbol{A}=[\boldsymbol{\alpha}_1, \boldsymbol{\alpha}_2, \cdots, \boldsymbol{\alpha}_n]$.

(3)向量组的极大无关组与秩

定义：向量组 $\boldsymbol{\alpha}_1, \boldsymbol{\alpha}_2, \cdots, \boldsymbol{\alpha}_s$ 的一个部分向量组 $\boldsymbol{\alpha}_{j1}, \boldsymbol{\alpha}_{j2}, \cdots, \boldsymbol{\alpha}_{jr}$ 称为向量组的一个极大无关组，若满足向量组 $\boldsymbol{\alpha}_{j1}, \boldsymbol{\alpha}_{j2}, \cdots, \boldsymbol{\alpha}_{jr}$ 线性无关且向量组 $\boldsymbol{A}$ 中任意 $r+1$ 个向量都线性相关. 向量组 $\boldsymbol{\alpha}_1, \boldsymbol{\alpha}_2, \boldsymbol{\alpha}_x, \boldsymbol{\alpha}_s$ 的极大无关组所含向量的个数称为向量组的秩，记为 $r(\boldsymbol{\alpha}_1, \boldsymbol{\alpha}_2, \cdots, \boldsymbol{\alpha}_s)$.

注：①$\boldsymbol{\alpha}_{j1}, \boldsymbol{\alpha}_{j2}, \cdots, \boldsymbol{\alpha}_{jr}$ 是 $\boldsymbol{\alpha}_1, \boldsymbol{\alpha}_2, \cdots, \boldsymbol{\alpha}_s$ 的线性无关部分组，它是极大无关组 $\Longleftrightarrow \boldsymbol{\alpha}_1$,

$\boldsymbol{\alpha}_2$，…，$\boldsymbol{\alpha}_s$ 中的每一个向量都可由 $\boldsymbol{\alpha}_{j1}$，$\boldsymbol{\alpha}_{j2}$，$\boldsymbol{\alpha}_{jr}$ 线性表示.

②规定零向量组成的向量组的秩为 0.

③极大无关组不唯一.

④若 $r(\boldsymbol{\alpha}_1, \boldsymbol{\alpha}_2, \cdots, \boldsymbol{\alpha}_s) = r$，则 $\boldsymbol{\alpha}_1$，$\boldsymbol{\alpha}_2$，…，$\boldsymbol{\alpha}_s$ 中任意 r 个线性无关的部分组构成 $\boldsymbol{\alpha}_1$，$\boldsymbol{\alpha}_2$，…，$\boldsymbol{\alpha}_s$ 的一个极大无关组.

⑤$\boldsymbol{\alpha}_1$，$\boldsymbol{\alpha}_2$，…，$\boldsymbol{\alpha}_s$ 线性无关时，其极大无关组就是自身.

(1)向量组秩的性质

①设 $\boldsymbol{A}$ 为 $m \times n$ 矩阵，则矩阵 $\boldsymbol{A}$ 的行向量组的秩 = 矩阵 $\boldsymbol{A}$ 的列向量组的秩 = 矩阵 $\boldsymbol{A}$ 的秩.

②若向量组 $\boldsymbol{B}$ 能由向量组 $\boldsymbol{A}$ 线性表示，则 $r(\boldsymbol{B}) \leqslant r(\boldsymbol{A})$.

③等价的向量组的秩相等.

(2)向量组的极大无关组的求法

求向量组的极大无关组的一般方法是：①以向量组中各向量为列向量组成矩阵后；②作初等行变换将该矩阵化为阶梯形矩阵，便可直接写出所求向量的极大无关组，从而可求出向量组的秩；③若将此行阶梯形矩阵经过初等行变换化为行最简形矩阵，就可将其余向量用极大无关组线性表示.

3.2.3　线性方程组

(1)齐次线性方程组

方程组

$$\begin{cases} a_{11}x_1 + a_{12}x_2 + \cdots + a_{1n}x_n = 0, \\ a_{21}x_1 + a_{22}x_2 + \cdots + a_{2n}x_n = 0, \\ \qquad\vdots \\ a_{m1}x_1 + a_{m2}x_2 + \cdots + a_{mn}x_n = 0 \end{cases} \tag{I}$$

称为 n 元齐次线性方程组，其向量形式为

$$x_1\boldsymbol{\alpha}_1 + x_2\boldsymbol{\alpha}_2 + \cdots + x_n\boldsymbol{\alpha}_n = \boldsymbol{0}.$$

其中

$$\boldsymbol{\alpha}_j = \begin{bmatrix} a_{1j} \\ a_{2j} \\ \vdots \\ a_{mj} \end{bmatrix}, j = 1, 2, \cdots, n.$$

其矩阵形式为

$$\boldsymbol{A}_{m \times n}\boldsymbol{X} = \boldsymbol{0},$$

其中

$$\boldsymbol{A}_{m \times n} = \begin{bmatrix} a_{11} & a_{12} & \cdots & a_{1n} \\ a_{21} & a_{22} & \cdots & a_{2n} \\ \vdots & \vdots & & \vdots \\ a_{m1} & a_{m2} & \cdots & a_{mn} \end{bmatrix}, \boldsymbol{X} = \begin{bmatrix} x_1 \\ x_2 \\ \vdots \\ x_n \end{bmatrix}.$$

1)有解的条件

$r(\boldsymbol{A})=n$ 时($\boldsymbol{\alpha}_1$, $\boldsymbol{\alpha}_a$, ⋯, $\boldsymbol{\alpha}_n$ 线性无关)，方程组(Ⅰ)有唯一零解.

$r(\boldsymbol{A})=r<n$ 时($\boldsymbol{\alpha}_1$, $\boldsymbol{\alpha}_2$, ⋯, $\boldsymbol{\alpha}_n$ 线性相关)，方程组(Ⅰ)有非零解，且有 $n-r$ 个线性无关解.

2)解的性质

若 $\boldsymbol{A\xi}_1=\boldsymbol{0}$, $\boldsymbol{A\xi}_2=\boldsymbol{0}$, 则 $\boldsymbol{A}(k_1\boldsymbol{\xi}_1+k_2\boldsymbol{\xi}_2)=\boldsymbol{0}$, 其中，$k_1$, k_2 是任意常数.

3)求解方法

高斯消元法：将系数矩阵 $\boldsymbol{A}$ 作初等行变换化成行阶梯形矩阵 $\boldsymbol{B}$, 线性方程组的初等变换将方程组化为同解方程组，故 $\boldsymbol{AX}=\boldsymbol{0}$ 和 $\boldsymbol{BX}=\boldsymbol{0}$ 同解，只需解 $\boldsymbol{BX}=\boldsymbol{0}$ 即可.

4)解的结构

基础解系

①$\boldsymbol{\xi}_1$, $\boldsymbol{\xi}_2$, ⋯, $\boldsymbol{\xi}_s$ 线性无关；

②$\boldsymbol{Q}$ 中任一个解向量都能够由 $\boldsymbol{\xi}_1$, $\boldsymbol{\xi}_2$, ⋯, $\boldsymbol{\xi}_s$ 线性表示；

则称 $\boldsymbol{\xi}_1$, $\boldsymbol{\xi}_2$, ⋯, $\boldsymbol{\xi}_s$ 为线性方程组 $\boldsymbol{Ax}=\boldsymbol{0}$ 的一个基础解系.

通解：若 $r(\boldsymbol{A}_{m\times n})=r<n$, 则 $\boldsymbol{Ax}=\boldsymbol{0}$ 的基础解系含 $n-r$ 个线性无关的解向量，方程组的通解为 $\boldsymbol{x}=k_1\boldsymbol{\xi}_1+k_2\boldsymbol{\xi}_2+\cdots+k_{n-r}\boldsymbol{\xi}_{n-r}$($k_1$, k_2, ⋯, k_{n-r} 为任意常数).

(2)非齐次线性方程组

$$\begin{cases}a_{11}x_1+a_{12}x_2+\cdots+a_{1n}x_n=b_1,\\a_{21}x_1+a_{22}x_2+\cdots+a_{2n}x_n=b_2,\\\vdots\\a_{m1}x_1+a_{m2}x_2+\cdots+a_{mn}x_n=b_m\end{cases}\qquad(\text{Ⅱ})$$

称为 n 元非齐次线性方程组，其向量形式为

$$x_1\boldsymbol{\alpha}_1+x_2\boldsymbol{\alpha}_2+\cdots+x_n\boldsymbol{\alpha}_n=\boldsymbol{b},$$

其中

$$\boldsymbol{\alpha}_j=\begin{bmatrix}a_{1j}\\a_{2j}\\\vdots\\a_{mj}\end{bmatrix}, j=1,2,\cdots,n,\ \boldsymbol{b}=\begin{bmatrix}b_1\\b_2\\\vdots\\b_m\end{bmatrix}.$$

其矩阵形式为

$$\boldsymbol{AX}=\boldsymbol{b},$$

其中

$$\boldsymbol{A}=\begin{bmatrix}a_{11}&a_{12}&\cdots&a_{1n}\\a_{21}&a_{22}&\cdots&a_{2n}\\\vdots&\vdots&&\vdots\\a_{m1}&a_{m2}&\cdots&a_{mn}\end{bmatrix},\ \boldsymbol{X}=\begin{bmatrix}x_1\\x_2\\\vdots\\x_n\end{bmatrix}.$$

矩阵 $\left[\begin{array}{cccc:c}a_{11}&a_{12}&\cdots&a_{1n}&b_1\\a_{21}&a_{22}&\cdots&a_{2n}&b_2\\\vdots&\vdots&&\vdots&\vdots\\a_{m1}&a_{m2}&\cdots&a_{mn}&b_m\end{array}\right]$ 称为矩阵 $\boldsymbol{A}$ 的增广矩阵，简记为($\boldsymbol{A}|\boldsymbol{b}$)或($\boldsymbol{A}$, $\boldsymbol{b}$).

1)有解的条件

若$r(\boldsymbol{A})\neq r(\boldsymbol{A}|\boldsymbol{b})$($\boldsymbol{b}$不能由$\boldsymbol{\alpha}_1$, $\boldsymbol{\alpha}_2$, $\cdots$, $\boldsymbol{\alpha}_n$线性表出)，则方程组(Ⅱ)无解.

若$r(\boldsymbol{A})=r(\boldsymbol{A}|\boldsymbol{b})=n$($\boldsymbol{\alpha}_1$, $\boldsymbol{\alpha}_2$, $\cdots$, $\boldsymbol{\alpha}_n$线性无关，$\boldsymbol{\alpha}_1$, $\boldsymbol{\alpha}_2$, $\boldsymbol{\alpha}_n$, $\cdots$, $\boldsymbol{b}$线性相关)，则方程组(Ⅱ)有唯一解.

若$r(\boldsymbol{A})=r(\boldsymbol{A}|\boldsymbol{b})<n$，则方程组(Ⅱ)有无穷多解.

2)解的性质

设$\boldsymbol{\eta}_1$, $\boldsymbol{\eta}_2$是非齐次方程组$\boldsymbol{AX}=\boldsymbol{b}$的解，$\boldsymbol{\xi}$是对应齐次方程组$\boldsymbol{AX}=\boldsymbol{0}$的解，则①$\boldsymbol{\eta}_1-\boldsymbol{\eta}_2$是$\boldsymbol{AX}=\boldsymbol{0}$的解；②$k\boldsymbol{\xi}+\boldsymbol{\eta}_1$是$\boldsymbol{AX}=\boldsymbol{b}$的解.

3)求解方法

高斯消元法：将增广矩阵$\overline{\boldsymbol{A}}=(\boldsymbol{A}|\boldsymbol{b})$作初等行变换化简成行阶梯形矩阵$\overline{\boldsymbol{B}}$，判断是否有解，在有解情形下，求同解方程组的解.

4)解的结构

求出对应齐次线性方程组的基础解系$\boldsymbol{\xi}_1$, $\boldsymbol{\xi}_2$, $\cdots$, $\boldsymbol{\xi}_{n-r}$，及非齐次方程组的一个特解$\boldsymbol{\eta}$，则非齐次方程组的通解为$k_1\boldsymbol{\xi}_1+k_2\boldsymbol{\xi}_2+\cdots k_{n-r}\boldsymbol{\xi}_{n-r}+\boldsymbol{\eta}$，其中，$k_1$, k_2, $\cdots$, k_{n-r}为任意常数.

3.2.4　向量空间基、维数

(1)向量空间：设V是数域$\boldsymbol{F}$上的n维向量构成的非空集合，若对于加法及数乘两种运算封闭，则称集合V为数域$\boldsymbol{F}$上的向量空间. 若$\boldsymbol{F}$为实数域$\boldsymbol{R}$，则称V为实向量空间.

(2)子空间：设W是向量空间V的一个非零子集，若W中的所有元素对V中定义的加法和数乘运算也构成一个向量空间，则称W是V的一个子空间.

(3)基及维数：设V为向量空间，如果存在r个向量$\boldsymbol{\alpha}_1$, $\boldsymbol{\alpha}_2$, $\cdots\boldsymbol{\alpha}_r\in V$，满足

①$\boldsymbol{\alpha}_1$, $\boldsymbol{\alpha}_2$, $\cdots$, $\boldsymbol{\alpha}_r$线性无关；

②V中任一向量都可用$\boldsymbol{\alpha}_1$, $\boldsymbol{\alpha}_2$, $\cdots$, $\boldsymbol{\alpha}_r$线性表示，

则向量组$\boldsymbol{\alpha}_1$, $\boldsymbol{\alpha}_2$, $\cdots$, $\boldsymbol{\alpha}_r$称为向量空间V的一个基，r称为向量空间V的维数，记为$\dim V=r$，并称V为r维向量空间.

特别地，n维向量空间有一组单位基

$$\begin{cases}\boldsymbol{\varepsilon}_1=(1,0,\cdots,0)^{\mathrm{T}}\\ \boldsymbol{\varepsilon}_2=(0,1,\cdots,0)^{\mathrm{T}}\\ \vdots\\ \boldsymbol{\varepsilon}_n=(0,0,\cdots,1)^{\mathrm{T}}\end{cases}$$

若$\boldsymbol{\alpha}=(a_1,a_2,\cdots,a_n)^T$，则$\boldsymbol{\alpha}=a_1\boldsymbol{\varepsilon}_1^{\mathrm{T}}+a_2\boldsymbol{\varepsilon}_2^{\mathrm{T}}+\cdots+a_n\boldsymbol{\varepsilon}_n^{\mathrm{T}}$

(4)向量空间的坐标：设向量组$\boldsymbol{\alpha}_1$, $\boldsymbol{\alpha}_2$, $\cdots$, $\boldsymbol{\alpha}_r$是向量空间V的一个基，对任意空间中的向量$\boldsymbol{\alpha}$，$\boldsymbol{\alpha}=x_1\boldsymbol{\alpha}_1+x_2\boldsymbol{\alpha}_2+\cdots+x_s\boldsymbol{\alpha}_s$，则称$(x_1,x_2,\cdots,x_s)^{\mathrm{T}}$是$\boldsymbol{\alpha}$在基$\boldsymbol{\alpha}_1$, $\boldsymbol{\alpha}_2$, $\cdots$, $\boldsymbol{\alpha}_s$下的坐标.

3.3　典型例题

例1　判断下列向量组的线性相关性.

(1)$\boldsymbol{\alpha}_1=[3,4,-2,5]$, $\boldsymbol{\alpha}_2=[2,-5,0,-3]$, $\boldsymbol{\alpha}_3=[5,0,-1,2]$, $\boldsymbol{\alpha}_4=[3,3,-3,5]$;

(2)$\boldsymbol{\alpha}_1^{\mathrm{T}}=[1,-2,0,3]$, $\boldsymbol{\alpha}_2^{\mathrm{T}}=[2,5,-1,0]$, $\boldsymbol{\alpha}_3^{\mathrm{T}}=[3,4,-1,2]$. 或者$\boldsymbol{\alpha}_1=[1,-2,0,3]^{\mathrm{T}}$,

$\boldsymbol{\alpha}_2=[2,5,-1,0]^{\mathrm{T}}$, $\boldsymbol{\alpha}_3=[3,4,-1,2]^{\mathrm{T}}$.

解 设(1) $x_1\boldsymbol{\alpha}_1+x_2\boldsymbol{\alpha}_2+x_3\boldsymbol{\alpha}_3+x_4\boldsymbol{\alpha}_4=0$，则：

$$\begin{cases}3x_1+2x_2+5x_3+3x_4=0,\\4x-5x_2+3x_4=0,\\-2x_1-x_3-3x_4=0,\\5x_1-3x_2+2x_3+5x_4=0.\end{cases}$$

用初等行变换把系数矩阵 $\boldsymbol{A}$ 化为阶梯形矩阵，即

$$\boldsymbol{A}=\begin{bmatrix}3&2&5&3\\4&-5&0&3\\-2&0&-1&-3\\5&-3&2&5\end{bmatrix}\longrightarrow\begin{bmatrix}1&2&4&0\\0&1&-5&6\\0&0&1&-1\\0&0&0&0\end{bmatrix}.$$

因为 $r(\boldsymbol{A})=3<n=4$，所以方程组有非零解，从而 α_1，α_2，α_3，α_4 线性相关.

注：此例求解过程可简化. 判定向量组 $\boldsymbol{\alpha}_1$，$\boldsymbol{\alpha}_2$，…，$\boldsymbol{\alpha}_s$ 是否线性相关，只需将向量组按列写成一个矩阵 $\boldsymbol{A}=[\boldsymbol{\alpha}_1^{\mathrm{T}},\boldsymbol{\alpha}_2^{\mathrm{T}},\cdots,\boldsymbol{\alpha}_s^{\mathrm{T}}]$. 若 $r(A)=S$，则线性无关，若 $r(\boldsymbol{A})<S$，则线性相关.

(2) 设 $$\boldsymbol{A}=[\boldsymbol{\alpha}_1,\boldsymbol{\alpha}_2,\boldsymbol{\alpha}_3]=\begin{bmatrix}1&2&3\\-2&5&4\\0&-1&-1\\3&0&2\end{bmatrix}\xrightarrow[\text{变换}]{\text{初等行}}\begin{bmatrix}1&2&3\\0&1&1\\0&0&1\\0&0&0\end{bmatrix}$$

所以 $r(\boldsymbol{A})=3$ 从而 $\boldsymbol{\alpha}_1$，$\boldsymbol{\alpha}_2$，$\boldsymbol{\alpha}_3$ 线性无关.

例 2 设 $\boldsymbol{\alpha}_1=[1,1,1]^{\mathrm{T}}$，$\boldsymbol{\alpha}_2=[1,2,3]^{\mathrm{T}}$，$\boldsymbol{\alpha}_3=[1,3,t]^{\mathrm{T}}$

求(1) t 为何值时，向量组 $\boldsymbol{\alpha}_1$，$\boldsymbol{\alpha}_2$，$\boldsymbol{\alpha}_3$ 线性相关?

(2) t 为何值时，向量组 $\boldsymbol{\alpha}_1$，$\boldsymbol{\alpha}_2$，$\boldsymbol{\alpha}_3$ 线性无关?

(3) 当向量组 $\boldsymbol{\alpha}_1$，$\boldsymbol{\alpha}_2$，$\boldsymbol{\alpha}_3$ 线性相关时，将 $\boldsymbol{\alpha}_3$ 表示为 $\boldsymbol{\alpha}_1$，$\boldsymbol{\alpha}_2$ 的线性组合.

方法 1：用定义判别.

设有数 k_1，k_2，k_3，使得 $k_1\boldsymbol{\alpha}_1+k_2\boldsymbol{\alpha}_2+k_3\boldsymbol{\alpha}_3=\mathbf{0}$，即有

$$\begin{cases}k_1+k_2+k_3=0\\k_1+2k_2+3k_3=0\\k_1+3k_2+tk_3=0\end{cases}$$

其系数行列式 $$\begin{vmatrix}1&1&1\\1&2&3\\1&3&t\end{vmatrix}=\begin{vmatrix}1&1&1\\0&1&2\\0&2&t-1\end{vmatrix}=t-5.$$

(1) 当 $t-5=0$ 时，即 $t=5$ 时，方程组有非零解. 因此 $\boldsymbol{\alpha}_1$，$\boldsymbol{\alpha}_2$，$\boldsymbol{\alpha}_3$ 线性相关.

(2) 当 $t-5\neq0$，即 $t\neq5$ 时，方程组有唯一零解. 因此 $\boldsymbol{\alpha}_1$，$\boldsymbol{\alpha}_2$，$\boldsymbol{\alpha}_3$ 线性无关.

(3) 当 $t=5$ 时，设 $\boldsymbol{\alpha}_3=k_1\boldsymbol{\alpha}_1+k_2\boldsymbol{\alpha}_2$，可解得 $k_1=-1$，$k_2=2$. 即 $\boldsymbol{\alpha}_3=-\boldsymbol{\alpha}_1+2\boldsymbol{\alpha}_2$.

方法 2：用矩阵的秩来判断

由于矩阵

$$\boldsymbol{A}=[\boldsymbol{\alpha}_1,\boldsymbol{\alpha}_2,\boldsymbol{\alpha}_3]=\begin{bmatrix}1&1&1\\1&2&3\\1&3&t\end{bmatrix}\xrightarrow[r_3-r_1]{r_2-r_1}\begin{bmatrix}1&1&1\\0&1&2\\0&2&t-1\end{bmatrix}\xrightarrow{r_3-2r_2}\begin{bmatrix}1&1&1\\0&1&2\\0&0&t-5\end{bmatrix}$$

所以(1)当 $t=5$ 时，$r(\boldsymbol{A})=2$，$\boldsymbol{\alpha}_1$，$\boldsymbol{\alpha}_2$，$\boldsymbol{\alpha}_3$ 线性相关.

(2)当 $t\neq5$ 时，$r(\boldsymbol{A})=3$，$\boldsymbol{\alpha}_1$，$\boldsymbol{\alpha}_2$，$\boldsymbol{\alpha}_3$ 线性无关.

(3)方法同一，得 $\boldsymbol{\alpha}_3=-\boldsymbol{\alpha}_1+2\boldsymbol{\alpha}_2$.

方法3：用行列式判断

由于 $\boldsymbol{\alpha}_1$，$\boldsymbol{\alpha}_2$，$\boldsymbol{\alpha}_3$ 是3个三维向量，故可直接计算直行列式

$$|\boldsymbol{A}|=|\boldsymbol{\alpha}_1,\ \boldsymbol{\alpha}_2,\ \boldsymbol{\alpha}_s|=\begin{vmatrix}1&1&1\\1&2&3\\1&3&t\end{vmatrix}=t-5.$$

所以　$t=5$ 时，$|\boldsymbol{A}|=0$ 从而 $\boldsymbol{\alpha}_1$，$\boldsymbol{\alpha}_2$，$\boldsymbol{\alpha}_3$ 线性相关.

　　$t\neq5$ 时，$|\boldsymbol{A}|\neq0$，从而 $\boldsymbol{\alpha}_1$，$\boldsymbol{\alpha}_2$，$\boldsymbol{\alpha}_3$ 线性无关.

例3　已知 $\boldsymbol{\alpha}_1=[1,0,2,3]^{\mathrm{T}}$，$\boldsymbol{\alpha}_2=[1,1,3,5]^{\mathrm{T}}$，$\boldsymbol{\alpha}_3=[1,-1,a+2,1]^{\mathrm{T}}$，$\boldsymbol{\alpha}_4=[1,2,4,a+8]^{\mathrm{T}}$，$\boldsymbol{\beta}=[1,1,b+3,5]^{\mathrm{T}}$.

试求：(1)a，b 为何值时，$\boldsymbol{\beta}$ 不能表成 $\boldsymbol{\alpha}_1$，$\boldsymbol{\alpha}_2$，$\boldsymbol{\alpha}_3$，$\boldsymbol{\alpha}_4$ 的线性组合？

(2)a，b 为何值时，$\boldsymbol{\beta}$ 有 $\boldsymbol{\alpha}_1$，$\boldsymbol{\alpha}_2$，$\boldsymbol{\alpha}_3$，$\boldsymbol{\alpha}_4$ 唯一线性组合？写出表达式.

解　设 $\boldsymbol{\beta}=k_1\boldsymbol{\alpha}_1+k_2\boldsymbol{\alpha}_2+k_3\boldsymbol{\alpha}_3+k_4\boldsymbol{\alpha}_4$，则有

$$\begin{cases}k_1+k_2+k_3+k_4=1\\k_2-k_3+2k_4=1\\2k_1+3k_2+(a+2)k_3+4k_4=b+3\\3k_1+5k_2+k_3+(a+8)k_4=5\end{cases}$$

其增广矩阵为

$$(\boldsymbol{A},\boldsymbol{b})=\begin{bmatrix}1&1&1&1&1\\0&1&-1&2&1\\2&3&a+2&4&b+3\\3&5&1&a+8&5\end{bmatrix}\xrightarrow[r_4-3r_1]{r_3-2r_1}\begin{bmatrix}1&1&1&1&1\\0&1&-1&2&1\\0&1&a&2&b+1\\0&2&-2&a+5&2\end{bmatrix}$$

$$\xrightarrow[r_4-2r_2]{r_3-r_2}\begin{bmatrix}1&1&1&1&1\\0&1&-1&2&1\\0&0&a+1&0&b\\0&0&0&a+1&0\end{bmatrix}$$

(1)当 $a=-1$，$b\neq0$ 时，方程组无解，$\boldsymbol{\beta}$ 不能表成 $\boldsymbol{\alpha}_1$，$\boldsymbol{\alpha}_2$，$\boldsymbol{\alpha}_3$，$\boldsymbol{\alpha}_4$ 的线性组合.

(2)当 $a\neq-1$ 时，方程组有唯一解，$\boldsymbol{\beta}$ 能有唯一的线性组合，即为

$$\boldsymbol{\beta}=\frac{2b}{a+1}\boldsymbol{\alpha}_1+\frac{a+b+1}{a+1}\boldsymbol{\alpha}_2+\frac{b}{a+1}\boldsymbol{\alpha}_3+0\boldsymbol{\alpha}_4.$$

例4　设 $\boldsymbol{\alpha}_1=[1,3,2,0]^{\mathrm{T}}$，$\boldsymbol{\alpha}_2=[7,0,14,3]^{\mathrm{T}}$，$\boldsymbol{\alpha}_3=[2,-1,0,1]^{\mathrm{T}}$，$\boldsymbol{\alpha}_4=[5,1,6,2]^{\mathrm{T}}$，$\boldsymbol{\alpha}_5=[2,-1,4,1]^{\mathrm{T}}$.

求：向量组的秩，极大无关组，并把其余向量分别用这个极大无关组线性表示.

解　将 α_1，α_2，α_3，α_4，α_5 按列写成一个矩阵 $\boldsymbol{A}$，对 $\boldsymbol{A}$ 施行初等行变换

$$\boldsymbol{A}=[\alpha_1,\ \alpha_2,\ \alpha_3,\ \alpha_4,\ \alpha_5]=\begin{bmatrix}1&7&2&5&2\\3&0&-1&1&-1\\2&14&0&6&4\\0&3&1&2&1\end{bmatrix}\longrightarrow\begin{bmatrix}1&7&2&5&2\\0&3&1&2&1\\0&0&1&1&0\\0&0&0&0&0\end{bmatrix}$$

所以 $r(\boldsymbol{A})=3$, α_1, α_2, α_3 是向量组的一个极大无关组.

$$\boldsymbol{A}\longrightarrow\begin{bmatrix}1&0&0&\frac{2}{3}&-\frac{1}{3}\\0&1&0&\frac{1}{3}&\frac{1}{3}\\0&0&1&1&0\\0&0&0&0&0\end{bmatrix}$$

所以 $\alpha_4=\frac{2}{3}\alpha_1+\frac{1}{3}\alpha_2+\alpha_3$

$\alpha_5=-\frac{1}{3}\alpha_1+\frac{1}{3}\alpha_2$

例 5 设 $\boldsymbol{\alpha}_1$, $\boldsymbol{\alpha}_2$, $\boldsymbol{\beta}_1$, $\boldsymbol{\beta}_2$, $\boldsymbol{\beta}_3$ 都是 n 维向量($n\geqslant 3$), 且 $\boldsymbol{\beta}_1=\boldsymbol{\alpha}_1+\boldsymbol{\alpha}_2$, $\boldsymbol{\beta}_2=\boldsymbol{\alpha}_1-\boldsymbol{\alpha}_2$, $\boldsymbol{\beta}_3=3\boldsymbol{\alpha}_1+2\boldsymbol{\alpha}_2$, 证明向量组 $\boldsymbol{\beta}_1$, $\boldsymbol{\beta}_2$, $\boldsymbol{\beta}_3$ 线性相关.

分析: 只要找到不全为零的数 k_1, k_2, k_3, 使

$$k_1\boldsymbol{\beta}_1+k_2\boldsymbol{\beta}_2+k_3\boldsymbol{\beta}_3=\boldsymbol{0}$$

即可.

证明 设有数 k_1, k_2, k_3, 使得

$$k_1\boldsymbol{\beta}_1+k_2\boldsymbol{\beta}_2+k_3\boldsymbol{\beta}_3=\boldsymbol{0}.$$

代入题设条件, 得

$$k_1(\boldsymbol{\alpha}_1+\boldsymbol{\alpha}_2)+k_2(\boldsymbol{\alpha}_1-\boldsymbol{\alpha}_2)+k_3(3\boldsymbol{\alpha}_1+2\boldsymbol{\alpha}_2)=\boldsymbol{0},$$

整理得

$$(k_1+k_2+3k_3)\boldsymbol{\alpha}_1+(k_1-k_2+2k_3)\boldsymbol{\alpha}_2=\boldsymbol{0}.$$

要使上式成立, 不论 $\boldsymbol{\alpha}_1$, $\boldsymbol{\alpha}_2$ 是否线性相关, 只需

$$\begin{cases}k_1+k_2+3k_3=0\\k_1-k_2+2k_3=0\end{cases}$$

即可, 由上述方程组求得一个解为 $k_1=5$, $k_2=1$, $k_3=-2$, 故 $5\boldsymbol{\beta}_1+\boldsymbol{\beta}_2-2\boldsymbol{\beta}_3=0$.
从而得证: $\boldsymbol{\beta}_1$, $\boldsymbol{\beta}_2$, $\boldsymbol{\beta}_3$ 线性相关.

例 6 已知向量组 $\boldsymbol{\alpha}_1$, $\boldsymbol{\alpha}_2$, $\boldsymbol{\alpha}_3$, $\boldsymbol{\alpha}_4$ 线性无关, 且 $\boldsymbol{\alpha}_5=k_1\boldsymbol{\alpha}_1+k_2\boldsymbol{\alpha}_2+k_3\boldsymbol{\alpha}_3+k_4\boldsymbol{\alpha}_4$, 其中, $k_i\neq 0$ ($i=1, 2, 3, 4$), 证明 $\boldsymbol{\alpha}_1$, $\boldsymbol{\alpha}_2$, $\boldsymbol{\alpha}_3$, $\boldsymbol{\alpha}_4$, $\boldsymbol{\alpha}_5$ 中任意四个向量线性无关.

证明 方法 1: 直接用线性相关性定义证明.

在 $\boldsymbol{\alpha}_1$, $\boldsymbol{\alpha}_2$, $\boldsymbol{\alpha}_3$, $\boldsymbol{\alpha}_4$, $\boldsymbol{\alpha}_5$ 中取四个, 不妨取为 $\boldsymbol{\alpha}_2$, $\boldsymbol{\alpha}_3$, $\boldsymbol{\alpha}_4$, $\boldsymbol{\alpha}_5$ (缺 $\boldsymbol{\alpha}_1$), 考察

$$\lambda_2\boldsymbol{\alpha}_2+\lambda_3\boldsymbol{\alpha}_3+\lambda_4\boldsymbol{\alpha}_4+\lambda_5\boldsymbol{\alpha}_5=\boldsymbol{0}. \quad ①$$

将 $\boldsymbol{\alpha}_5=k_1\boldsymbol{\alpha}_1+k_2\boldsymbol{\alpha}_2+k_3\boldsymbol{\alpha}_3+k_4\boldsymbol{\alpha}_4$ 代入式①, 并整理得

$$\lambda_5k_1\boldsymbol{\alpha}_1+(\lambda_2+\lambda_5k_2)\boldsymbol{\alpha}_2+(\lambda_3+\lambda_5k_3)\boldsymbol{\alpha}_3+(\lambda_4+\lambda_5k_4)\boldsymbol{\alpha}_4=\boldsymbol{0}. \quad ②$$

已知 $\boldsymbol{\alpha}_1$, $\boldsymbol{\alpha}_2$, $\boldsymbol{\alpha}_3$, $\boldsymbol{\alpha}_4$ 线性无关, 式②成立, 当且仅当

$$\begin{cases}\lambda_5k_1=0,\\\lambda_2+k_2\lambda_5=0,\\\lambda_3+k_3\lambda_5=0,\\\lambda_4+k_4\lambda_5=0.\end{cases}$$

由 $k_1 \neq 0$，$\lambda_5 k_1 = 0$，得 $\lambda_5 = 0$，从而有 $\lambda_2 = \lambda_3 = \lambda_4 = 0$，故式①成立当且仅当 $\lambda_2 = \lambda_3 = \lambda_4 = \lambda_5 = 0$，得证 $\boldsymbol{\alpha}_2, \boldsymbol{\alpha}_3, \boldsymbol{\alpha}_4, \boldsymbol{\alpha}_5$ 线性无关.

同理可证：$\boldsymbol{\alpha}_1, \boldsymbol{\alpha}_3, \boldsymbol{\alpha}_4, \boldsymbol{\alpha}_5$；$\boldsymbol{\alpha}_1, \boldsymbol{\alpha}_2, \boldsymbol{\alpha}_4, \boldsymbol{\alpha}_5$；$\boldsymbol{\alpha}_1, \boldsymbol{\alpha}_2, \boldsymbol{\alpha}_3, \boldsymbol{\alpha}_5$ 线性无关. 因此，$\boldsymbol{\alpha}_1, \boldsymbol{\alpha}_2, \boldsymbol{\alpha}_3, \boldsymbol{\alpha}_4, \boldsymbol{\alpha}_5$ 中任意四个向量都线性无关.

方法2：利用等价向量组等秩的结论.

不妨取四个向量为 $\boldsymbol{\alpha}_1, \boldsymbol{\alpha}_3, \boldsymbol{\alpha}_4, \boldsymbol{\alpha}_5$，向量组 S_1：$\boldsymbol{\alpha}_2, \boldsymbol{\alpha}_3, \boldsymbol{\alpha}_4, \boldsymbol{\alpha}_5$ 和向量组 S：$\boldsymbol{\alpha}_1, \boldsymbol{\alpha}_2, \boldsymbol{\alpha}_3, \boldsymbol{\alpha}_4 S_1$ 中任一向量均可由 S 线性表示，下证 S 中的向量可由 S_1 线性表出(其中，$\boldsymbol{\alpha}_2, \boldsymbol{\alpha}_3, \boldsymbol{\alpha}_4$ 显然；由已知 $\boldsymbol{\alpha}_5 = k_1\boldsymbol{\alpha}_1 + k_2\boldsymbol{\alpha}_2 + k_3\boldsymbol{\alpha}_3 + k_4\boldsymbol{\alpha}_4$，其中，$k_i \neq 0$，$i = 1, 2, 3, 4$，故 $\boldsymbol{\alpha}_1 = \frac{1}{k_1}(\boldsymbol{\alpha}_5 - k_2\boldsymbol{\alpha}_2 - k_3\boldsymbol{\alpha}_3 - k_4\boldsymbol{\alpha}_4)$). 所以　S 可由 S_1 线性表示，从而 S_1 与 S 等价.

又因为已知 $\boldsymbol{\alpha}_1, \boldsymbol{\alpha}_2, \boldsymbol{\alpha}_3, \boldsymbol{\alpha}_4$ 线性无关，故 $\mathrm{r}(\boldsymbol{S}) = 4$，而等价向量组等秩，故 $\mathrm{r}(\boldsymbol{S}_1) = \mathrm{r}(\boldsymbol{S}) = 4$，$\boldsymbol{S}_1$ 只有四个向量，故四个向量 $\boldsymbol{\alpha}_2, \boldsymbol{\alpha}_3, \boldsymbol{\alpha}_4, \boldsymbol{\alpha}_5$ 线性无关.

同理可证：$\boldsymbol{\alpha}_1, \boldsymbol{\alpha}_3, \boldsymbol{\alpha}_4, \boldsymbol{\alpha}_5$；$\boldsymbol{\alpha}_1, \boldsymbol{\alpha}_2, \boldsymbol{\alpha}_4, \boldsymbol{\alpha}_5$；$\boldsymbol{\alpha}_1, \boldsymbol{\alpha}_2, \boldsymbol{\alpha}_3, \boldsymbol{\alpha}_5$ 线性无关. 因此 $\boldsymbol{\alpha}_1, \boldsymbol{\alpha}_2, \boldsymbol{\alpha}_3, \boldsymbol{\alpha}_4, \boldsymbol{\alpha}_5$ 中任取四个均线性无关.

方法3：用反证法.

设任取四个向量为 $\boldsymbol{\alpha}_2, \boldsymbol{\alpha}_3, \boldsymbol{\alpha}_4, \boldsymbol{\alpha}_5$ 且假设线性相关，则至少有一个向量 $\boldsymbol{\alpha}_j(2 \leqslant j \leqslant 5)$ 可由其余向量线性表出. 而已知 $\boldsymbol{\alpha}_5 = k_1\boldsymbol{\alpha}_1 + k_2\boldsymbol{\alpha}_3 + k_3\boldsymbol{\alpha}_3 + k_4\boldsymbol{\alpha}_4$，$k_i \neq 0$，$i = 1, 2, 3, 4$，$\boldsymbol{\alpha}_1, \boldsymbol{\alpha}_2, \boldsymbol{\alpha}_3, \boldsymbol{\alpha}_4$ 线性无关，故上述表示法唯一.

若 $\boldsymbol{\alpha}_j$ 为 $\boldsymbol{\alpha}_5$，则可推得 $k_1 = 0$；若 $\boldsymbol{\alpha}_j$ 不是 $\boldsymbol{\alpha}_5$，不妨设 $\boldsymbol{\alpha}_j$ 为 $\boldsymbol{\alpha}_2$，则存在不全为0的常数 $\lambda_3, \lambda_4, \lambda_5$，使得 $\boldsymbol{\alpha}_2 = \lambda_3\boldsymbol{\alpha}_3 + \lambda_4\boldsymbol{\alpha}_4 + \lambda_5\boldsymbol{\alpha}_5$，又由 $\boldsymbol{\alpha}_1, \boldsymbol{\alpha}_2, \boldsymbol{\alpha}_3, \boldsymbol{\alpha}_4$ 线性无关，故必有 $\lambda_5 \neq 0$，从而 $\boldsymbol{\alpha}_5 = \frac{1}{\lambda_5}\boldsymbol{\alpha}_2 - \frac{\lambda_3}{\lambda_5}\boldsymbol{\alpha}_3 - \frac{\lambda_4}{\lambda_5}\boldsymbol{\alpha}_4$，故 $k_1 = 0$. 这和 k_1, k_2, k_3, k_4 全不为零矛盾，故 $\boldsymbol{\alpha}_2, \boldsymbol{\alpha}_3, \boldsymbol{\alpha}_4, \boldsymbol{\alpha}_5$ 线性无关，同理可证其他情形仍成立.

故：结论成立.

例7　设向量 $\boldsymbol{\beta}$ 可由向量组 $\boldsymbol{\alpha}_1, \boldsymbol{\alpha}_2, \cdots, \boldsymbol{\alpha}_m$ 线性表示，但不能由向量组 $\boldsymbol{\alpha}_1, \boldsymbol{\alpha}_2, \cdots, \boldsymbol{\alpha}_{m-1}$ 线性表示. 求证：$\boldsymbol{\alpha}_m$ 可由向量组 $\boldsymbol{\alpha}_1, \boldsymbol{\alpha}_2, \cdots, \boldsymbol{\alpha}_{m-1}, \boldsymbol{\beta}$ 线性表示.

证　因为 $\boldsymbol{\beta}$ 可由 $\boldsymbol{\alpha}_1, \boldsymbol{\alpha}_2, \cdots, \boldsymbol{\alpha}_m$ 线性表示，设

$$\boldsymbol{\beta} = k_1\boldsymbol{\alpha}_1 + k_2\boldsymbol{\alpha}_2 + \cdots + k_{m-1}\boldsymbol{\alpha}_{m-1} + k_m\boldsymbol{\alpha}_m.$$

又因为 $\boldsymbol{\beta}$ 不能由 $\boldsymbol{\alpha}_1, \boldsymbol{\alpha}_2, \cdots, \boldsymbol{\alpha}_{m-1}$ 线性表示，所以 $k_m \neq 0$，故

$$\boldsymbol{\alpha}_m = \frac{1}{k_m}(\boldsymbol{\beta} - k_1\boldsymbol{\alpha}_1 - k_2\boldsymbol{\alpha}_2 - \cdots - k_{m-1}\boldsymbol{\alpha}_{m-1})$$

即 $\boldsymbol{\alpha}_m$ 可由 $\boldsymbol{\alpha}_1, \boldsymbol{\alpha}_2, \cdots, \boldsymbol{\alpha}_{m-1}, \boldsymbol{\beta}$ 线性表示.

例8　设 $\boldsymbol{A}$ 是 $n \times m$ 矩阵，$\boldsymbol{B}$ 是 $m \times n$ 矩阵，其中 $n < m$，$\boldsymbol{E}$ 是 n 阶单位矩阵，若 $\boldsymbol{AB} = \boldsymbol{E}$，证明 $\boldsymbol{B}$ 的列向量组线性无关.

证　方法1：用定义证明

设 $\boldsymbol{B} = [\boldsymbol{\beta}_1, \boldsymbol{\beta}_2, \cdots, \boldsymbol{\beta}_n]$，其中 $\boldsymbol{\beta}_i$ 是 $\boldsymbol{B}$ 的第 i 个列向量，若

$$x_1\boldsymbol{\beta}_1 + x_2\boldsymbol{\beta}_2 + \cdots + x_n\boldsymbol{\beta}_n = 0$$

即

$$[\boldsymbol{\beta}_1, \boldsymbol{\beta}_2, \cdots, \boldsymbol{\beta}_n]\begin{bmatrix} x_1 \\ x_2 \\ \vdots \\ x_n \end{bmatrix} = \boldsymbol{BX} = O$$

其中 $\boldsymbol{X}=[x_1, x_2, \cdots, x_n]^{\mathrm{T}}$，上式两边左乘 $\boldsymbol{A}$，得 $\boldsymbol{ABX}=\boldsymbol{O}$，又因为 $\boldsymbol{AB}=\boldsymbol{E}$，所以 $\boldsymbol{X}=[x_1, x_2, \cdots, x_n]^{\mathrm{T}}=\boldsymbol{O}$，即 $x_1=x_2=\cdots=x_n=0$，所以，$\boldsymbol{B}$ 的列向量组 $\boldsymbol{\beta}_1, \boldsymbol{\beta}_2, \cdots, \boldsymbol{\beta}_n$ 线性无关.

方法 2：利用矩阵的秩证明

因为 $r(\boldsymbol{B})\leqslant\min\{m, n\}\leqslant n$，且 $r(\boldsymbol{B})\geqslant r(\boldsymbol{AB})=r(\boldsymbol{E})=n$，所以 $r(\boldsymbol{B})=n$，所以 $\boldsymbol{B}$ 的列向量组线性无关.

方法 3：反证法

设 $\boldsymbol{B}$ 的 n 个列向量组成的列向量组线性相关，从而 $r(\boldsymbol{B})<n$，于是有 $n=r(\boldsymbol{E})=r(\boldsymbol{AB})\leqslant r(\boldsymbol{B})<n$，矛盾，所以 $\boldsymbol{B}$ 的列向量组线性无关.

注：关于向量组的线性相关与线性无关，可以从向量组、矩阵和线性方程组几个角度去考虑，应用不同的性质，证明出结果.

例 9　已知向量组 $\boldsymbol{\alpha}_1=[1, 2, 1, 0]^{\mathrm{T}}$，$\boldsymbol{\alpha}_2=[1, 1, 2, 1]^{\mathrm{T}}$，$\boldsymbol{\alpha}_3=[1, -1, -1, 2]^{\mathrm{T}}$，$\boldsymbol{\alpha}_4=[0, 1, 1, 3]^{\mathrm{T}}$，证明 $\boldsymbol{\alpha}_1, \boldsymbol{\alpha}_2, \boldsymbol{\alpha}_3, \boldsymbol{\alpha}_4$ 是 R^4 的一个基，并求向量 $\boldsymbol{\beta}=[5, 1, 2, 3]^{\mathrm{T}}$ 在该基下的坐标.

分析：因为 R^4 的维数是 4，所以要证 $\boldsymbol{\alpha}_1, \boldsymbol{\alpha}_2, \boldsymbol{\alpha}_3, \boldsymbol{\alpha}_4$ 是 R^4 的一个基，只需证 $\boldsymbol{\alpha}_1, \boldsymbol{\alpha}_2, \boldsymbol{\alpha}_3, \boldsymbol{\alpha}_4$ 线性无关即可. 要求 $\boldsymbol{\beta}$ 在基 $\boldsymbol{\alpha}_1, \boldsymbol{\alpha}_2, \boldsymbol{\alpha}_3, \boldsymbol{\alpha}_4$ 下的坐标可有两种求法：一是求出 $\boldsymbol{\beta}$ 由 $\boldsymbol{\alpha}_1, \boldsymbol{\alpha}_2, \boldsymbol{\alpha}_3, \boldsymbol{\alpha}_4$ 表示的表示式，则表示式的系数即为所求；二是用坐标变换公式，通过单位坐标向量构成的 R^4 的标准正交基 $\boldsymbol{\varepsilon}_1, \boldsymbol{\varepsilon}_2, \boldsymbol{\varepsilon}_3, \boldsymbol{\varepsilon}_4$ 来求.

证明　方法 1　对矩阵 $[\boldsymbol{\alpha}_1, \boldsymbol{\alpha}_2, \boldsymbol{\alpha}_3, \boldsymbol{\alpha}_4, \boldsymbol{\beta}]$ 做初等行变换：

$$[\boldsymbol{\alpha}_1, \boldsymbol{\alpha}_2, \boldsymbol{\alpha}_3, \boldsymbol{\alpha}_4, \boldsymbol{\beta}]=\begin{bmatrix}1&1&1&0&5\\2&1&-1&1&1\\1&2&-1&1&2\\0&1&2&3&3\end{bmatrix}\xrightarrow[r_3-r_1]{r_2-2r_1}\begin{bmatrix}1&1&1&0&5\\0&-1&-3&1&-9\\0&1&-2&1&-3\\0&1&2&3&3\end{bmatrix}$$

$$\xrightarrow[\substack{r_4+r_2\\r_1+r_2}]{r_3+r_2}\begin{bmatrix}1&0&-2&1&-4\\0&-1&-3&1&-9\\0&0&-5&2&-12\\0&0&-1&4&-6\end{bmatrix}\xrightarrow[\substack{r_2-3r_4\\r_1-2r_4}]{r_3-5r_4}\begin{bmatrix}1&0&0&-7&8\\0&-1&0&-11&9\\0&0&0&-18&18\\0&0&-1&4&-6\end{bmatrix}$$

$$\xrightarrow[\substack{r_2-\frac{11}{18}r_3\\r_4+\frac{4}{18}r_3}]{r_1-\frac{7}{18}r_3}\begin{bmatrix}1&0&0&0&1\\0&-1&0&0&-2\\0&0&0&-18&18\\0&0&-1&0&-2\end{bmatrix}$$

$$\xrightarrow{r_3\leftrightarrow r_4}\begin{bmatrix}1&0&0&0&1\\0&-1&0&0&-2\\0&0&-1&0&-2\\0&0&0&-18&18\end{bmatrix}\xrightarrow[\substack{(-1)r_3\\-\frac{1}{18}r_4}]{(-1)r_2}\begin{bmatrix}1&0&0&0&1\\0&1&0&0&2\\0&0&1&0&2\\0&0&0&1&-1\end{bmatrix}.$$

由此可见，$r(\boldsymbol{\alpha}_1, \boldsymbol{\alpha}_2, \boldsymbol{\alpha}_3, \boldsymbol{\alpha}_4)=4$，所以 $\boldsymbol{\alpha}_1, \boldsymbol{\alpha}_2, \boldsymbol{\alpha}_3, \boldsymbol{\alpha}_4$ 线性无关，故 $\boldsymbol{\alpha}_1, \boldsymbol{\alpha}_2, \boldsymbol{\alpha}_3, \boldsymbol{\alpha}_4$ 是 R^4 的一个基. 又由上述最后一个矩阵可知，$\boldsymbol{\beta}=\boldsymbol{\alpha}_1+2\boldsymbol{\alpha}_2+2\boldsymbol{\alpha}_3-\boldsymbol{\alpha}_4$，即 $\boldsymbol{\beta}$ 在基 $\boldsymbol{\alpha}_1, \boldsymbol{\alpha}_2, \boldsymbol{\alpha}_3, \boldsymbol{\alpha}_4$ 下的

坐标是1，2，2，−1.

方法2 用坐标变换公式来求$\boldsymbol{\beta}$在基$\boldsymbol{\alpha}_1$，$\boldsymbol{\alpha}_2$，$\boldsymbol{\alpha}_3$，$\boldsymbol{\alpha}_4$下的坐标. 设ε_1，ε_2，ε_3，ε_4是R^4的单位坐标向量构成的单位基，则

$$[\boldsymbol{\alpha}_1,\boldsymbol{\alpha}_2,\boldsymbol{\alpha}_3,\boldsymbol{\alpha}_4]=[\boldsymbol{\varepsilon}_1,\boldsymbol{\varepsilon}_2,\boldsymbol{\varepsilon}_3,\boldsymbol{\varepsilon}_4]\begin{bmatrix}1&1&1&0\\2&1&-1&1\\1&2&-1&1\\0&1&2&3\end{bmatrix},$$

且$\boldsymbol{\beta}$在基$\boldsymbol{\varepsilon}_1$，$\boldsymbol{\varepsilon}_2$，$\boldsymbol{\varepsilon}_3$，$\boldsymbol{\varepsilon}_4$下的坐标是5，1，2，3.

设$\boldsymbol{\beta}$在基$\boldsymbol{\alpha}_1$，$\boldsymbol{\alpha}_2$，$\boldsymbol{\alpha}_3$，$\boldsymbol{\alpha}_4$下的坐标是y_1，y_2，y_3，y_4，则

$$\begin{bmatrix}y_1\\y_2\\y_3\\y_4\end{bmatrix}=\begin{bmatrix}1&1&1&0\\2&1&-1&1\\1&2&-1&1\\0&1&2&3\end{bmatrix}^{-1}\begin{bmatrix}5\\1\\2\\3\end{bmatrix}=\frac{1}{18}\begin{bmatrix}5&10&-7&-1\\5&-8&11&-1\\8&-2&-4&2\\-7&4&-1&5\end{bmatrix}\begin{bmatrix}5\\1\\2\\3\end{bmatrix}=\begin{bmatrix}1\\2\\2\\-1\end{bmatrix}.$$

所以$\boldsymbol{\beta}$在基$\boldsymbol{\alpha}_1$，$\boldsymbol{\alpha}_2$，$\boldsymbol{\alpha}_3$，$\boldsymbol{\alpha}_4$下的坐标是1，2，2，−1.

注 若向量空间V的维数是r，则V中任意r个线性无关的向量都是V的基.

例10 求齐次线性方程组

$$\begin{cases}x_1+x_2-3x_4-x_5=0,\\x_1-x_2+2x_3-x_4=0,\\4x_1-2x_2+6x_3+3x_4-4x_5=0,\\2x_1+4x_2-2x_3+4x_4-7x_5=0\end{cases}$$

的基础解系和通解.

解 将系数矩阵用高斯消元法化成行阶梯形矩阵

$$\boldsymbol{A}=\begin{bmatrix}1&1&0&-3&-1\\1&-1&2&-1&0\\4&-2&6&3&-4\\2&4&-2&4&-7\end{bmatrix}\xrightarrow[r_4-2r_1]{\substack{r_2-r_1\\r_3-4r_1}}\begin{bmatrix}1&1&0&-3&-1\\0&-2&2&2&1\\0&-6&6&15&0\\0&2&-2&10&-5\end{bmatrix}$$

$$\xrightarrow[r_4+r_2]{r_3-3r_2}\begin{bmatrix}1&1&0&-3&-1\\0&-2&2&2&1\\0&0&0&9&-3\\0&0&0&12&-4\end{bmatrix}\xrightarrow[\frac{1}{3}r_3]{r_4-\frac{4}{3}r_3}\begin{bmatrix}1&1&0&-3&-1\\0&-2&2&2&1\\0&0&0&3&-1\\0&0&0&0&0\end{bmatrix}$$

因为 $r(A)=3<5$

所以 齐次线性方程组有无数解. 将矩阵进一步化简得：

$$\begin{bmatrix}1&1&0&-3&-1\\0&-2&2&2&1\\0&0&0&3&-1\\0&0&0&0&0\end{bmatrix}\xrightarrow[\frac{1}{3}r_3]{-\frac{1}{2}r_2}\begin{bmatrix}1&1&0&-3&-1\\0&1&-1&-1&-\frac{1}{2}\\0&0&0&1&-\frac{1}{3}\\0&0&0&0&0\end{bmatrix}$$

$$\xrightarrow{r_1 - r_2}\begin{bmatrix} 1 & 0 & 1 & -2 & -\frac{1}{2} \\ 0 & 1 & -1 & -1 & -\frac{1}{2} \\ 0 & 0 & 0 & 1 & -\frac{1}{3} \\ 0 & 0 & 0 & 0 & 0 \end{bmatrix}\xrightarrow[r_1 + 2r_3]{r_2 + r_3}\begin{bmatrix} 1 & 0 & 1 & 0 & -\frac{7}{6} \\ 0 & 1 & -1 & 0 & -\frac{5}{6} \\ 0 & 0 & 0 & 1 & -\frac{1}{3} \\ 0 & 0 & 0 & 0 & 0 \end{bmatrix} = \boldsymbol{C}.$$

方程组同解于

$$\begin{cases} x_1 + x_3 - \frac{7}{6}x_5 = 0 \\ x_2 - x_3 - \frac{5}{6}x_5 = 0 \\ x_4 - \frac{1}{3}x_5 = 0 \end{cases}$$

于是

$$\begin{cases} x_1 = -x_3 + \frac{7}{6}x_5 \\ x_2 = x_3 + \frac{5}{6}x_5 \\ x_4 = \frac{1}{3}x_5 \end{cases}$$

先求基础解系，后求通解.

取 x_3，x_5 为自由未知量，对其赋值(1, 0)及(0, 3)得基础解系 $\boldsymbol{\xi}_1 = [-1, 1, 1, 0, 0]^{\mathrm{T}}$，$\boldsymbol{\xi}_2 = [\frac{7}{2}, \frac{5}{2}, 0, 1, 3]^{\mathrm{T}}$.

因此，方程组的通解为

$$\boldsymbol{\xi} = k_1\boldsymbol{\xi}_1 + k_2\boldsymbol{\xi}_2,$$

其中 k_1，k_2 是任意常数.

例 11 线性方程组

$$\begin{cases} x_1 + x_2 + x_3 + x_4 + x_5 = 1, \\ 3x_1 + 2x_2 + x_3 + x_4 - 3x_5 = a, \\ x_2 + 2x_3 + 2x_4 + 6x_5 = 3, \\ 5x_1 + 4x_2 + 3x_3 + 3x_4 - x_5 = b. \end{cases}$$

a，b 为何值时，方程组无解？a，b 为何值时，方程组有解？有解时，求出方程组的全部解.

解 将方程组的增广矩阵$[\boldsymbol{A} \mid \boldsymbol{b}]$作初等行变换：

$$[\boldsymbol{A} \mid \boldsymbol{b}] = \left[\begin{array}{ccccc:c} 1 & 1 & 1 & 1 & 1 & 1 \\ 3 & 2 & 1 & 1 & -3 & a \\ 0 & 1 & 2 & 2 & 6 & 3 \\ 5 & 4 & 3 & 3 & -1 & b \end{array}\right] \longrightarrow \left[\begin{array}{ccccc:c} 1 & 1 & 1 & 1 & 1 & 1 \\ 0 & -1 & -2 & -2 & -6 & a-3 \\ 0 & 1 & 2 & 2 & 6 & 3 \\ 0 & -1 & -2 & -2 & -6 & b-5 \end{array}\right]$$

$$\longrightarrow\left[\begin{array}{ccccc:c}1&1&1&1&1&1\\0&1&2&2&6&3\\0&0&0&0&0&a\\0&0&0&0&0&b-2\end{array}\right]\longrightarrow\left[\begin{array}{ccccc:c}1&0&-1&-1&-5&-2\\0&1&2&2&6&3\\0&0&0&0&0&a\\0&0&0&0&0&b-2\end{array}\right].$$

(1)$a\neq0$ 或 $b\neq2$, $r(\boldsymbol{A})=2\neq r(\boldsymbol{A}\mid\boldsymbol{b})=3$, 方程组无解.

(2)$a=0$ 且 $b=2$ 时, $r(\boldsymbol{A})=2=r(\boldsymbol{A}\mid\boldsymbol{b})$, 方程组有无穷多解. 此时, 方程组等价于$\begin{cases}x_1=x_3+x_4+5x_5-2\\x_2=-2x_3-2x_4-6x_5+3\end{cases}$

将自由未知量 x_3, x_4, x_5 分别赋值(1, 0, 0), (0, 1, 0), (0, 0, 1), 求得对应齐次方程组的基础解系为

$$\boldsymbol{\xi}_1=[1,\ -2,\ 1,\ 0,\ 0]^{\mathrm{T}},$$
$$\boldsymbol{\xi}_2=[1,\ -2,\ 0,\ 1,\ 0]^{\mathrm{T}},$$
$$\boldsymbol{\xi}_3=[5,\ -6,\ 0,\ 0,\ 1]^{\mathrm{T}}.$$

将自由未知量 x_3, x_4, x_5 赋值(0, 0, 0), 求得非齐次方程组的一个特解

$$\boldsymbol{\eta}=[-2,\ 3,\ 0,\ 0,\ 0]^{\mathrm{T}}$$

因此, 方程组的通解为

$$x=k_1\boldsymbol{\xi}_1+k_2\boldsymbol{\xi}_2+k_3\boldsymbol{\xi}_3+\boldsymbol{\eta},$$

其中 k_1, k_2, k_3 是任意常数.

例12　设四元非齐次线性方程组 $\boldsymbol{A}x=\boldsymbol{b}$ 的系数矩阵 $\boldsymbol{A}$ 的秩 $\boldsymbol{R}(\boldsymbol{A})=3$, $\boldsymbol{\eta}_1$, $\boldsymbol{\eta}_2$, $\boldsymbol{\eta}_3$ 为它的解, 且

$$\boldsymbol{\eta}_1=\begin{bmatrix}2\\0\\0\\5\end{bmatrix},\ \boldsymbol{\eta}_2+\boldsymbol{\eta}_3=\begin{bmatrix}2\\0\\0\\6\end{bmatrix},$$

求方程组 $\boldsymbol{A}x=\boldsymbol{b}$ 的通解.

分析: 因为 $\boldsymbol{\eta}_1$ 为方程组 $\boldsymbol{A}x=\boldsymbol{b}$ 的解, 即为它的特解, 故要求方程组 $\boldsymbol{A}x=\boldsymbol{b}$ 的通解, 只需求出对应的齐次线性方程组 $\boldsymbol{A}x=\boldsymbol{0}$ 的基础解系即可.

解　因为 $R(\boldsymbol{A})=4-3=1$, 所以齐次线性方程组 $\boldsymbol{A}x=\boldsymbol{0}$ 的基础解系只含有一个解向量, 又 $\boldsymbol{\eta}_1$, $\boldsymbol{\eta}_2$, $\boldsymbol{\eta}_3$ 为非齐次线性方程组 $\boldsymbol{A}x=\boldsymbol{b}$ 的解, 所以有

$$\boldsymbol{A}[2\boldsymbol{\eta}_1-(\boldsymbol{\eta}_2+\boldsymbol{\eta}_3)]=2\boldsymbol{A}\boldsymbol{\eta}_1-\boldsymbol{A}\boldsymbol{\eta}_2-\boldsymbol{A}\boldsymbol{\eta}_3=2\boldsymbol{b}-\boldsymbol{b}-\boldsymbol{b}=\boldsymbol{0},$$

从而可知 $\boldsymbol{\xi}=2\boldsymbol{\eta}_1-(\boldsymbol{\eta}_2+\boldsymbol{\eta}_3)$ 为齐次线性方程组 $\boldsymbol{Ax}=\boldsymbol{0}$ 的解.

$$\boldsymbol{\xi}=2\boldsymbol{\eta}_1-(\boldsymbol{\eta}_2+\boldsymbol{\eta}_3)=\begin{bmatrix}4\\0\\0\\10\end{bmatrix}-\begin{bmatrix}2\\0\\0\\6\end{bmatrix}=\begin{bmatrix}2\\0\\0\\4\end{bmatrix}.$$

由于 $\boldsymbol{\xi}\neq0$, 故可作为齐次线性方程组 $\boldsymbol{A}x=\boldsymbol{0}$ 的基础解系, 从而非齐次线性方程组 $\boldsymbol{A}x=\boldsymbol{b}$ 的通解为

$$x = c\boldsymbol{\xi} + \boldsymbol{\eta}_1 = c\begin{bmatrix}2\\0\\0\\4\end{bmatrix} + \begin{bmatrix}2\\0\\0\\5\end{bmatrix} \quad (c\text{ 为任意常数}).$$

例 13 设线性方程组$\begin{cases}x_1 + 2x_2 - 2x_3 = 0\\ 2x_1 - x_2 + \lambda x_3 = 0\\ 3x_1 + x_2 - x_3 = 0\end{cases}$的系数矩阵为 $\boldsymbol{A}$，3 阶矩阵 $\boldsymbol{B} \neq \boldsymbol{O}$，且 $\boldsymbol{AB} = \boldsymbol{O}$，试求 λ 值.

分析：由 $\boldsymbol{AB} = \boldsymbol{O}$ 及 $\boldsymbol{B} \neq \boldsymbol{O}$ 可知，齐次线性方程组 $\boldsymbol{AX} = \boldsymbol{O}$ 有非零解，从而 $|\boldsymbol{A}| = 0$，可求 λ.

解 设 $\boldsymbol{B} = [\boldsymbol{\beta}_1, \boldsymbol{\beta}_2, \boldsymbol{\beta}_3]$，$\boldsymbol{\beta}_i (i = 1, 2, 3)$ 为 3 维列向量，由于 $\boldsymbol{B} \neq \boldsymbol{O}$，所以到少有一个非零列向量，不妨设 $\boldsymbol{\beta}_1 \neq 0$，由于

$$\boldsymbol{AB} = \boldsymbol{A}[\boldsymbol{\beta}_1, \boldsymbol{\beta}_2, \boldsymbol{\beta}_3] = [\boldsymbol{A\beta}_1, \boldsymbol{A\beta}_2, \boldsymbol{A\beta}_3] = [\boldsymbol{O}, \boldsymbol{O}, \boldsymbol{O}],$$

从而 $\boldsymbol{A\beta}_1 = \boldsymbol{O}$，即 $\boldsymbol{\beta}_1$ 为齐次线性方程组 $\boldsymbol{AX} = \boldsymbol{O}$ 的非零解.

于是，$|\boldsymbol{A}| = \begin{vmatrix}1 & 2 & -2\\ 2 & -1 & \lambda\\ 3 & 1 & -1\end{vmatrix} = 0 \Rightarrow 5(\lambda - 1) = 0 \Rightarrow \lambda = 1.$

例 14 设 $\boldsymbol{\alpha}, \boldsymbol{\beta}$ 为三维列向量，矩阵 $\boldsymbol{A} = \boldsymbol{\alpha\alpha}^{\mathrm{T}} + \boldsymbol{\beta\beta}^{\mathrm{T}}$，其中 $\boldsymbol{\alpha}^{\mathrm{T}}$ 为 $\boldsymbol{\alpha}$ 的转置，$\boldsymbol{\beta}^{\mathrm{T}}$ 为 $\boldsymbol{\beta}$ 的转置.

(1)证明 $r(\boldsymbol{A}) \leqslant 2$；

(2)若 $\boldsymbol{\alpha}, \boldsymbol{\beta}$ 线性相关，则 $r(\boldsymbol{A}) < 2$.

证明 (1)$\boldsymbol{\alpha}, \boldsymbol{\beta}$ 为三维列向量，则 $r(\boldsymbol{\alpha\alpha}^{\mathrm{T}}) \leqslant r(\boldsymbol{\alpha}) \leqslant 1$，$r(\boldsymbol{\beta\beta}^{\mathrm{T}}) \leqslant r(\boldsymbol{\beta}) \leqslant 1$，

$r(\boldsymbol{A}) = r(\boldsymbol{\alpha\alpha}^{\mathrm{T}} + \boldsymbol{\beta\beta}^{\mathrm{T}}) \leqslant r(\boldsymbol{\alpha\alpha}^{\mathrm{T}}) + r(\boldsymbol{\beta\beta}^{\mathrm{T}}) \leqslant 1 + 1 = 2$，即 $r(\boldsymbol{A}) \leqslant 2$

(2)已知 $\boldsymbol{\alpha}, \boldsymbol{\beta}$ 线性相关，不妨设 $\boldsymbol{\beta} = k\boldsymbol{\alpha}$，则

$r(\boldsymbol{A}) = r(\boldsymbol{\alpha\alpha}^{\mathrm{T}} + \boldsymbol{\beta\beta}^{\mathrm{T}}) = r(\boldsymbol{\alpha\alpha}^{\mathrm{T}} + (k\boldsymbol{\alpha})(k\boldsymbol{\alpha})^{\mathrm{T}}) = r((1 + k^2)\boldsymbol{\alpha\alpha}^{\mathrm{T}}) = r(\boldsymbol{\alpha\alpha}^{\mathrm{T}}) \leqslant 1 < 2$，

即有 $r(\boldsymbol{A}) < 2$.

例 15 已知两个方程四个未知量的齐次线性方程组的通解为

$\boldsymbol{X} = k_1[1, 0, 2, 3]^{\mathrm{T}} + k_2[0, 1, -1, 1]^{\mathrm{T}}$，求原方程组.

解 设两个方程四个未知量的齐次线性方程组为

$$\boldsymbol{A}_{2\times 4}\boldsymbol{X} = \boldsymbol{0}.$$

其通解 $\boldsymbol{X} = k_1[1, 0, 2, 3]^{\mathrm{T}} + k_2[0, 1, -1, 1]^{\mathrm{T}} \xlongequal{\text{记为}} k_1\boldsymbol{\xi}_1 + k_2\boldsymbol{\xi}_2$，

则有 $\boldsymbol{A}(\boldsymbol{\xi}_1, \boldsymbol{\xi}_2) = \boldsymbol{O}$.

两边转置，得$\begin{bmatrix}\boldsymbol{\xi}_1^{\mathrm{T}}\\ \boldsymbol{\xi}_2^{\mathrm{T}}\end{bmatrix}\boldsymbol{A}^{\mathrm{T}} = \boldsymbol{O}$.

即以原方程组的基础解系作新的方程组的系数矩阵的行向量，求解新的方程组，则新方程组的基础解系即是原方程组系数矩阵的行向量.

作方程组$\begin{bmatrix}\boldsymbol{\xi}_1^{\mathrm{T}}\\ \boldsymbol{\xi}_2^{\mathrm{T}}\end{bmatrix}\boldsymbol{Y} = \boldsymbol{0}$，即$\begin{cases}y_1 + 2y_3 + 3y_4 = 0,\\ y_2 - y_3 + y_4 = 0.\end{cases}$ (∗)

记
$$B=\begin{bmatrix}1&0&2&3\\0&1&-1&1\end{bmatrix},$$
求得方程组(∗)的基础系为$\boldsymbol{\eta}_1=[-2,1,1,0]^{\mathrm T}$，$\boldsymbol{\eta}_2=[-3,-1,0,1]^{\mathrm T}$，故原方程组为
$$\begin{cases}-2x_1+x_2+x_3=0,\\-3x_1-x_2+x_4=0.\end{cases}$$

例16　$\boldsymbol{A}$是$n\times n$矩阵，对任何n维列向量$\boldsymbol{X}$都有$\boldsymbol{AX}=\boldsymbol{0}$，证明$\boldsymbol{A}=\boldsymbol{O}$.

分析： 证明$\boldsymbol{A}=\boldsymbol{O}$，可设法证明$r(\boldsymbol{A})=0$，也可直接证明$\boldsymbol{A}=\boldsymbol{O}$，或者通过$\boldsymbol{A}$的元素$a_{ij}=0$ $(i=1,2,\cdots,n)$来证明.

证明

方法1：因对任何$\boldsymbol{X}$均有$\boldsymbol{AX}=\boldsymbol{0}$，全体$n$维向量中，线性无关向量个数是$n$，故方程基础解系向量个数为$n$，又$\mathrm{r}(\boldsymbol{A})$+基础解系向量个数$=n$(未知量个数)，故有$\mathrm{r}(\boldsymbol{A})=0$，即$\boldsymbol{A}=\boldsymbol{O}$.

方法2：因对任何$\boldsymbol{X}$均有$\boldsymbol{AX}=\boldsymbol{0}$，故有$\boldsymbol{A\varepsilon}_i=\boldsymbol{O}$，其中，$\boldsymbol{\varepsilon}_i=[0,\cdots,0,1,0,\cdots,0]^{\mathrm T}$，$i=1,2,\cdots,n$. 将$\boldsymbol{A\varepsilon}_1,\boldsymbol{A\varepsilon}_2,\cdots,\boldsymbol{A\varepsilon}_n$合并成分块矩阵，得证
$$[\boldsymbol{A\varepsilon}_1,\boldsymbol{A\varepsilon}_2,\cdots,\boldsymbol{A\varepsilon}_n]=\boldsymbol{A}[\boldsymbol{\varepsilon}_1,\boldsymbol{\varepsilon}_2,\cdots,\boldsymbol{\varepsilon}_n]=\boldsymbol{AE}=\boldsymbol{A}=\boldsymbol{O}.$$

方法3：由于对任何$\boldsymbol{X}$均有$\boldsymbol{AX}=\boldsymbol{0}$，取$\boldsymbol{X}=[1,0,\cdots,0]^{\mathrm T}$，由
$$\begin{bmatrix}a_{11}&a_{12}&\cdots&a_{1n}\\a_{21}&a_{22}&\cdots&a_{2n}\\\vdots&\vdots&&\vdots\\a_{n1}&a_{n2}&\cdots&a_{nn}\end{bmatrix}\begin{bmatrix}1\\0\\\vdots\\0\end{bmatrix}=\begin{bmatrix}0\\0\\\vdots\\0\end{bmatrix}$$
得$a_{11}=a_{21}=\cdots=a_{n1}=0$.

类似地，分别取$\boldsymbol{X}$为$\boldsymbol{\varepsilon}_1=[1,0,\cdots,0]^{\mathrm T}$，$\boldsymbol{\varepsilon}_2=[0,1,\cdots,0]^{\mathrm T}$，…，$\boldsymbol{\varepsilon}_n=[0,0,\cdots,1]^{\mathrm T}$，代入方程，可证得每个$a_{ij}=0$，故$\boldsymbol{A}=\boldsymbol{O}$.

例17　设$\boldsymbol{A}$是$n\times n$矩阵，$\boldsymbol{B}$是$n\times s$矩阵，且$r(\boldsymbol{B})=n$. 证明：(1)若$\boldsymbol{AB}=\boldsymbol{O}$，则$\boldsymbol{A}=\boldsymbol{O}$；(2)若$\boldsymbol{AB}=\boldsymbol{B}$，则$\boldsymbol{A}=\boldsymbol{E}$.

分析： (1)$\boldsymbol{AB}=\boldsymbol{O}$，则有①$\boldsymbol{B}$的列向量均是$\boldsymbol{AX}=\boldsymbol{0}$的解向量，②$\mathrm{r}(\boldsymbol{A})+\mathrm{r}(\boldsymbol{B})\leqslant n$.

(2)$\boldsymbol{AB}=\boldsymbol{B}$，即$(\boldsymbol{A}-\boldsymbol{E})\boldsymbol{B}=\boldsymbol{O}$.

证明　(1)方法1：因$\boldsymbol{AB}=\boldsymbol{O}$，故$r(\boldsymbol{A})+r(\boldsymbol{B})\leqslant n$. 又已知$r(\boldsymbol{B})=n$，故有$r(\boldsymbol{A})+r(\boldsymbol{B})=r(\boldsymbol{A})+n\leqslant n$，故$r(\boldsymbol{A})\leqslant 0$. 因$r(\boldsymbol{A})\geqslant 0$，故$r(\boldsymbol{A})=0$，从而$\boldsymbol{A}=\boldsymbol{O}$.

方法2：将$\boldsymbol{B}$按列分块，设$\boldsymbol{B}=[\boldsymbol{\beta}_1,\boldsymbol{\beta}_2,\cdots,\boldsymbol{\beta}_s]$，因$\mathrm{r}(\boldsymbol{B})=n$，故向量组$\boldsymbol{\beta}_1,\boldsymbol{\beta}_2,\cdots,\boldsymbol{\beta}_s$中有$n$个向量线性无关. 因$\boldsymbol{AB}=\boldsymbol{O}$，故知$\boldsymbol{\beta}_i(i=1,2,\cdots,s)$均是方程组$\boldsymbol{AX}=\boldsymbol{0}$的解向量，且至少有$n$个线性无关解，而

$r(\boldsymbol{A})$+线性无关解向量的个数$\leqslant n$(未知量个数)，

$r(\boldsymbol{A})\leqslant n-$线性无关解向量的个数$=n-n=0$，

又$r(\boldsymbol{A})\geqslant 0$，故$r(\boldsymbol{A})=0$，从而有$\boldsymbol{A}=\boldsymbol{O}$.

方法3：将$\boldsymbol{B}$按列分块，设$\boldsymbol{B}=[\boldsymbol{\beta}_1,\boldsymbol{\beta}_2,\cdots,\boldsymbol{\beta}_s]$. 由$\boldsymbol{AB}=\boldsymbol{O}$，得$\boldsymbol{A\beta}_i=\boldsymbol{0}(i=1,2,\cdots,s)$. 因$r(\boldsymbol{B})=n$，设$\boldsymbol{\beta}_{i1},\boldsymbol{\beta}_{i2},\cdots,\boldsymbol{\beta}_{in}$是$\boldsymbol{B}$的列向量组的极大线性无关组，合并成矩阵，并记为$\boldsymbol{C}=[\boldsymbol{\beta}_{i1},\boldsymbol{\beta}_{i2},\cdots,\boldsymbol{\beta}_{in}]$，则$\boldsymbol{C}$是可逆矩阵，且有
$$\boldsymbol{AC}=\boldsymbol{O}.$$

上式两边右乘 C^{-1}，得证 $ACC^{-1}=AE=A=O$.

(2) $AB=B$，即 $AB-B=(A-E)B=O$.

由(1)知 $A-E=O$，从而得证 $A=E$.

例 18 给出如图 3－1 所示的高速公路网络的流量模式，当流量为 x_4 的路面关闭即 $x_4=0$ 时，x_1 的最小值是多少？

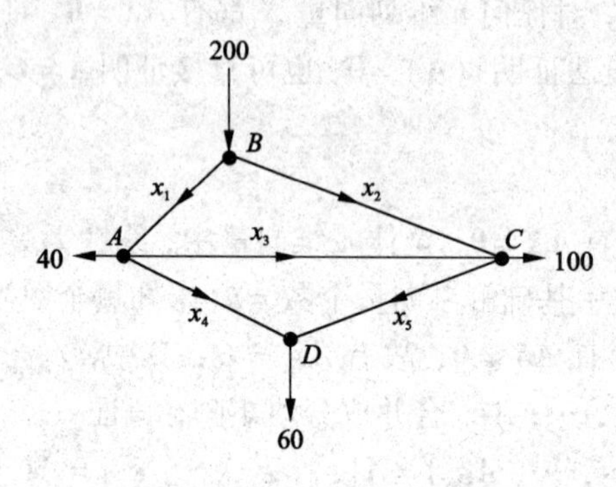

图 3－1 高速公路网络的流量模式

解 根据网络流模型的基本假设，在节点 A、B、C、D 处，可分别得到如下方程

A：$x_1=40+x_3+x_4$ B：$200=x_1+x_2$

C：$x_2+x_3=100+x_5$ D：$x_4+x_5=60$

此外，该网络的总流入(200)等于网络的总流出(40+100+60)，得到如下方程组：

$$\begin{cases}x_1-x_3-x_4=40\\x_1+x_2=200\\x_2+x_3-x_5=100\\x_4+x_5=60\end{cases},$$

对增广矩阵施行初等行变换：

$$\begin{bmatrix}1&0&-1&-1&0&40\\1&1&0&0&0&200\\0&1&1&0&-1&100\\0&0&0&1&1&60\end{bmatrix}\longrightarrow\begin{bmatrix}1&0&-1&-1&0&40\\0&1&1&1&0&160\\0&0&0&1&1&60\\0&0&0&0&0&0\end{bmatrix},$$

即得与原方程组同解的方程组

$$\begin{cases}x_1-x_3-x_4=40\\x_2+x_3+x_4=160\\x_4+x_5=60\end{cases},$$

当 $x_4=0$ 时， $$\begin{cases}x_1-x_3=40\\x_2+x_3=160\\x_5=60\end{cases}$$ 取 $x_3=C$

则网络流量模式表示为

$$x_1=40+C\qquad x_2=160-C\qquad x_3=C\qquad x_4=0\qquad x_5=60$$

由条件可知，所有流量非负，则$0\leqslant C\leqslant 160$，$x_1$最小值为40.

注：本题是线性方程组在网络模型中的应用.

例19　在某一地区，每年大约有3%的城市人口移居到周围的郊区，大约有7%的郊区人口移居到城市中，在2000年，城市中有500000居民，效区中有800000居民.建立一个差分方程来描述这种情况，用x_0表示2008年的初始人口.然后估计三年之后即2011年城市和郊区的人口数量(忽略其他因素对人口规划的影响).

解　由条件可知迁移矩阵$\boldsymbol{M}=\begin{bmatrix}0.97 & 0.07\\0.03 & 0.93\end{bmatrix}$，初始变量$x_0=\begin{bmatrix}500000\\800000\end{bmatrix}$，故

$$x_{n+1}=\boldsymbol{M}\boldsymbol{x}_n\quad(n=0,1,2,\cdots),$$

对2009年有　$\boldsymbol{x}_1=\boldsymbol{M}\boldsymbol{x}_0=\begin{bmatrix}0.97 & 0.07\\0.03 & 0.93\end{bmatrix}\begin{bmatrix}500000\\800000\end{bmatrix}=\begin{bmatrix}541000\\759000\end{bmatrix}$，

对2010年有　$\boldsymbol{x}_2=\boldsymbol{M}\boldsymbol{x}_1=\begin{bmatrix}0.97 & 0.07\\0.03 & 0.93\end{bmatrix}\begin{bmatrix}541000\\759000\end{bmatrix}=\begin{bmatrix}577900\\722100\end{bmatrix}$，

对2011年有　$\boldsymbol{x}_3=\boldsymbol{M}\boldsymbol{x}_2=\begin{bmatrix}0.97 & 0.07\\0.03 & 0.93\end{bmatrix}\begin{bmatrix}577900\\722100\end{bmatrix}=\begin{bmatrix}611110\\688890\end{bmatrix}$.

即2011年人口分布情况是：城市人口为611 110人，郊区人口为688890人.

习题

一、填空题

1. 已知$\boldsymbol{\alpha}_1,\boldsymbol{\alpha}_2,\boldsymbol{\alpha}_3$线性相关，$\boldsymbol{\alpha}_3$不能由$\boldsymbol{\alpha}_1,\boldsymbol{\alpha}_2$线性表示，则$\boldsymbol{\alpha}_1,\boldsymbol{\alpha}_2$线性____________.

2. 若向量$\boldsymbol{\alpha}_1,\boldsymbol{\alpha}_2,\boldsymbol{\alpha}_3$线性无关，则$\boldsymbol{\alpha}_1+\boldsymbol{\alpha}_2,\boldsymbol{\alpha}_2+\boldsymbol{\alpha}_3,\boldsymbol{\alpha}_3+\boldsymbol{\alpha}_1$的关系是____________.

3. 向量组$\boldsymbol{\alpha}_1=[1,0,0]$，$\boldsymbol{\alpha}_2=[1,1,0]$，$\boldsymbol{\alpha}_3=[-5,2,0]$的秩是____________.

4. 若$\boldsymbol{\alpha}_1=[1,1,1]$，$\boldsymbol{\alpha}_2=[1,2,3]$，$\boldsymbol{\alpha}_3=[1,3,t]$线性无关，则$t$满足____________.

5. 若向量$\boldsymbol{\beta}=[0,k,k^2]$能由向量$\boldsymbol{\alpha}_1=[1+k,1,1]$，$\boldsymbol{\alpha}_2=[1,1+k,1]$，$\boldsymbol{\alpha}_3=[1,1,1+k]$唯一线性表示，则$k$应满足____________.

6. 若$R(\boldsymbol{A})=2$，$\boldsymbol{B}=\begin{bmatrix}1 & 0 & 2\\0 & 2 & 0\\-1 & 0 & 3\end{bmatrix}$，则$R(\boldsymbol{AB})=$____________.

7. 设3阶矩阵$\boldsymbol{A}=\begin{bmatrix}1 & 2 & -2\\4 & t & 3\\3 & -1 & 1\end{bmatrix}$，$\boldsymbol{B}$为3阶非零矩阵，且$\boldsymbol{AB}=\boldsymbol{0}$，则$t=$________.

8. 向量$\boldsymbol{\alpha}=[1,a,3]$，$\boldsymbol{\beta}=[2,4,6]$线性相关，则$a=$________.

9. 已知向量组$\boldsymbol{\alpha}_1=[1,2,3,4]$，$\boldsymbol{\alpha}_2=[2,3,4,5]$，$\boldsymbol{\alpha}_3=[3,4,5,6]$，$\boldsymbol{\alpha}_4=[4,5,6,7]$，则该向量组的秩为________.

10. 含有零向量的向量组线性____________.

11. 一个非零向量线性____________.

12. 若$m\times n$阶矩阵$\boldsymbol{A}$的列向量组线性相关，则方程组$\boldsymbol{AX}=0$一定有____________解.

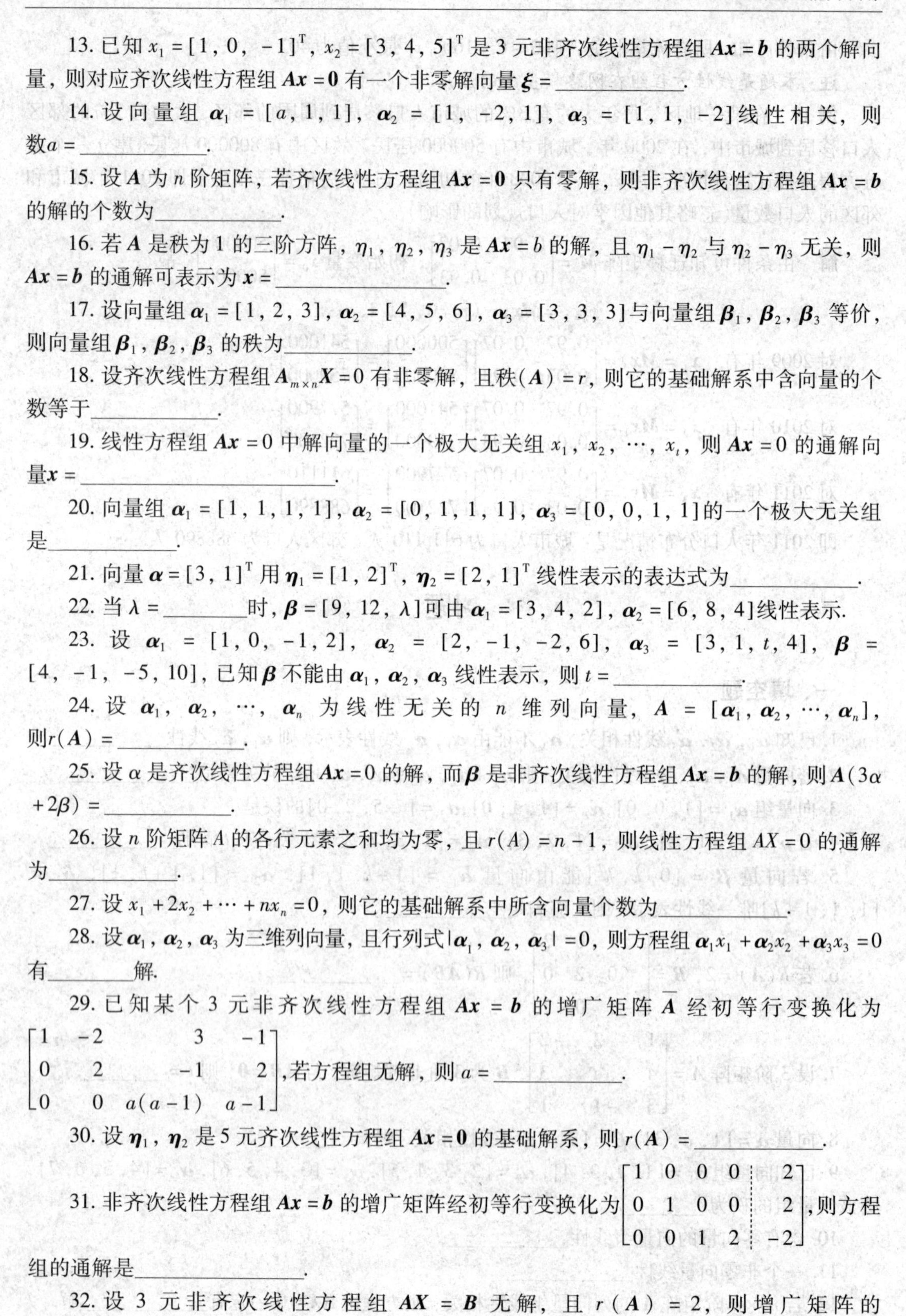

13. 已知 $x_1=[1, 0, -1]^{\mathrm{T}}$, $x_2=[3, 4, 5]^{\mathrm{T}}$ 是3元非齐次线性方程组 $\boldsymbol{Ax}=\boldsymbol{b}$ 的两个解向量，则对应齐次线性方程组 $\boldsymbol{Ax}=\boldsymbol{0}$ 有一个非零解向量 $\boldsymbol{\xi}=$__________.

14. 设向量组 $\boldsymbol{\alpha}_1=[a, 1, 1]$, $\boldsymbol{\alpha}_2=[1, -2, 1]$, $\boldsymbol{\alpha}_3=[1, 1, -2]$ 线性相关，则数 $a=$__________.

15. 设 $\boldsymbol{A}$ 为 n 阶矩阵，若齐次线性方程组 $\boldsymbol{Ax}=\boldsymbol{0}$ 只有零解，则非齐次线性方程组 $\boldsymbol{Ax}=\boldsymbol{b}$ 的解的个数为__________.

16. 若 $\boldsymbol{A}$ 是秩为1的三阶方阵，η_1, η_2, η_3 是 $\boldsymbol{Ax}=b$ 的解，且 $\eta_1-\eta_2$ 与 $\eta_2-\eta_3$ 无关，则 $\boldsymbol{Ax}=\boldsymbol{b}$ 的通解可表示为 $\boldsymbol{x}=$__________.

17. 设向量组 $\boldsymbol{\alpha}_1=[1, 2, 3]$, $\boldsymbol{\alpha}_2=[4, 5, 6]$, $\boldsymbol{\alpha}_3=[3, 3, 3]$ 与向量组 $\boldsymbol{\beta}_1$, $\boldsymbol{\beta}_2$, $\boldsymbol{\beta}_3$ 等价，则向量组 $\boldsymbol{\beta}_1$, $\boldsymbol{\beta}_2$, $\boldsymbol{\beta}_3$ 的秩为__________.

18. 设齐次线性方程组 $\boldsymbol{A}_{m\times n}\boldsymbol{X}=0$ 有非零解，且秩$(\boldsymbol{A})=r$，则它的基础解系中含向量的个数等于__________.

19. 线性方程组 $\boldsymbol{Ax}=0$ 中解向量的一个极大无关组 x_1, x_2, $\cdots$, x_t，则 $\boldsymbol{Ax}=0$ 的通解向量 $\boldsymbol{x}=$__________.

20. 向量组 $\boldsymbol{\alpha}_1=[1, 1, 1, 1]$, $\boldsymbol{\alpha}_2=[0, 1, 1, 1]$, $\boldsymbol{\alpha}_3=[0, 0, 1, 1]$ 的一个极大无关组是__________.

21. 向量 $\boldsymbol{\alpha}=[3, 1]^{\mathrm{T}}$ 用 $\boldsymbol{\eta}_1=[1, 2]^{\mathrm{T}}$, $\boldsymbol{\eta}_2=[2, 1]^{\mathrm{T}}$ 线性表示的表达式为__________.

22. 当 $\lambda=$__________时，$\boldsymbol{\beta}=[9, 12, \lambda]$ 可由 $\boldsymbol{\alpha}_1=[3, 4, 2]$, $\boldsymbol{\alpha}_2=[6, 8, 4]$ 线性表示.

23. 设 $\boldsymbol{\alpha}_1=[1, 0, -1, 2]$, $\boldsymbol{\alpha}_2=[2, -1, -2, 6]$, $\boldsymbol{\alpha}_3=[3, 1, t, 4]$, $\boldsymbol{\beta}=[4, -1, -5, 10]$，已知 $\boldsymbol{\beta}$ 不能由 $\boldsymbol{\alpha}_1$, $\boldsymbol{\alpha}_2$, $\boldsymbol{\alpha}_3$ 线性表示，则 $t=$__________.

24. 设 $\boldsymbol{\alpha}_1$, $\boldsymbol{\alpha}_2$, $\cdots$, $\boldsymbol{\alpha}_n$ 为线性无关的 n 维列向量，$\boldsymbol{A}=[\boldsymbol{\alpha}_1, \boldsymbol{\alpha}_2, \cdots, \boldsymbol{\alpha}_n]$，则 $r(\boldsymbol{A})=$__________.

25. 设 α 是齐次线性方程组 $\boldsymbol{Ax}=0$ 的解，而 $\boldsymbol{\beta}$ 是非齐次线性方程组 $\boldsymbol{Ax}=\boldsymbol{b}$ 的解，则 $\boldsymbol{A}(3\alpha+2\beta)=$__________.

26. 设 n 阶矩阵 A 的各行元素之和均为零，且 $r(A)=n-1$，则线性方程组 $AX=0$ 的通解为__________.

27. 设 $x_1+2x_2+\cdots+nx_n=0$，则它的基础解系中所含向量个数为__________.

28. 设 $\boldsymbol{\alpha}_1$, $\boldsymbol{\alpha}_2$, $\boldsymbol{\alpha}_3$ 为三维列向量，且行列式 $|\boldsymbol{\alpha}_1, \boldsymbol{\alpha}_2, \boldsymbol{\alpha}_3|=0$，则方程组 $\boldsymbol{\alpha}_1x_1+\boldsymbol{\alpha}_2x_2+\boldsymbol{\alpha}_3x_3=0$ 有__________解.

29. 已知某个3元非齐次线性方程组 $\boldsymbol{Ax}=\boldsymbol{b}$ 的增广矩阵 $\overline{\boldsymbol{A}}$ 经初等行变换化为 $\begin{bmatrix}1 & -2 & 3 & -1\\ 0 & 2 & -1 & 2\\ 0 & 0 & a(a-1) & a-1\end{bmatrix}$，若方程组无解，则 $a=$__________.

30. 设 $\boldsymbol{\eta}_1$, $\boldsymbol{\eta}_2$ 是5元齐次线性方程组 $\boldsymbol{Ax}=\boldsymbol{0}$ 的基础解系，则 $r(\boldsymbol{A})=$__________.

31. 非齐次线性方程组 $\boldsymbol{Ax}=\boldsymbol{b}$ 的增广矩阵经初等行变换化为 $\left[\begin{array}{cccc:c}1 & 0 & 0 & 0 & 2\\ 0 & 1 & 0 & 0 & 2\\ 0 & 0 & 1 & 2 & -2\end{array}\right]$，则方程组的通解是__________.

32. 设3元非齐次线性方程组 $\boldsymbol{AX}=\boldsymbol{B}$ 无解，且 $r(\boldsymbol{A})=2$，则增广矩阵的

秩$r(\overline{A})=$__________.

33. 设$\boldsymbol{A}=\begin{bmatrix}1&2&1\\2&3&a+2\\1&a&-2\end{bmatrix}$，$\boldsymbol{B}=\begin{bmatrix}1\\3\\0\end{bmatrix}$，$\boldsymbol{X}=\begin{bmatrix}x_1\\x_2\\x_3\end{bmatrix}$，齐次线性方程组$\boldsymbol{AX}=O$只有零解，则$a=$__________；若线性方程组$AX=B$无解，则$a=$__________.

34. 设$\boldsymbol{\eta}_1,\boldsymbol{\eta}_2,\boldsymbol{\eta}_3$是非齐次线性方程组$AX=B$的三个线性无关的解，$\boldsymbol{\xi}_1=a_1\boldsymbol{\eta}_1+a_2\boldsymbol{\eta}_2+a_3\boldsymbol{\eta}_3$，$\boldsymbol{\xi}_2=b_1\boldsymbol{\eta}_1+b_2\boldsymbol{\eta}_2+b_3\boldsymbol{\eta}_3$，$\boldsymbol{\xi}_3=c_1\boldsymbol{\eta}_1+c_2\boldsymbol{\eta}_2+c_3\boldsymbol{\eta}_3$是对应齐次线性方程组$AX=O$的解，则$\begin{vmatrix}a_1&a_2&a_3\\b_1&b_2&b_3\\c_1&c_2&c_3\end{vmatrix}=$__________.

35. 设任意一个n维向量都是下列齐次线性方程组的解向量

$$\begin{cases}a_{11}x_1+a_{12}x_2+\cdots+a_{1n}x_n=0\\a_{21}x_1+a_{22}x_2+\cdots+a_{2n}x_n=0\\\vdots\\a_{m1}x_1+a_{m2}x_2+\cdots+a_{mn}x_n=0\end{cases}$$

则$r(A)=$__________.

36. 设$a_1+a_2=b_1+b_2$，则线性方程组$\begin{cases}x_1+x_2=a_1\\x_3+x_4=a_2\\x_1+x_3=b_1\\x_2+x_4=b_2\end{cases}$的增广矩阵的秩为__________.

二、单项选择题

1. 设$\boldsymbol{A}$是n阶方阵，且$\boldsymbol{A}$的第一行可由其余$n-1$个行向量线性表示，则下列结论中错误的是(　　).

A. $r(\boldsymbol{A})\leqslant n-1$　　B. $\boldsymbol{A}$有一个列向量可由其余列向量线性表示

C. $|\boldsymbol{A}|=0$　　D. $\boldsymbol{A}$的$n-1$阶余子式全为零

2. 设向量组$\boldsymbol{\alpha}_1,\boldsymbol{\alpha}_2,\boldsymbol{\alpha}_3,\boldsymbol{\alpha}_4$线性相关，则向量组中(　　).

A. 必有一个向量可以表示为其余向量的线性组合

B. 必有两个向量可以表示为其余向量的线性组合

C. 必有三个向量可以表示为其余向量的线性组合

D. 每一个向量可以表示为其余向量的线性组合

3. 设$\boldsymbol{\alpha}_1,\boldsymbol{\alpha}_2,\boldsymbol{\alpha}_3$是齐次线性方程组$\boldsymbol{Ax}=0$的一个基础解系，则下列解向量组中，可以作为该方程组基础解系的是(　　).

A. $\boldsymbol{\alpha}_1,\boldsymbol{\alpha}_2,\boldsymbol{\alpha}_1+\boldsymbol{\alpha}_2$　　B. $\boldsymbol{\alpha}_1+\boldsymbol{\alpha}_2,\boldsymbol{\alpha}_2+\boldsymbol{\alpha}_3,\boldsymbol{\alpha}_3+\boldsymbol{\alpha}_1$

C. $\boldsymbol{\alpha}_1,\boldsymbol{\alpha}_2,\boldsymbol{\alpha}-\boldsymbol{\alpha}_2$　　D. $\boldsymbol{\alpha}_1-\boldsymbol{\alpha}_2,\boldsymbol{\alpha}_2-\boldsymbol{\alpha}_3,\boldsymbol{\alpha}_3-\boldsymbol{\alpha}_1$

4. 若齐次线性方程组$\begin{bmatrix}1&2&3\\2&4&t\\3&6&9\end{bmatrix}\begin{bmatrix}x_1\\x_2\\x_3\end{bmatrix}=\begin{bmatrix}0\\0\\0\end{bmatrix}$的基础解系含有两个解向量，则$t=$(　　).

A. 2　B. 4　C. 6　D. 8

5. $|A|=0$ 时，线性方程组 $\boldsymbol{Ax}=0$(　　).

A. 有无穷多解　B. 有唯一解

C. 没有解　D. 有两个解

6. 设向量组 $\boldsymbol{\alpha}_1=(1,2)$，$\boldsymbol{\alpha}_2=(0,2)$，$\boldsymbol{\beta}=(4,2)$，则(　　).

A. $\boldsymbol{\alpha}_1$，$\boldsymbol{\alpha}_2$，$\boldsymbol{\beta}$ 线性无关

B. $\boldsymbol{\beta}$ 不能由 $\boldsymbol{\alpha}_1$，$\boldsymbol{\alpha}_2$ 线性表示

C. $\boldsymbol{\beta}$ 可由 $\boldsymbol{\alpha}_1$，$\boldsymbol{\alpha}_2$ 线性表示，但表示法不惟一

D. $\boldsymbol{\beta}$ 可由 $\boldsymbol{\alpha}_1$，$\boldsymbol{\alpha}_2$ 线性表示，且表示法惟一

7. 设 n 阶矩阵 $\boldsymbol{A}$ 的秩 $r<n$，则在 $\boldsymbol{A}$ 的各行向量中(　　).

A. 必有 r 个行向量线性无关

B. 任意 r 个行向量均可构成极大线性无关组

C. 任意 r 个行向量无线性无关

D. 任一行向量均可由其他 r 个行向量线性表示

8. 矩阵 $\boldsymbol{A}=[\boldsymbol{\alpha}_1,\boldsymbol{\alpha}_2,\boldsymbol{\alpha}_3,\boldsymbol{\alpha}_4]$ 经过行初等变换化为 $\boldsymbol{A}_1=\begin{bmatrix}1&1&1&3\\0&1&1&2\\0&0&1&1\end{bmatrix}$，则矩阵 $\boldsymbol{A}$ 的秩为3，$\boldsymbol{\alpha}_i$ 为 $\boldsymbol{A}$ 的第 i 列向量，则(　　)成立.

A. $\alpha_4=\alpha_1+\alpha_2+\alpha_3$　B. $\alpha_4=3\alpha_1+2\alpha_2+\alpha_3$

C. $\alpha_4=-2\alpha_1+\alpha_2+\alpha_3$　D. 列向量组线性无关

9. 已知向量 $2\boldsymbol{\alpha}+\boldsymbol{\beta}=[1,-2,-2,-1]^{\mathrm{T}}$，$3\boldsymbol{\alpha}+2\boldsymbol{\beta}=[1,-4,-3,0]^{\mathrm{T}}$，则 $\boldsymbol{\alpha}+\boldsymbol{\beta}=$(　　).

A. $[0,-2,-1,1]^{\mathrm{T}}$　B. $[-2,0,-1,1]^{\mathrm{T}}$

C. $[1,-1,-2,0]^{\mathrm{T}}$　D. $[2,-6,-5,-1]^{\mathrm{T}}$

10. 已知方程组 $\begin{cases}ax_1+x_2+x_3=0\\x_1+ax_2+x_3=0\\x_1+x_2+ax_3=0\end{cases}$ 无非零解，则(　　).

A. $a\neq1$　B. $a\neq2$　C. $a\neq3$　D. $a\neq4$

11. $\lambda=$(　　). 下面方程组无解。

$$\begin{cases}x_1+2x_2-x_3=4\\x_2+2x_3=2\\(\lambda-1)(\lambda-2)x_3=(\lambda-3)(\lambda-4)\end{cases}$$

A. 2　B. 3　C. 4　D. 5

12. 设 m 个向量 $\boldsymbol{\alpha}_1,\boldsymbol{\alpha}_2,\cdots,\boldsymbol{\alpha}_m$ 线性无关，则其中任何 $m-1$ 个向量都(　　).

A. 线性相关　B. 线性无关

C. 有可能线性相关　D. 有可能线性无关

13. 向量组 $\boldsymbol{\alpha}_1$，$\boldsymbol{\alpha}_2$，…，$\boldsymbol{\alpha}_s$ 线性相关，且该向量组的秩为 r，则必有(　　).

A. $r=s$　B. $r>s$　C. $s=r+1$　D. $r<s$

14. 齐次线性方程组 $\boldsymbol{Ax}=\boldsymbol{0}$ 是线性方程组 $\boldsymbol{Ax}=\boldsymbol{b}$ 的导出组，则(　　).

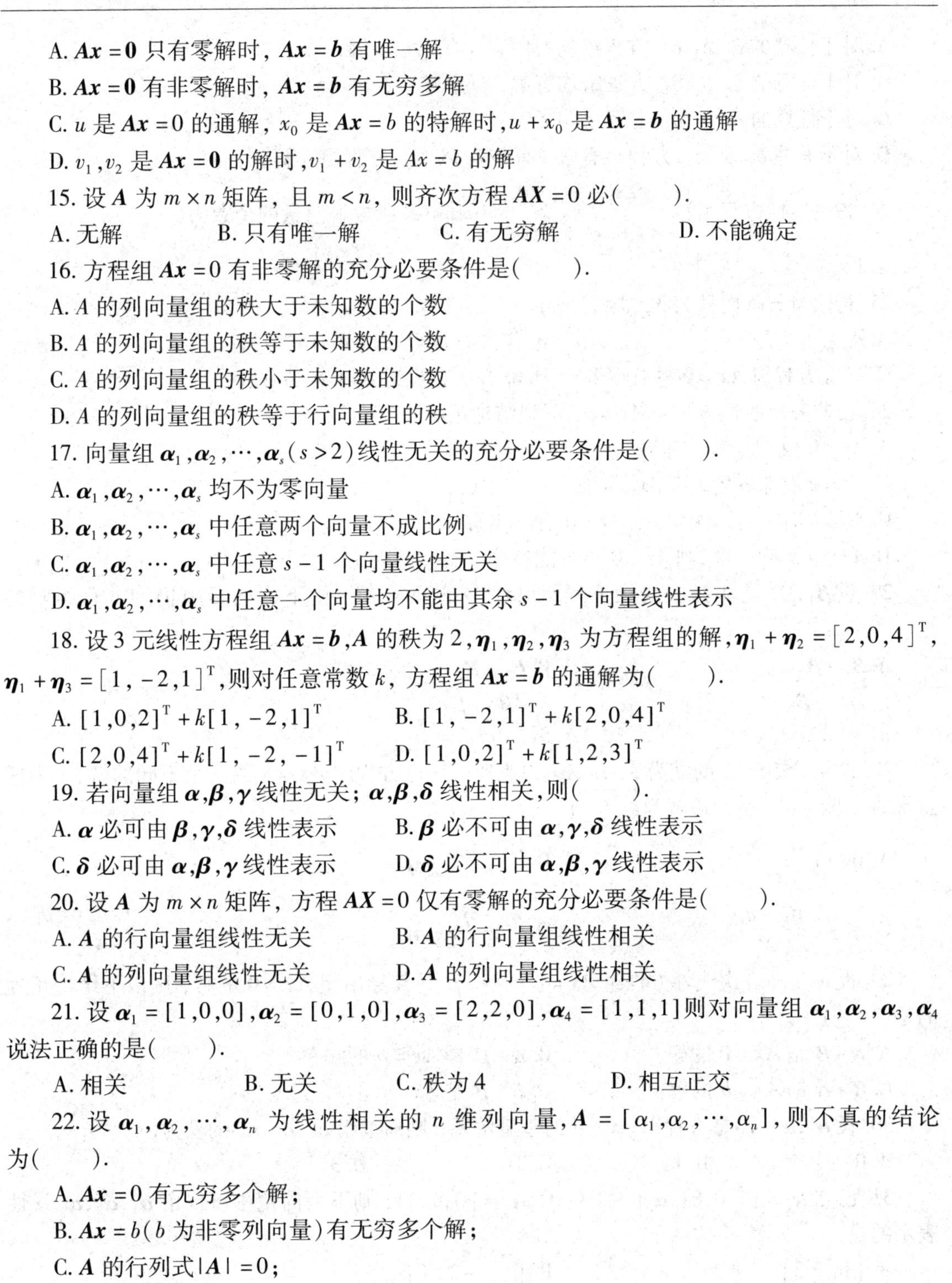

A. $\boldsymbol{Ax}=\boldsymbol{0}$ 只有零解时，$\boldsymbol{Ax}=\boldsymbol{b}$ 有唯一解

B. $\boldsymbol{Ax}=\boldsymbol{0}$ 有非零解时，$\boldsymbol{Ax}=\boldsymbol{b}$ 有无穷多解

C. u 是 $\boldsymbol{Ax}=0$ 的通解，x_0 是 $\boldsymbol{Ax}=b$ 的特解时，$u+x_0$ 是 $\boldsymbol{Ax}=\boldsymbol{b}$ 的通解

D. v_1,v_2 是 $\boldsymbol{Ax}=\boldsymbol{0}$ 的解时，v_1+v_2 是 $Ax=b$ 的解

15. 设 $\boldsymbol{A}$ 为 $m\times n$ 矩阵，且 $m<n$，则齐次方程 $\boldsymbol{AX}=0$ 必(　　).

A. 无解　　B. 只有唯一解　　C. 有无穷解　　D. 不能确定

16. 方程组 $\boldsymbol{Ax}=0$ 有非零解的充分必要条件是(　　).

A. A 的列向量组的秩大于未知数的个数

B. A 的列向量组的秩等于未知数的个数

C. A 的列向量组的秩小于未知数的个数

D. A 的列向量组的秩等于行向量组的秩

17. 向量组 $\boldsymbol{\alpha}_1,\boldsymbol{\alpha}_2,\cdots,\boldsymbol{\alpha}_s(s>2)$ 线性无关的充分必要条件是(　　).

A. $\boldsymbol{\alpha}_1,\boldsymbol{\alpha}_2,\cdots,\boldsymbol{\alpha}_s$ 均不为零向量

B. $\boldsymbol{\alpha}_1,\boldsymbol{\alpha}_2,\cdots,\boldsymbol{\alpha}_s$ 中任意两个向量不成比例

C. $\boldsymbol{\alpha}_1,\boldsymbol{\alpha}_2,\cdots,\boldsymbol{\alpha}_s$ 中任意 $s-1$ 个向量线性无关

D. $\boldsymbol{\alpha}_1,\boldsymbol{\alpha}_2,\cdots,\boldsymbol{\alpha}_s$ 中任意一个向量均不能由其余 $s-1$ 个向量线性表示

18. 设3元线性方程组 $\boldsymbol{Ax}=\boldsymbol{b}$，$\boldsymbol{A}$ 的秩为2，$\boldsymbol{\eta}_1,\boldsymbol{\eta}_2,\boldsymbol{\eta}_3$ 为方程组的解，$\boldsymbol{\eta}_1+\boldsymbol{\eta}_2=[2,0,4]^{\mathrm{T}}$，$\boldsymbol{\eta}_1+\boldsymbol{\eta}_3=[1,-2,1]^{\mathrm{T}}$，则对任意常数 k，方程组 $\boldsymbol{Ax}=\boldsymbol{b}$ 的通解为(　　).

A. $[1,0,2]^{\mathrm{T}}+k[1,-2,1]^{\mathrm{T}}$　　B. $[1,-2,1]^{\mathrm{T}}+k[2,0,4]^{\mathrm{T}}$

C. $[2,0,4]^{\mathrm{T}}+k[1,-2,-1]^{\mathrm{T}}$　　D. $[1,0,2]^{\mathrm{T}}+k[1,2,3]^{\mathrm{T}}$

19. 若向量组 $\boldsymbol{\alpha},\boldsymbol{\beta},\boldsymbol{\gamma}$ 线性无关；$\boldsymbol{\alpha},\boldsymbol{\beta},\boldsymbol{\delta}$ 线性相关，则(　　).

A. $\boldsymbol{\alpha}$ 必可由 $\boldsymbol{\beta},\boldsymbol{\gamma},\boldsymbol{\delta}$ 线性表示　　B. $\boldsymbol{\beta}$ 必不可由 $\boldsymbol{\alpha},\boldsymbol{\gamma},\boldsymbol{\delta}$ 线性表示

C. $\boldsymbol{\delta}$ 必可由 $\boldsymbol{\alpha},\boldsymbol{\beta},\boldsymbol{\gamma}$ 线性表示　　D. $\boldsymbol{\delta}$ 必不可由 $\boldsymbol{\alpha},\boldsymbol{\beta},\boldsymbol{\gamma}$ 线性表示

20. 设 $\boldsymbol{A}$ 为 $m\times n$ 矩阵，方程 $\boldsymbol{AX}=0$ 仅有零解的充分必要条件是(　　).

A. $\boldsymbol{A}$ 的行向量组线性无关　　B. $\boldsymbol{A}$ 的行向量组线性相关

C. $\boldsymbol{A}$ 的列向量组线性无关　　D. $\boldsymbol{A}$ 的列向量组线性相关

21. 设 $\boldsymbol{\alpha}_1=[1,0,0]$，$\boldsymbol{\alpha}_2=[0,1,0]$，$\boldsymbol{\alpha}_3=[2,2,0]$，$\boldsymbol{\alpha}_4=[1,1,1]$ 则对向量组 $\boldsymbol{\alpha}_1,\boldsymbol{\alpha}_2,\boldsymbol{\alpha}_3,\boldsymbol{\alpha}_4$ 说法正确的是(　　).

A. 相关　　B. 无关　　C. 秩为4　　D. 相互正交

22. 设 $\boldsymbol{\alpha}_1,\boldsymbol{\alpha}_2,\cdots,\boldsymbol{\alpha}_n$ 为线性相关的 n 维列向量，$\boldsymbol{A}=[\alpha_1,\alpha_2,\cdots,\alpha_n]$，则不真的结论为(　　).

A. $\boldsymbol{Ax}=0$ 有无穷多个解；

B. $\boldsymbol{Ax}=b$(b 为非零列向量)有无穷多个解；

C. $\boldsymbol{A}$ 的行列式 $|\boldsymbol{A}|=0$；

D. $\boldsymbol{A}$ 的秩小于 n.

23. 给定方程组 $\begin{cases}4x_1+3x_2+2x_3+8x_4=\delta_1\\3x_1+4x_2+x_3+7x_4=\delta_2\\x_1+x_2+x_3+x_4=\delta_3\end{cases}$，则(　　).

A. 对于任意的 $\delta_1,\delta_2,\delta_3$，方程组均有解，且有无穷多解；

B. 对于任意的 $\delta_1,\delta_2,\delta_3$，方程组均有解，且解唯一；

C. 对于任意的 $\delta_1,\delta_2,\delta_3$，方程组均无解；

D. 对于有些 $\delta_1,\delta_2,\delta_3$，方程组有解，有些 $\delta_1,\delta_2,\delta_3$，方程组无解.

24. 齐次线性方程组 $\begin{cases} x_1+2x_2+3x_3=0 \\ -x_2+x_3-x_4=0 \end{cases}$ 的基础解系所含解向量的个数为(　　).

A. 1　　B. 2　　C. 3　　D. 4

25. 若四阶方阵的秩为 3，则(　　).

A. $\boldsymbol{A}$ 为可逆阵　　B. 齐次方程组 $\boldsymbol{Ax}=\boldsymbol{0}$ 有非零解

C. 齐次方程组 $\boldsymbol{Ax}=\boldsymbol{0}$ 只有零解　　D. 非齐次方程组 $\boldsymbol{Ax}=\boldsymbol{b}$ 必有解

26. 设非齐次线性方程组 $Ax=b$，下列结论正确的为(　　).

A. $Ax=0$ 仅有零解，则 $Ax=b$ 有唯一解

B. $Ax=0$ 有非零解，则 $Ax=b$ 有无穷多组解

C. $Ax=b$ 有无穷多组解，则 $Ax=0$ 有非零解

D. $Ax=b$ 有唯一解，则 $Ax=0$ 仍可能有非零解

27. 设 $\boldsymbol{\beta}_1,\boldsymbol{\beta}_2$ 是非齐次线性方程组 $\boldsymbol{Ax}=\boldsymbol{b}$ 的两个解，则下列向量中仍为方程组解的是(　　).

A. $\boldsymbol{\beta}_1+\boldsymbol{\beta}_2$　　B. $\boldsymbol{\beta}_1-\boldsymbol{\beta}_2$

C. $\dfrac{2\boldsymbol{\beta}_1+\boldsymbol{\beta}_2}{2}$　　D. $\dfrac{4\boldsymbol{\beta}_1+\boldsymbol{\beta}_2}{5}$

28. 设 4 阶矩阵 $\boldsymbol{A}$ 的秩为 3，$\boldsymbol{\eta}_1,\boldsymbol{\eta}_2$ 为非齐次线性方程组 $\boldsymbol{Ax}=\boldsymbol{b}$ 的两个不同的解，c 为任意常数，则该方程组的通解为(　　).

A. $\boldsymbol{\eta}_1+c\dfrac{\boldsymbol{\eta}_1-\boldsymbol{\eta}_2}{2}$　　B. $\dfrac{\boldsymbol{\eta}_1-\boldsymbol{\eta}_2}{2}+c\boldsymbol{\eta}_1$

C. $\boldsymbol{\eta}_1+c\dfrac{\boldsymbol{\eta}_1+\boldsymbol{\eta}_2}{2}$　　D. $\dfrac{\boldsymbol{\eta}_1+\boldsymbol{\eta}_2}{2}+c\boldsymbol{\eta}_1$

29. 设 $\boldsymbol{\alpha}$ 是非齐次线性方程组 $\boldsymbol{Ax}=\boldsymbol{b}$ 的解，$\boldsymbol{\beta}$ 是其导出组 $\boldsymbol{Ax}=\boldsymbol{0}$ 的解，则以下结论正确的是(　　).

A. $\boldsymbol{\alpha}+\boldsymbol{\beta}$ 是 $\boldsymbol{Ax}=\boldsymbol{0}$ 的解　　B. $\boldsymbol{\alpha}+\boldsymbol{\beta}$ 是 $\boldsymbol{Ax}=\boldsymbol{b}$ 的解

C. $\boldsymbol{\beta}-\boldsymbol{\alpha}$ 是 $\boldsymbol{Ax}=\boldsymbol{b}$ 的解　　D. $\boldsymbol{\alpha}-\boldsymbol{\beta}$ 是 $\boldsymbol{Ax}=\boldsymbol{0}$ 的解

30. 设 $\boldsymbol{\alpha}_1,\boldsymbol{\alpha}_2,\boldsymbol{\alpha}_3$ 是方程组 $\boldsymbol{Ax}=\boldsymbol{0}$ 的基础解系，则向量组 $\boldsymbol{\alpha}_1,\boldsymbol{\alpha}_2,\boldsymbol{\alpha}_3$ 的秩为(　　).

A. 0　　B. 1　　C. 2　　D. 3

31. 已知 $\boldsymbol{\alpha}_1=[1,0,0],\boldsymbol{\alpha}_2[-2,0,0],\boldsymbol{\alpha}_3=[0,0,3]$，则下列向量中可以由 $\boldsymbol{\alpha}_1,\boldsymbol{\alpha}_2,\boldsymbol{\alpha}_3$ 线性表示的是(　　).

A. [1, 2 3]　　B. [1, −2, 0]

C. [0, 2, 3]　　D. [3, 0, 5]

32. 设非齐次线性方程组 $\boldsymbol{Ax}=\boldsymbol{b}$ 有唯一解，$\boldsymbol{A}$ 为 $m\times n$ 矩阵，则必有(　　).

A. $m=n$　　B. $r(\boldsymbol{A})=m$　　C. $r(\boldsymbol{A})=n$　　D. $r(\boldsymbol{A})<n$

33. 设 $\boldsymbol{\alpha}_1,\boldsymbol{\alpha}_2,\boldsymbol{\alpha}_3,\boldsymbol{\alpha}_4$ 是一个 4 维向量组，若已知 $\boldsymbol{\alpha}_4$ 可以表为 $\boldsymbol{\alpha}_1,\boldsymbol{\alpha}_2,\boldsymbol{\alpha}_3$ 的线性组合，且

表示法唯一，则向量组 $\boldsymbol{\alpha}_1$，$\boldsymbol{\alpha}_2$，$\boldsymbol{\alpha}_3$，$\boldsymbol{\alpha}_4$ 的秩为(　　).

A. 1　　B. 2　　C. 3　　D. 4

34. 设向量组(Ⅰ)：$\boldsymbol{\alpha}_1$，$\boldsymbol{\alpha}_2$，…，$\boldsymbol{\alpha}_r$，向量组(Ⅱ)：$\boldsymbol{\alpha}_1$，$\boldsymbol{\alpha}_2$，…，$\boldsymbol{\alpha}_r$，$\boldsymbol{\alpha}_{r+1}$，…，$\boldsymbol{\alpha}_s$ 则必有(　　).

A. 若(Ⅰ)线性无关，则(Ⅱ)线性无关

B. 若(Ⅱ)线性无关，则(Ⅰ)线性无关

C. 若(Ⅰ)线性无关，则(Ⅱ)线性相关

D. 若(Ⅱ)线性相关，则(Ⅰ)线性相关

35. 已知 4×3 矩阵 $\boldsymbol{A}$ 的列向量组线性无关，则 $\boldsymbol{A}^{\mathrm{T}}$ 的秩等于(　　).

A. 1　　B. 2　　C. 3　　D. 4

36. 已知 $A=\begin{bmatrix}1&2&3\\2&4&t\\3&6&9\end{bmatrix}$，$B$ 为三阶非零矩阵，且 $AB=0$，则(　　).

A. $t=6$ 时 B 的秩一定是 1

B. $t\neq6$ 时 B 的秩一定是 1

C. $t=6$ 时 B 的秩一定是 2

D. $t\neq6$ 时 B 的秩一定是 2

三、计算题

1. 求下列向量组的秩和一个极大线性无关组.

$$\boldsymbol{\alpha}_1=\begin{bmatrix}1\\2\\3\\0\end{bmatrix},\ \boldsymbol{\alpha}_2=\begin{bmatrix}-1\\-2\\0\\3\end{bmatrix},\ \boldsymbol{\alpha}_3=\begin{bmatrix}2\\4\\6\\0\end{bmatrix},\ \boldsymbol{\alpha}_4=\begin{bmatrix}1\\-2\\-1\\0\end{bmatrix},\ \boldsymbol{\alpha}_5=\begin{bmatrix}0\\0\\1\\1\end{bmatrix}.$$

2. 问 k 为何值时，向量组 $\boldsymbol{\alpha}_1=[1,1,2,1]$，$\boldsymbol{\alpha}_2=[1,0,0,2]$，$\boldsymbol{\alpha}_3=[-1,-4,-8,k]$ 线性相关.

3. 设向量组 $\boldsymbol{\alpha}_2=[1,-1,2,4]^{\mathrm{T}}$，$\boldsymbol{\alpha}_2=[0,3,1,2]^{\mathrm{T}}$，$\boldsymbol{\alpha}_3=[3,0,7,14]^{\mathrm{T}}$，$\boldsymbol{\alpha}_4=[1,-1,2,0]^{\mathrm{T}}$，求向量组的秩和一个极大线性无关组，并将其余向量用该极大线性无关组线性表示.

4. 已知向量组 $\boldsymbol{\alpha}_1=[1,2,-1,1]^{\mathrm{T}}$，$\boldsymbol{\alpha}_2=[2,0,t,0]^{\mathrm{T}}$，$\boldsymbol{\alpha}_3=[0,-4,5,-2]^{\mathrm{T}}$，$\boldsymbol{\alpha}_4=[3,-2,t+4,-1]^{\mathrm{T}}$(其中 t 为参数)，求向量组的秩和一个极大无关组.

5. 设 4 阶矩阵 $\boldsymbol{A}=[\boldsymbol{\alpha},\boldsymbol{\gamma}_2,\boldsymbol{\gamma}_3,\boldsymbol{\gamma}_4]$，$\boldsymbol{B}=[\boldsymbol{\beta},\boldsymbol{\gamma}_2,\boldsymbol{\gamma}_3,\boldsymbol{\gamma}_4]$，其中 $\boldsymbol{\alpha}$，$\boldsymbol{\beta}$，$\boldsymbol{\gamma}_2$，$\boldsymbol{\gamma}_3$，$\boldsymbol{\gamma}_4$ 均为 4 行 1 列分块矩阵，已知 $|\boldsymbol{A}|=4$，$|\boldsymbol{B}|=1$，求 $|\boldsymbol{A}+\boldsymbol{B}|$.

6. 线性方程组

$$\begin{cases}x+y-z=1,\\2x+(a+3)y-3z=3,\\-2x+(a-1)y+bz=a-1.\end{cases}$$

当 a，b 为何值时，方程组无解，有唯一解，有无穷多解？

7. 设 t_1，t_2，t_3 为互不相等的常数，讨论向量组 $\boldsymbol{\alpha}_1=[1,t_1,t_1^2]$，$\boldsymbol{\alpha}_2=[1,t_2,t_2^2]$，$\boldsymbol{\alpha}_3=$

$[1, t_3, t_3^2]$的线性相关性.

8. 求向量$\boldsymbol{\alpha}_1=[2, 1, 1, 1]$, $\boldsymbol{\alpha}_2=[-1, 1, 7, 10]$, $\boldsymbol{\alpha}_3=[3, 1, -1, -2]$, $\boldsymbol{\alpha}_4=[8, 5, 9, 11]$的一个极大线性无关组, 并将其余向量用此极大线性无关组线性表示.

9. 当k取何值时, 方程$\begin{cases}3x_1+2x_2+4x_3=3\\x_1+x_2+x_3=k\\5x_1+4x_2+6x_3=15\end{cases}$有无穷多解, 并求出此时的一般解.

10. 非齐次线性方程组$\begin{cases}-2x_1+x_2+x_3=-2\\x_1-2x_2+x_3=\lambda\\x_1+x_2-2x_3=\lambda^2\end{cases}$当$\lambda$取何值时有解? 并求出它的解.

11. 设$\begin{cases}(2-\lambda)x_1+2x_2-2x_3=1\\2x_1+(5-\lambda)x_2-4x_3=2\\-2x_1-4x_2+(5-\lambda)x_3=-\lambda-1\end{cases}$问$\lambda$为何值时, 此方程有唯一解、无解或有无穷多解? 并在有无穷多解时求解.

12. 求非齐次方程组$\begin{cases}x_1+x_2+x_3+x_4+x_5=7\\3x_1+2x_2+x_3+x_4-3x_5=-2\\x_2+2x_3+2x_4+6x_5=23\\5x_1+4x_2-3x_3+3x_4-x_5=12\end{cases}$的通解.

13. 已知齐次线性方程组$\begin{cases}x_1+x_2+x_3=0\\x_1+2x_2+x_3=0\\\boldsymbol{p}x_1+x_2+x_3=0\end{cases}$, 当$\boldsymbol{p}$为何值时, 方程组仅有零解? 又在何时有非零解? 在有非零解时, 求出其一个基础解系.

14. 当λ为何值时, $\boldsymbol{\beta}=[9, 12, \lambda]$可由$\boldsymbol{\alpha}_1=[3, 4, 2]$, $\boldsymbol{\alpha}_2=[6, 8, 4]$线性表示.

15. 设线性方程组$\begin{bmatrix}1&1&-3&1\\2&1&-5&4\\4&3&-11&6\end{bmatrix}\begin{bmatrix}x_1\\x_2\\x_3\\x_4\end{bmatrix}=\begin{bmatrix}3\\k\\10\end{bmatrix}$, 当$k$为何值时, 方程组有解, 并在方程组有解时写出方程组的通解.

16. 求解方程组$\begin{cases}x_1-x_2-x_3+x_4=0\\x_1-x_2+x_3-x_4=0\\x_1-x_2-2x_3+3x_4=0\end{cases}$

17. 设三元齐次线性方程组$\begin{cases}a_1x_1+x_2+x_3=0\\x_1+ax_2+x_3=0\\x_1+x_2+ax_3=0\end{cases}$

(1)确定当a为何值时, 方程组有非零解.

(2)当方程组有非零解时, 求出它的基础解系和全部解.

18. 线性方程组$\begin{cases}2x_1+x_2-x_3+x_4=1\\x_1-x_2+x_3+x_4=2\\7x_1+2x_2-2x_3+4x_4=a\\7x_1-x_2+x_3+5x_4=b\end{cases}$

当a，b为何值时有解？在有解的情况下，求其全部解.

19. 确定λ，μ的值，使线性方程组$\begin{cases}x_1+x_2+x_3=1\\3x_1+2x_2+x_3=\lambda\\x_2+2x_3=3\\5x_1+4x_2+3x_3=\mu\end{cases}$有解.

20. 设有向量组A：$\boldsymbol{\alpha}_1=[\alpha,2,10]^{\mathrm{T}}$，$\boldsymbol{\alpha}_2=[-2,1,5]^{\mathrm{T}}$，$\boldsymbol{\alpha}_3=[-1,1,4]^{\mathrm{T}}$，及$b=(1,\beta,-1)^{\mathrm{T}}$，问$\alpha$，$\beta$为何值时

(1)向量$\boldsymbol{b}$不能由向量组A线性表示；

(2)向量$\boldsymbol{b}$能由向量组A线性表示，且表示式唯一；

(3)向量$\boldsymbol{b}$能由向量组A线性表示，且表示式不唯一，并求一般表示式.

四、综合题

1. 写出一个以

$$\boldsymbol{x}=c_1\begin{bmatrix}2\\-3\\1\\0\end{bmatrix}+c_2\begin{bmatrix}-2\\4\\0\\1\end{bmatrix}$$

为通解的齐次线性方程组.

2. 设$\boldsymbol{\alpha}_1$，$\boldsymbol{\alpha}_2$，$\boldsymbol{\alpha}_3$，$\boldsymbol{\alpha}_4$是四维向量，且线性无关，证明$\boldsymbol{\beta}_1=\boldsymbol{\alpha}_1+\boldsymbol{\alpha}_2$，$\boldsymbol{\beta}_2=\boldsymbol{\alpha}_2+\boldsymbol{\alpha}_3$，$\boldsymbol{\beta}_3=\boldsymbol{\alpha}_3+\boldsymbol{\alpha}_4$，$\boldsymbol{\beta}_4=\boldsymbol{\alpha}_4+\boldsymbol{\alpha}_1$线性相关.

3. 已知3阶矩阵$\boldsymbol{A}$与3维列向量$\boldsymbol{x}$满足$\boldsymbol{A}^3\boldsymbol{x}=3\boldsymbol{A}\boldsymbol{x}-\boldsymbol{A}^2\boldsymbol{x}$，且向量组$\boldsymbol{x}$，$\boldsymbol{A}\boldsymbol{x}$，$\boldsymbol{A}^2\boldsymbol{x}$线性无关.

(1)记$P=(\boldsymbol{x},\boldsymbol{A}\boldsymbol{x},\boldsymbol{A}^2\boldsymbol{x})$，求3阶矩阵$\boldsymbol{B}$，使$\boldsymbol{AP}=\boldsymbol{PB}$；

(2)求$|\boldsymbol{A}|$.

4. 设$\boldsymbol{A}=\begin{bmatrix}2&-2&1&3\\9&-5&2&8\end{bmatrix}$，求一个$4\times2$矩阵$\boldsymbol{B}$，使$\boldsymbol{AB}=\boldsymbol{0}$，且$\boldsymbol{R}(\boldsymbol{B})=2$.

5. 设线性方程组$\begin{cases}x_1+x_2+x_3=0\\x_1+2x_2+ax_3=0\\x_1+4x_2+a^2x_3=0\end{cases}$与$x_1+2x_2+x_3=a-1$有公共解，求$a$的值及所有公共解.

6. 设$\boldsymbol{AX}=\boldsymbol{B}$为四元线性方程组，$r(\boldsymbol{A})=r(\overline{\boldsymbol{A}})=2$，$X_1=\begin{bmatrix}1\\2\\3\\4\end{bmatrix}$，$2X_2=\begin{bmatrix}4\\2\\6\\0\end{bmatrix}$，$X_3+X_4=\begin{bmatrix}2\\3\\5\\1\end{bmatrix}$，

X_1, X_2, X_3, X_4 分别是它的四个解，求其全部解.

7. 已知矩阵 $\boldsymbol{A}=\begin{bmatrix}a_{11}&a_{12}&a_{13}\\a_{21}&a_{22}&a_{23}\\a_{31}&a_{32}&a_{33}\end{bmatrix}$ 可逆，证明线性方程组 $\begin{cases}a_{11}x_1+a_{12}x_2=a_{13}\\a_{21}x_1+a_{22}x_2=a_{23}\\a_{31}x_1+a_{32}x_2=a_{33}\end{cases}$ 无解.

8. 四元齐次线性方程组为 $\begin{cases}x_1+x_2=0\\x_2-x_4=0\end{cases}$ （Ⅰ）

又已知某个齐次线性方程组（Ⅱ）的全部解（通解）为 $c_1[0,1,1,0]^{\mathrm{T}}+c_2[-1,2,2,1]^{\mathrm{T}}$（$c_1$，$c_2$ 为任意常数）.

（1）求线性方程组（Ⅰ）的基础解系；

（2）问线性方程线（Ⅰ）与（Ⅱ）是否有非零的公共解？若有，求出所有非零公共解.

9. 设 $\boldsymbol{\alpha}_1$, $\boldsymbol{\alpha}_2$, $\cdots$, $\boldsymbol{\alpha}_{m-1}$（$m\geqslant3$）线性相关，向量组 $\boldsymbol{\alpha}_2$, $\cdots$, $\boldsymbol{\alpha}_m$ 线性无关，试讨论：

（1）$\boldsymbol{\alpha}_1$ 能否由 $\boldsymbol{\alpha}_2$, $\boldsymbol{\alpha}_3$, $\cdots$, $\boldsymbol{\alpha}_{m-1}$ 线性表示？

（2）$\boldsymbol{\alpha}_m$ 能否由 $\boldsymbol{\alpha}_1$, $\boldsymbol{\alpha}_2$, $\cdots$, $\boldsymbol{\alpha}_{m-1}$ 线性表示？

10. 求一个齐次线性方程组，使它的基础解系为

$$\boldsymbol{\xi}_1=[0,1,2,3]^{\mathrm{T}},\ \boldsymbol{\xi}_2=[3,2,1,0]^{\mathrm{T}}.$$

11. 设四元齐次线性方程组

$$\text{Ⅰ}:\begin{cases}x_1+x_2=0\\x_2-x_4=0\end{cases},\ \text{Ⅱ}:\begin{cases}x_1-x_2+x_3=0\\x_2-x_3+x_4=0\end{cases}.$$

求：（1）方程Ⅰ与Ⅱ的基础解系；（2）Ⅰ与Ⅱ的公共解.

12. 设四元非齐次线性方程组的系数矩阵的秩为3，已知 $\boldsymbol{\eta}_1$, $\boldsymbol{\eta}_2$, $\boldsymbol{\eta}_3$ 是它的三个解向量. 且 $\boldsymbol{\eta}_1=[2,3,4,5]^{\mathrm{T}}$, $\boldsymbol{\eta}_2+\boldsymbol{\eta}_3=[1,2,3,4]^{\mathrm{T}}$，求该方程组的通解.

13. 设矩阵 $A=(\boldsymbol{\alpha}_1,\boldsymbol{\alpha}_2,\boldsymbol{\alpha}_3,\boldsymbol{\alpha}_4)$，其中 $\boldsymbol{\alpha}_2$, $\boldsymbol{\alpha}_3$, $\boldsymbol{\alpha}_4$ 线性无关，$\boldsymbol{\alpha}_1=2\boldsymbol{\alpha}_2-\boldsymbol{\alpha}_3$. 向量 $\boldsymbol{b}=\boldsymbol{\alpha}_1+\boldsymbol{\alpha}_2+\boldsymbol{\alpha}_3+\boldsymbol{\alpha}_4$，求方程 $\boldsymbol{Ax}=\boldsymbol{b}$ 的通解.

14. 在某市的南京路、北京路、四川路、河南路的交界处的车辆数如图3－2所示，找出此问题中所有 x, y, z, u, t 可能的解.

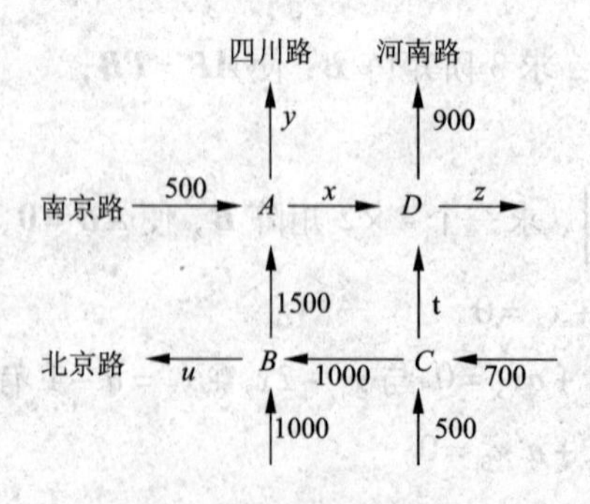

图3－2　车辆示意图

15. 给出如图3－3所示的流量模式。假设所有的流量都非负，x_3 的最大可能值是多少？

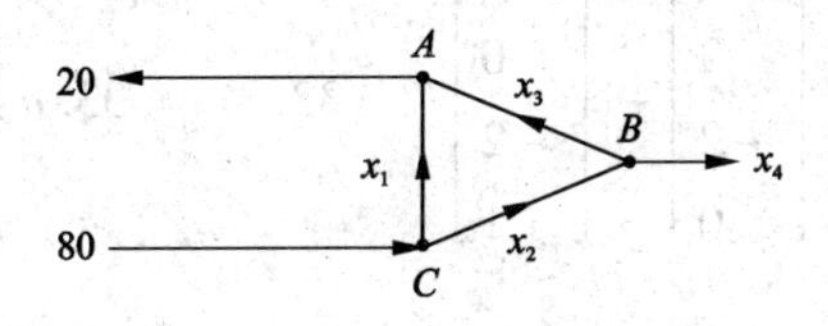

图3-3　流量模式示意图

16. 某地的道路交叉口处通常建成单行的小环岛，如图3-4所示。假设交通行进方向必须如图3-4示那样，请求出该网络的同解，并找出 x_6 的最小可能值。

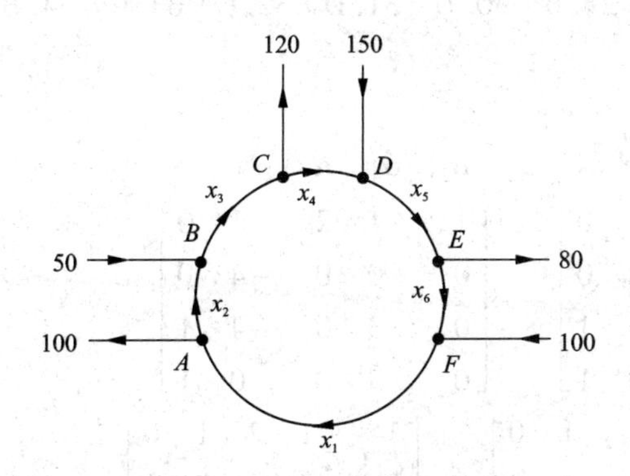

图3-4　交通行进方向示意图

17. 设 $\boldsymbol{\alpha}_1, \boldsymbol{\alpha}_2, \boldsymbol{\alpha}_3$ 是 $\boldsymbol{R}^3$ 的一个基，已知 $\boldsymbol{\beta}_1=\boldsymbol{\alpha}_1-\boldsymbol{\alpha}_2$，$\boldsymbol{\beta}_2=2\boldsymbol{\alpha}_1+3\boldsymbol{\alpha}_2+3\boldsymbol{\alpha}_3$，

$\boldsymbol{\beta}_3=\boldsymbol{\alpha}_1+3\boldsymbol{\alpha}_2+2\boldsymbol{\alpha}_3$，

(1)证明 $\boldsymbol{\beta}_1, \boldsymbol{\beta}_2, \boldsymbol{\beta}_3$ 是 $\boldsymbol{R}^3$ 的一个基；

(2)求向量 $\boldsymbol{\beta}=2\boldsymbol{\alpha}_1-\boldsymbol{\alpha}_2+3\boldsymbol{\alpha}_3$ 在基 $\boldsymbol{\beta}_1, \boldsymbol{\beta}_2, \boldsymbol{\beta}_3$ 下的坐标.

参考答案

一、填空题

1. 相关　2. 线性无关　3. 2　4. $t\neq 5$　5. $k\neq 0$ 且 $k\neq -3$　6. 2　7. -3　8. 2　9. 2　10. 相关　11. 无关　12. 非零解　13. $(2,4,6)^{\mathrm{T}}$　14. -2　15. 一个或0个

16. $\boldsymbol{\eta}_1+k_1(\boldsymbol{\eta}_1-\boldsymbol{\eta}_2)+k_2(\boldsymbol{\eta}_2-\boldsymbol{\eta}_3), k_1, k_2\in R$　17. 2　18. $n-r$

19. $k_1x_1+k_2x_2+\cdots+k_tx_t, k_1, k_2, \cdots, k_t\in R$　20. $\boldsymbol{\alpha}_1, \boldsymbol{\alpha}_2, \boldsymbol{\alpha}_3$　21. $\boldsymbol{\alpha}=-\dfrac{1}{3}\boldsymbol{\eta}_1+\dfrac{5}{3}\boldsymbol{\eta}_2$

22. 6　23. -3　24. n　25. $2b$　26. $k[1,1,\cdots,1]^{\mathrm{T}}$，$k\in R$　27. $n-1$　28. 非零

29. 0　　30. 3　　31. $x=\begin{bmatrix}2\\2\\-2\\0\end{bmatrix}+c\begin{bmatrix}0\\0\\-2\\1\end{bmatrix}$　　32. 3　　33. $a\neq-1$ 且 $a\neq3,-1$

34. 0　　35. 0　　36. 3

二、单项选择题

1. D　2. A　3. B　4. C　5. A　6. D　7. A　8. A　9. A　10. A　11. A　12. B　13. D
14. C　15. C　16. C　17. D　18. D　19. C　20. C　21. A　22. B　23. A　24. B　25. B
26. C　27. D　28. A　29. B　30. D　31. D　32. C　33. C　34. B　35. C　36. B

三、计算题

1. **解**　构造矩阵 $A=[\alpha_1\quad\alpha_2\quad\alpha_3\quad\alpha_4\quad\alpha_5]$

$$A=\begin{bmatrix}1&-1&2&1&0\\2&-2&4&-2&0\\3&0&6&-1&1\\0&3&0&0&1\end{bmatrix}\longrightarrow\begin{bmatrix}1&-1&2&1&0\\0&0&0&-4&0\\0&3&0&-4&1\\0&3&0&0&1\end{bmatrix}$$

$$\longrightarrow\begin{bmatrix}1&-1&2&1&0\\0&0&0&1&0\\0&3&0&0&1\\0&0&0&-4&0\end{bmatrix}\longrightarrow\begin{bmatrix}1&-1&2&1&0\\0&3&0&0&1\\0&0&0&1&0\\0&0&0&0&0\end{bmatrix}$$

所以 $r(A)=3$，其中 α_1、α_2、α_4 是一个极大线性无关组。

2. **解**　由于向量组线性相关的充分必要条件是其秩小于向量组所含向量的个数。对于此题而言，其秩必须要小于3。

又因为$\begin{bmatrix}1&1&2&1\\1&0&0&2\\-1&-4&-8&k\end{bmatrix}\sim\begin{bmatrix}0&1&2&-1\\1&0&0&2\\0&-4&-8&k+2\end{bmatrix}\sim\begin{bmatrix}1&0&0&2\\0&1&2&-1\\0&0&0&k-2\end{bmatrix}$

故，只有当 $k=2$ 时此向量组才线性相关.

3. **解**　$\begin{bmatrix}1&0&3&1\\-1&3&0&-1\\2&1&7&2\\4&2&14&0\end{bmatrix}\longrightarrow\begin{bmatrix}1&0&3&0\\0&1&1&0\\0&0&0&1\\0&0&0&0\end{bmatrix}$

所以，矩阵的秩为3，一个极大无关组为 α_1，α_2 和 α_4 并且 $\alpha_3=3\alpha_1+\alpha_2$

4. **解**　$(\alpha_1,\alpha_2,\alpha_3,\alpha_4)=\begin{bmatrix}1&2&0&3\\2&0&-4&-2\\-1&t&5&t+4\\1&0&-2&-1\end{bmatrix}\longrightarrow\begin{bmatrix}1&2&0&3\\0&1&1&2\\0&0&3-t&3-t\\0&0&0&0\end{bmatrix}$

当 $t=3$ 时，秩$(\alpha_1,\alpha_2,\alpha_3,\alpha_4)=2$，$\alpha_1$，$\alpha_2$ 是一个极大无关组.

当 $t\neq3$ 时，秩$(\alpha_1,\alpha_2,\alpha_3,\alpha_4)=3$，$\alpha_1$，$\alpha_2$，$\alpha_3$ 是一个极大无关组(极大无关组不唯一).

5. **解**　根据矩阵加法和行列式性质得

$$\begin{aligned}|\boldsymbol{A}+\boldsymbol{B}| &= |(\alpha+\beta,2\boldsymbol{\gamma}_2,2\boldsymbol{\gamma}_3,2\boldsymbol{\gamma}_4)| \\ &= |\alpha,2\boldsymbol{\gamma}_2,2\boldsymbol{\gamma}_3,2\boldsymbol{\gamma}_4| + |\beta,2\boldsymbol{\gamma}_2,2\boldsymbol{\gamma}_3,2\boldsymbol{\gamma}_4| \\ &= 2^3|\alpha,\boldsymbol{\gamma}_2,\boldsymbol{\gamma}_3,\boldsymbol{\gamma}_4| + 2^3|\beta,\boldsymbol{\gamma}_2,\boldsymbol{\gamma}_3,\boldsymbol{\gamma}_4| \\ &= 8|\boldsymbol{A}|+8|\boldsymbol{B}|=40\end{aligned}$$

6. **解**　对增广矩阵作初等行变换

$$[\boldsymbol{A}|\boldsymbol{b}]=\left[\begin{array}{ccc:c}1 & 1 & -1 & 1\\ 2 & a+3 & -3 & 3\\ -2 & a-1 & b & a-1\end{array}\right]\longrightarrow\left[\begin{array}{ccc:c}1 & 1 & -1 & 1\\ 0 & a+1 & -1 & 1\\ 0 & a+1 & b-2 & a+1\end{array}\right]$$

$$\longrightarrow\left[\begin{array}{ccc:c}1 & 1 & -1 & 1\\ 0 & a+1 & -1 & 1\\ 0 & 0 & b-1 & a\end{array}\right].$$

(1)当 $b\neq 1$，$a\neq -1$ 时，$r(\boldsymbol{A})=r(\boldsymbol{A}|\boldsymbol{b})=3$，方程组有唯一解，且解为

$$\left[\frac{a(a+b-1)}{(a+1)(b-1)},\frac{a+b-1}{(a+1)(b-1)},\frac{a}{b-1}\right]^{\mathrm{T}}.$$

(2)当 $b=1$，$a=0$ 时，$[\boldsymbol{A}|\boldsymbol{b}]\longrightarrow\left[\begin{array}{ccc:c}1 & 1 & -1 & 1\\ 0 & 1 & -1 & 1\\ 0 & 0 & 0 & 0\end{array}\right]$，$r(\boldsymbol{A})=r(\boldsymbol{A}|\boldsymbol{b})=2$，方程组有无数解.

$$A\longrightarrow\left[\begin{array}{ccc:c}1 & 0 & 0 & 0\\ 0 & 1 & -1 & 1\\ 0 & 0 & 0 & 0\end{array}\right]\quad x=c\begin{pmatrix}0\\1\\1\end{pmatrix}+\begin{pmatrix}0\\1\\0\end{pmatrix},\ c\in R$$

(3)当 $b=1$，$a\neq 0$ 时，$r(\boldsymbol{A})\neq r(\boldsymbol{A}|\boldsymbol{b})$无解.

7. **解**　构造矩阵 $\boldsymbol{A}=[\alpha_1^{\mathrm{T}}\quad\alpha_2^{\mathrm{T}}\quad\alpha_3^{\mathrm{T}}]=\begin{bmatrix}1 & 1 & 1\\ t_1 & t_2 & t_3\\ t_1^2 & t_2^2 & t_3^2\end{bmatrix}\longrightarrow\begin{bmatrix}1 & 1 & 1\\ 0 & t_2-t_1 & t_3-t_1\\ 0 & 0 & (t_3-t_1)(t_3-t_2)\end{bmatrix}$

因为　t_1、t_2、t_3 互不相等，有 $t_2-t_1\neq 0$，$(t_3-t_1)\neq 0$，$(t_3-t_2)\neq 0$，

所以　$r(\boldsymbol{A})=3$，因此 α_1、α_2、α_3 线性无关。

8. **解**　$\boldsymbol{A}=[\alpha_1^{\mathrm{T}}\quad\alpha_2^{\mathrm{T}}\quad\alpha_3^{\mathrm{T}}]$

$$=\begin{bmatrix}2 & -1 & 3 & 8\\ 1 & 1 & 1 & 5\\ 1 & 7 & -1 & 9\\ 1 & 10 & -2 & 11\end{bmatrix}\longrightarrow\begin{bmatrix}1 & 1 & 1 & 5\\ 0 & -3 & 1 & -2\\ 0 & 6 & -2 & 4\\ 0 & 9 & -3 & 6\end{bmatrix}\longrightarrow\begin{bmatrix}1 & 0 & \frac{4}{3} & \frac{13}{3}\\ 0 & 1 & -\frac{1}{3} & \frac{2}{3}\\ 0 & 0 & 0 & 0\\ 0 & 0 & 0 & 0\end{bmatrix}$$

$\boldsymbol{\alpha}_1$，$\boldsymbol{\alpha}_2$ 是向量组 $\boldsymbol{\alpha}_1$，$\boldsymbol{\alpha}_2$，$\boldsymbol{\alpha}_3$，$\boldsymbol{\alpha}_4$ 的一个极大线性无关组，

且
$$\boldsymbol{\alpha}_3=\frac{4}{3}\boldsymbol{\alpha}_1-\frac{1}{3}\boldsymbol{\alpha}_2\boldsymbol{\alpha}_4=\frac{13}{3}\boldsymbol{\alpha}_1+\frac{2}{3}\boldsymbol{\alpha}_2.$$

9. **解**　方程组增广矩阵为

$$[A \mid b]=\begin{bmatrix}3&2&4&\vdots&3\\1&1&1&\vdots&k\\5&4&6&\vdots&15\end{bmatrix}\longrightarrow\begin{bmatrix}1&0&2&\vdots&3-2k\\0&1&-1&\vdots&3k-3\\0&0&0&\vdots&k-6\end{bmatrix}$$

方程组有无穷多解，则 $r(A)=r(A,b)=2$，所以 $k=6$

$k=6$ 时，$A\longrightarrow\begin{bmatrix}1&0&2&\vdots&-9\\0&1&-1&\vdots&15\\0&0&0&\vdots&0\end{bmatrix}$ $\begin{cases}x_1=-2x_3+9\\x_2=\ \ x_3+15\end{cases}$

代入方程组得该方程组的通解为：$\begin{bmatrix}x_1\\x_2\\x_3\end{bmatrix}=c\begin{bmatrix}-2\\1\\1\end{bmatrix}+\begin{bmatrix}-9\\15\\0\end{bmatrix},c\in R$

10. 解 $B=\begin{bmatrix}-2&1&1&-2\\1&-2&1&\lambda\\1&1&-2&\lambda^2\end{bmatrix}\sim\begin{bmatrix}1&-2&1&\lambda\\0&1&-1&-\frac{2}{3}(\lambda-1)\\0&0&0&(\lambda-1)(\lambda+2)\end{bmatrix}$.

要使方程组有解，必须$(1-\lambda)(\lambda+2)=0$，即 $\lambda=1$ 或 $\lambda=-2$.

当 $\lambda=1$ 时，

$$B=\begin{bmatrix}-2&1&1&-2\\1&-2&1&1\\1&1&-2&1\end{bmatrix}\sim\begin{bmatrix}1&0&-1&1\\0&1&-1&0\\0&0&0&0\end{bmatrix},$$

方程组解为

$$\begin{cases}x_1=x_3+1\\x_2=x_3\end{cases}\quad 或 \quad\begin{cases}x_1=x_3+1\\x_2=x_3\\x_3=x_3\end{cases},$$

即 $\begin{bmatrix}x_1\\x_2\\x_3\end{bmatrix}=k\begin{bmatrix}1\\1\\1\end{bmatrix}+\begin{bmatrix}1\\0\\0\end{bmatrix}$($k$ 为任意常数).

当 $\lambda=-2$ 时，

$$B=\begin{bmatrix}-2&1&1&-2\\1&-2&1&-2\\1&1&-2&4\end{bmatrix}\sim\begin{bmatrix}1&0&-1&2\\0&1&-1&2\\0&0&0&0\end{bmatrix},$$

方程组解为

$$\begin{cases}x_1=x_3+2\\x_2=x_3+2\end{cases}\quad 或 \quad\begin{cases}x_1=x_3+2\\x_2=x_3+2,\\x_3=x_3\end{cases}$$

即 $\begin{bmatrix}x_1\\x_2\\x_3\end{bmatrix}=k\begin{bmatrix}1\\1\\1\end{bmatrix}+\begin{bmatrix}2\\2\\0\end{bmatrix}$($k$ 为任意常数).

11. **解**：$\boldsymbol{B}=\begin{bmatrix}2-\lambda & 2 & -2 & 1\\ 2 & 5-\lambda & -4 & 2\\ -2 & -4 & 5-\lambda & -\lambda-1\end{bmatrix}\sim\begin{bmatrix}2 & 5-\lambda & -4 & 2\\ 0 & 1-\lambda & 1-\lambda & 1-\lambda\\ 0 & 0 & (1-\lambda)(10-\lambda) & (1-\lambda)(4-\lambda)\end{bmatrix}$.

要使方程组有唯一解，必须 $r(\boldsymbol{A})=r(\boldsymbol{B})=3$，即必须

$$(1-\lambda)(10-\lambda)\neq 0,$$

所以当 $\lambda\neq 1$ 且 $\lambda\neq 10$ 时，方程组唯一解.

要使方程组无解，必须 $r(A)<r(B)$，即必须

$(1-\lambda)(10-\lambda)=0$ 且 $(1-\lambda)(4-\lambda)\neq 0$，所以，当 $\lambda=10$ 时，方程组无解.

要使方程组有无穷的解，必须 $r(A)=R(B)<3$，即必须

$$(1-\lambda)(10-\lambda)=0$$

$$(1-\lambda)(4-\lambda)=0$$

所以当 $\lambda=1$ 时，方程组有无穷多解，此时，增广矩阵为

$$\boldsymbol{B}\sim\begin{bmatrix}1 & 2 & -2 & 1\\ 0 & 0 & 0 & 0\\ 0 & 0 & 0 & 0\end{bmatrix},$$

方程组的解为

$$\begin{cases}x_1=-2x_2+2x_3+1\\ x_2=x_2\\ x_3=x_3\end{cases}$$

或 $$\begin{bmatrix}x_1\\ x_2\\ x_3\end{bmatrix}=k_1\begin{bmatrix}-2\\ 1\\ 0\end{bmatrix}+k_2\begin{bmatrix}2\\ 0\\ 1\end{bmatrix}+\begin{bmatrix}1\\ 0\\ 0\end{bmatrix}(k_1,\ k_2\text{ 为任意常数}).$$

12. **解**

$$\begin{bmatrix}1 & 1 & 1 & 1 & 1 & 7\\ 3 & 2 & 1 & 1 & -3 & -2\\ 0 & 1 & 2 & 2 & 6 & 23\\ 5 & 4 & -3 & 3 & -1 & 12\end{bmatrix}\longrightarrow\begin{bmatrix}1 & 0 & 0 & -1 & -5 & -16\\ 0 & 0 & 0 & 0 & 0 & 0\\ 0 & 1 & 0 & 2 & 6 & 23\\ 0 & 0 & 1 & 0 & 0 & 0\end{bmatrix}$$

$$\longrightarrow\begin{bmatrix}1 & 0 & 0 & -1 & -5 & -16\\ 0 & 1 & 0 & 2 & 6 & 23\\ 0 & 0 & 1 & 0 & 0 & 0\\ 0 & 0 & 0 & 0 & 0 & 0\end{bmatrix}$$

方程组同解于$\begin{cases}x_1=x_4+5x_5-16\\ x_2=23-2x_4-6x_5\\ x_3=0\end{cases}$　令 $x_4=k$，$x_5=k_2$

通解 $\boldsymbol{\eta}=(-16,23,0,0,0)^{\mathrm{T}}+k_1(1,-2,0,1,0)^{\mathrm{T}}+k_2(-5,-6,0,0,1)^{\mathrm{T}}$，$k_1$，$k_2\in R$

13. **解**　(1)由题有：$|\boldsymbol{A}|=\begin{vmatrix}1 & 1 & 1\\ 1 & 2 & 1\\ p & 1 & 1\end{vmatrix}=1-p$；若方程组仅有零解，则 $|\boldsymbol{A}|\neq 0$；

若方程组有非零解，则$|A|=0$。解得：$p\neq1$时，方程组仅有零解；$p=1$时有非零解。

(2)当$p=1$时，$\boldsymbol{A}=\begin{bmatrix}1&1&1\\1&2&1\\1&1&1\end{bmatrix}\longrightarrow\begin{bmatrix}1&1&1\\0&1&0\\0&0&0\end{bmatrix}\longrightarrow\begin{bmatrix}1&0&1\\0&1&0\\0&0&0\end{bmatrix}$得：$r(\boldsymbol{A})=2$，所以$n-r=1$

取$x_3=1$，则一个基础解系为：$\boldsymbol{\xi}=\begin{bmatrix}-1\\0\\1\end{bmatrix}$

14. 解　因为$a_2=2a_1$，所以β可由a_1，a_2线性表示的充分必要条件是β可由α_1线性表示，即β与a_1的对应分量成比例，所以$\lambda=6$。

15. 解　$\boldsymbol{A}=\begin{bmatrix}1&1&-3&1&3\\2&1&-5&4&k\\4&3&-11&6&10\end{bmatrix}\longrightarrow\begin{bmatrix}1&1&-3&1&3\\0&-1&1&2&-2\\0&0&0&0&k-4\end{bmatrix}$

故$k=4$时，$\boldsymbol{r}(\boldsymbol{A})=\boldsymbol{r}(\widetilde{\boldsymbol{A}})$，方程组有解. 此时，$A\to\begin{bmatrix}1&0&-2&3&1\\0&1&-1&-2&2\\0&0&0&0&0\end{bmatrix}$

此时方程组的一般解为：$X=\begin{bmatrix}1+2x_3-3x_4\\2+x_3+2x_4\\x_3\\x_4\end{bmatrix}$，得一个特解$\boldsymbol{\eta}_0=\begin{bmatrix}1\\2\\0\\0\end{bmatrix}$

导出组的一个基础解系，$\boldsymbol{\eta}_1=\begin{bmatrix}2\\1\\1\\0\end{bmatrix}$，$\boldsymbol{\eta}_2=\begin{bmatrix}-3\\2\\0\\1\end{bmatrix}$

通解为$X=\boldsymbol{\eta}_0+k_1\boldsymbol{\eta}_1+k_2\boldsymbol{\eta}_2$（$k_1$，$k_2$为任意常数）

16. 解

$$\begin{bmatrix}1&-1&-1&1\\1&-1&1&-1\\1&-1&-2&3\end{bmatrix}\sim\begin{bmatrix}1&-1&-1&1\\0&0&2&-2\\0&0&-1&2\end{bmatrix}\sim\begin{bmatrix}1&-1&-1&1\\0&0&1&-1\\0&0&0&1\end{bmatrix}\sim\begin{bmatrix}1&-1&0&0\\0&0&1&0\\0&0&0&1\end{bmatrix}$$

所以原方程组等价于$\begin{cases}x_1-x_2-x_3+x_4=0\\x_3\quad-\quad x_4=0\\\quad\quad x_4\quad=0\end{cases}$ $\begin{cases}x_1=x_2\\x_3=0\\x_4=0\end{cases}$

故原方程组的解为$x=k(1,1,0,0)^{\mathrm{T}}$。

17. 解　(1)由题有：$|A|=\begin{vmatrix}1&1&a\\1&a&1\\a&1&1\end{vmatrix}=3a-a^3-2=0$；解得：$a=1$或$a=-2$

(2)当$a=1$时，$A=\begin{bmatrix}1&1&1\\1&1&1\\1&1&1\end{bmatrix}\longrightarrow\begin{bmatrix}1&1&1\\0&0&0\\0&0&0\end{bmatrix}$得：$r(A)=1$，所以　$n-r=2$

有 2 个自由未知量，取 $\begin{bmatrix}x_2\\x_3\end{bmatrix}=\begin{bmatrix}1\\0\end{bmatrix},\begin{bmatrix}0\\1\end{bmatrix}$；得一个基础解系为：$\xi_1=\begin{bmatrix}-1\\1\\0\end{bmatrix}$，$\xi_2=\begin{bmatrix}-1\\0\\1\end{bmatrix}$

全部解为：$x=c_1\xi_1+c_2\xi_2(c_1、c_2\in R)$

当 $a=-2$ 时，$A=\begin{bmatrix}1&1&-2\\1&-2&1\\-2&1&1\end{bmatrix}\longrightarrow\begin{bmatrix}1&1&-2\\0&1&-1\\0&0&0\end{bmatrix}\longrightarrow\begin{bmatrix}1&0&-1\\0&1&-1\\0&0&0\end{bmatrix}$ 得：$r(A)=2$，

所以　$n-r=1$ 有 1 个自由未知量，取 $x_2=1$；得一个基础解系为：$\boldsymbol{\xi}_3=\begin{bmatrix}1\\1\\1\end{bmatrix}$；

全部解为：$x=c_3\boldsymbol{\xi}_3(c_3\in R)$

18. **解**　$A\to\begin{bmatrix}1&-1&1&1&2\\0&3&-3&-1&-3\\0&9&-9&-3&a-14\\0&6&-6&-2&b-14\end{bmatrix}\longrightarrow\begin{bmatrix}1&0&0&\frac{2}{3}&1\\0&1&-1&-\frac{1}{3}&-1\\0&0&0&0&a-5\\0&0&0&0&b-8\end{bmatrix}$

当 $a=5$ 且 $b=8$ 时，线性方程组有解.

$\boldsymbol{\gamma}=(1,\ -1,0,0)^{\mathrm{T}}$，$\boldsymbol{\eta}_1=(0,1,1,0)^{\mathrm{T}}$，$\boldsymbol{\eta}_2=(-2,1,0,3)^{\mathrm{T}}$

全部解为 $x=\gamma+c_1\eta_1+c_2\eta_2$，$c_1$，$c_2$ 为任意常数.

19. **解**　构造增广矩阵

$$[\boldsymbol{A}\quad\boldsymbol{b}]=\begin{bmatrix}1&1&1&1\\3&2&1&\lambda\\0&1&2&3\\5&4&3&\mu\end{bmatrix}\longrightarrow\begin{bmatrix}1&1&1&1\\0&-1&-2&\lambda-3\\0&1&2&3\\0&-1&-2&\mu-5\end{bmatrix}\longrightarrow\begin{bmatrix}1&1&1&1\\0&1&2&3-\lambda\\0&0&0&\lambda\\0&0&0&\mu-2\end{bmatrix};$$

要使方程组有解，须有 $r(A)=r(A\quad b)$；所以　当 $\lambda=0$，$\mu=2$ 时，$r(A)=r(A\quad b)=2$；有解.

20. **解**　$[\boldsymbol{a}_3,\boldsymbol{a}_2,\boldsymbol{a}_1,\boldsymbol{b}]=\begin{bmatrix}-1&-2&\alpha&1\\1&1&2&\beta\\4&5&10&-1\end{bmatrix}\longrightarrow\begin{bmatrix}-1&-2&\alpha&1\\0&-1&2+\alpha&\beta+1\\0&0&4+\alpha&-3\beta\end{bmatrix}$.

(1) 当 $\alpha=-4$，$\beta\neq0$ 时，$r(\boldsymbol{A})\neq r(A,\boldsymbol{b})$，此时向量 $\boldsymbol{b}$ 不能由向量组 A 线性表示.

(2) 当 $\alpha\neq-4$ 时，$r(\boldsymbol{A})=r(\boldsymbol{A},b)=3$，此时向量组 $\boldsymbol{a}_1$，$\boldsymbol{a}_2$，$\boldsymbol{a}_3$ 线性无关，而向量组 $\boldsymbol{a}_1$，$\boldsymbol{a}_2$，$\boldsymbol{a}_3$，$\boldsymbol{b}$ 线性相关，故向量 $\boldsymbol{b}$ 能由向量组 $\boldsymbol{A}$ 线性表示，且表示式唯一.

(3) 当 $\alpha=-4$，$\beta=0$ 时，$r(\boldsymbol{A})=r(\boldsymbol{A},\boldsymbol{b})=2$，此时向量 $\boldsymbol{b}$ 能由向量组 $\boldsymbol{A}$ 线性表示，且表示式不唯一.

当 $\alpha=-4$，$\beta=0$ 时，

$$[\boldsymbol{a}_3,\boldsymbol{a}_2,\boldsymbol{a}_1,\boldsymbol{b}]=\begin{bmatrix}-1&-2&-4&1\\1&1&2&0\\4&5&10&-1\end{bmatrix}\longrightarrow\begin{bmatrix}1&0&0&1\\0&1&2&-1\\0&0&0&0\end{bmatrix},$$

方程组$[\boldsymbol{a}_3, \boldsymbol{a}_2, \boldsymbol{a}_1]x = b$ 的解为

$$\begin{bmatrix} x_1 \\ x_2 \\ x_3 \end{bmatrix} = c\begin{bmatrix} 0 \\ -2 \\ 1 \end{bmatrix} + \begin{bmatrix} 1 \\ -1 \\ 0 \end{bmatrix} = \begin{bmatrix} 1 \\ -2c-1 \\ c \end{bmatrix}, \ c \in \boldsymbol{R}.$$

因此 $\boldsymbol{b} = \boldsymbol{a}_3 + (-2c-1)\boldsymbol{a}_2 + c\boldsymbol{a}_1$,

即 $\boldsymbol{b} = c\boldsymbol{a}_1 + (-2c-1)\boldsymbol{a}_2 + \boldsymbol{a}_3, \ c \in \boldsymbol{R}.$

四、综合题

1. **解** 根据已知, 可得

$$\begin{bmatrix} x_1 \\ x_2 \\ x_3 \\ x_4 \end{bmatrix} = c_1\begin{bmatrix} 2 \\ -3 \\ 1 \\ 0 \end{bmatrix} + c_2\begin{bmatrix} -2 \\ 4 \\ 0 \\ 1 \end{bmatrix},$$

与此等价地可以写成
$$\begin{cases} x_1 = 2c_1 - 2c_2 \\ x_2 = -3c_1 + 4c_2 \\ x_3 = c_1 \\ x_4 = c_2 \end{cases},$$

或
$$\begin{cases} x_1 = 2x_3 - 2x_4 \\ x_2 = -3x_3 + 4x_4 \end{cases},$$

或
$$\begin{cases} x_1 - 2x_3 + 2x_4 = 0 \\ x_2 + 3x_3 - 4x_4 = 0 \end{cases},$$

这就是一个满足题目要求的齐次线性方程组.

2. 证法一:

因为$[\boldsymbol{\beta}_1, \boldsymbol{\beta}_2, \boldsymbol{\beta}_3, \boldsymbol{\beta}_4] = (\boldsymbol{\alpha}_1 + \boldsymbol{\alpha}_2) - (\boldsymbol{\alpha}_2 + \boldsymbol{\alpha}_3) + (\boldsymbol{\alpha}_2 + \boldsymbol{\alpha}_4) - (\boldsymbol{\alpha}_4 + \boldsymbol{\alpha}_1) = 0$

即存在不全为零的数 k_1, k_2, k_3, k_4 使 $k_1\boldsymbol{\beta}_1, k_2\boldsymbol{\beta}_2, k_3\boldsymbol{\beta}_3, k_4\boldsymbol{\beta}_4 = 0$ 成立, 故$\boldsymbol{\beta}_1, \boldsymbol{\beta}_2, \boldsymbol{\beta}_3, \boldsymbol{\beta}_4$线性相关.

证法二: $[\boldsymbol{\beta}_1, \boldsymbol{\beta}_2, \boldsymbol{\beta}_3, \boldsymbol{\beta}_4] = [\boldsymbol{\alpha}_1, \boldsymbol{\alpha}_2, \boldsymbol{\alpha}_3, \boldsymbol{\alpha}_4]\begin{bmatrix} 1 & 0 & 0 & 1 \\ 1 & 1 & 0 & 0 \\ 0 & 1 & 1 & 0 \\ 0 & 0 & 1 & 1 \end{bmatrix} = [\boldsymbol{\alpha}_1, \boldsymbol{\alpha}_2, \boldsymbol{\alpha}_3, \boldsymbol{\alpha}_4]\boldsymbol{C}$

而$|\boldsymbol{C}| = \begin{vmatrix} 1 & 0 & 0 & 1 \\ 1 & 1 & 0 & 0 \\ 0 & 1 & 1 & 0 \\ 0 & 0 & 1 & 1 \end{vmatrix} = \begin{vmatrix} 1 & 0 & 0 \\ 1 & 1 & 0 \\ 0 & 1 & 1 \end{vmatrix} - \begin{vmatrix} 1 & 1 & 0 \\ 0 & 1 & 1 \\ 0 & 0 & 1 \end{vmatrix} = 0$

所以 $\boldsymbol{\beta}_1, \boldsymbol{\beta}_2, \boldsymbol{\beta}_3, \boldsymbol{\beta}_4$ 线性相关

3. (1)**解** 因为

$$\begin{aligned} \boldsymbol{AP} &= \boldsymbol{A}(x, \boldsymbol{A}x, \boldsymbol{A}^2x) \\ &= (\boldsymbol{A}x, \boldsymbol{A}^2x, \boldsymbol{A}^3x) \end{aligned}$$

$$=(Ax,\ A^2x,\ 3Ax-A^2x)$$

$$=(x,\ Ax,\ A^2x)\begin{bmatrix}0&0&0\\1&0&3\\0&1&-1\end{bmatrix},$$

所以 $B=\begin{bmatrix}0&0&0\\1&0&3\\0&1&-1\end{bmatrix}$.

(2)**解**　由 $A^3x=3Ax-A^2x$，得 $A(3x-Ax-A^2x)=0$. 因为 x，Ax，A^2x 线性无关，故 $3x-Ax-A^2x\neq 0$，即方程 $Ax=0$ 有非零解，所以 $r(A)<3$，$|A|=0$.

4. **解**　显然 B 的两个列向量应是方程组 $AX=0$ 的两个线性无关的解. 因为

$$A=\begin{bmatrix}2&-2&1&3\\9&-5&2&8\end{bmatrix}\sim\begin{bmatrix}1&0&-1/8&1/8\\0&1&-5/8&-11/8\end{bmatrix}$$

所以与方程组 $AX=0$ 同解方程组为

$$\begin{cases}x_1=(1/8)x_3-(1/8)x_4\\x_2=(5/8)x_3+(11/8)x_4\end{cases}.$$

取 $(x_3,x_4)^{\mathrm T}=(8,0)^{\mathrm T}$，得 $(x_1,\ x_2)^{\mathrm T}=(1,\ 5)^{\mathrm T}$；

取 $[x_3,x_4]^{\mathrm T}=[0,8]^{\mathrm T}$，得 $[x_1,\ x_2]^{\mathrm T}=[-1,\ 11]^{\mathrm T}$.

方程组 $AX=0$ 的基础解系为

$$\boldsymbol{\xi}_1=[1,5,8,0]^{\mathrm T},\ \boldsymbol{\xi}_2=[-1,11,0,8]^{\mathrm T}.$$

因此所求矩阵为 $B=\begin{bmatrix}1&-1\\5&11\\8&0\\0&8\end{bmatrix}$.

5. **解**　因为求方程组和方程的公共解，联立方程组 $\begin{cases}x_1+x_2+x_3=0\\x_1+2x_2+ax_3=0\\x_1+4x_2+a^2x_3=0\\x_1+2x_2+x_3=a-1\end{cases}$

由增广矩阵 $(A,b)=\begin{bmatrix}1&1&1&0\\1&2&a&0\\1&4&a^2&0\\1&2&1&a-1\end{bmatrix}\longrightarrow\begin{bmatrix}1&0&1&1-a\\0&1&0&a-1\\0&0&a-1&1-a\\0&0&0&(a-1)(a-2)\end{bmatrix}=B$

当 $(a-1)(a-2)=0$ 时，即 $a=1$ 或 $a=2$ 时，$R(A)=R(A\quad b)$.

(1)当 $a=1$ 时 $B=\begin{bmatrix}1&0&1&0\\0&1&0&0\\0&0&0&0\\0&0&0&0\end{bmatrix}$，因此有公共解为 $X=k[-1,0,1]^{\mathrm T}$，$k\in R$.

(2)当 $a=2$ 时

$\boldsymbol{B}=\begin{bmatrix}1&0&0&0\\0&1&0&1\\0&0&1&-1\\0&0&0&0\end{bmatrix}$,有公共解为 $\boldsymbol{X}=k[0,1,-1]^{\mathrm{T}}$, $k\in R$

6. **解** $\boldsymbol{\eta}_1=\boldsymbol{X}_1-\boldsymbol{X}_2=\begin{bmatrix}-1\\1\\0\\4\end{bmatrix}$, $\boldsymbol{\eta}_2=\boldsymbol{X}_3+\boldsymbol{X}_4-2\boldsymbol{X}_2=\begin{bmatrix}-2\\1\\-1\\1\end{bmatrix}$

全部解为 $\boldsymbol{X}=\boldsymbol{X}_1+c_1\boldsymbol{\eta}_1+c_2\boldsymbol{\eta}_2$($c_1$, c_2 为任意常数) 注:答案不唯一.

7. 证明:该方程组的增广矩阵为 $\boldsymbol{A}$,因 $\boldsymbol{A}$ 可逆,所以 $\boldsymbol{A}$ 的秩为3,方程组的系数矩阵是 3×2矩阵,其秩小于等于2,由于方程组的增广矩阵的秩与系数矩阵的秩不相等,所以方程组无解。

8. **解** 线性方程组的一般解为$\begin{cases}x_1=-x_2\\x_4=x_2\end{cases}$($x_2$, x_3 为自由未知量)$\begin{pmatrix}1&1&0&0\\0&1&0&-1\end{pmatrix}$

令$\begin{bmatrix}x_2\\x_3\end{bmatrix}$分别取$\begin{bmatrix}1\\0\end{bmatrix}$和$\begin{bmatrix}0\\1\end{bmatrix}$便得到方程组的一个基础解系 $\boldsymbol{\eta}_1=\begin{bmatrix}-1\\1\\0\\1\end{bmatrix}$, $\boldsymbol{\eta}_2=\begin{bmatrix}0\\0\\1\\0\end{bmatrix}$.

(2)(Ⅱ)的通解为$[-c_2,c_1+2c_2,c_1+2c_2,c_2]^{\mathrm{T}}$将其代入(Ⅰ)解得 $c_1=-c_2$.

当 $c_1=-c_2\neq0$ 时,(Ⅱ)的通解可化为 $c_1[0,1,1,0]^{\mathrm{T}}+c_2[-1,2,2,1]^{\mathrm{T}}=c_2[-1,1,1,1]^{\mathrm{T}}$.

所以 方程组(Ⅰ)和(Ⅱ)的所有非零公共解为 $c[-1,1,1,1]^{\mathrm{T}}$(c 为非零常数).

9. **解** (1)α_1 能由 α_2, α_3, …, α_{m-1}线性表示.

因为 α_2, α_3, …, α_m 线性无关,故 α_2, α_3, …, α_{m-1}也线性无关.又因为 α_1, α_2, …, α_{m-1} 线性相关,因此 α_1 能由 α_2, α_3, …, α_{m-1}线性表示.

(2)α_m 不能由 α_1, α_2, …, α_{m-1}线性表示.

用反证法:设 α_m 能由 α_1, α_2, …, α_{m-1}线性表示,即有实数 k_1, k_2, …, k_{m-1}使得 $\alpha_m=k_1\alpha_1+k_2\alpha_2+\cdots+k_{m-1}\alpha_{m-1}$.

由(1)知 α_1 能由 α_2, …, α_{m-1}线性表示,所以有 l_2, …, l_{m-1},使得

$$\alpha_1=l_2\alpha_2+\cdots+l_{m-1}\alpha_{m-1},$$

则
$$\begin{aligned}\alpha_m&=k_1(l_2\alpha_2+\cdots+l_{m-1}\alpha_{m-1})+k_2\alpha_2+\cdots+k_{m-1}\alpha_{m-1}\\&=(k_1l_2+k_2)\alpha_2+(k_1l_3+k_3)\alpha_3+\cdots+(k_1l_{m-1}+k_{m-1})\alpha_{m-1}.\end{aligned}$$

即 α_m 可由 α_2, …, α_{m-1}线性表示,这与已知 α_2, …, α_m 线性无关矛盾,故 α_m 不能由 α_1, α_2, …, α_{m-1}线性表示.

10. **解** 显然原方程组的通解为$\begin{bmatrix}x_1\\x_2\\x_3\\x_4\end{bmatrix}=k_1\begin{bmatrix}0\\1\\2\\3\end{bmatrix}+k_2\begin{bmatrix}3\\2\\1\\0\end{bmatrix}$,即$\begin{cases}x_1=3k_2\\x_2=k_1+2k_2\\x_3=2k_1+k_2\\x_4=3k_1\end{cases}$,($k_1$, $k_2\in\boldsymbol{R}$)

消去 k_1, k_2 得

$$\begin{cases}2x_1-3x_2+x_4=0.\\x_1-3x_3+2x_4=0\end{cases}.$$

此即所求的齐次线性方程组.

11. **解**　(1)由方程Ⅰ得$\begin{cases}x_1=-x_4\\x_2=x_4\end{cases}$.

取$[x_3,x_4]^{\mathrm{T}}=[1,0]^{\mathrm{T}}$，得$[x_1,\ x_2]^{\mathrm{T}}=[0,\ 0]^{\mathrm{T}}$；取$\begin{pmatrix}x_3\\x_4\end{pmatrix}=\begin{pmatrix}1\\0\end{pmatrix}$，得$\begin{pmatrix}x_1\\x_2\end{pmatrix}=\begin{pmatrix}0\\0\end{pmatrix}$.

取$[x_3,x_4]^{\mathrm{T}}=[0,1]^{\mathrm{T}}$，得$[x_1,\ x_2]^{\mathrm{T}}=[-1,\ 1]^{\mathrm{T}}$. 取$\begin{pmatrix}x_3\\x_4\end{pmatrix}=\begin{pmatrix}0\\1\end{pmatrix}$，得$\begin{pmatrix}x_1\\x_2\end{pmatrix}=\begin{pmatrix}-1\\1\end{pmatrix}$.

因此方程Ⅰ的基础解系为

$$\xi_1=[0,0,1,0]^{\mathrm{T}},\ \xi_2=[-1,1,0,1]^{\mathrm{T}}.$$

由方程Ⅱ得$\begin{cases}x_1=-x_4\\x_2=x_3-x_4\end{cases}$.

取$[x_3,x_4]^{\mathrm{T}}=[1,0]^{\mathrm{T}}$，得$[x_1,\ x_2]^{\mathrm{T}}=[0,\ 1]^{\mathrm{T}}$；分别取$\begin{pmatrix}x_3\\x_4\end{pmatrix}=\begin{pmatrix}1\\0\end{pmatrix}$，$\begin{pmatrix}0\\1\end{pmatrix}$.

取$[x_3,x_4]^{\mathrm{T}}=[0,1]^{\mathrm{T}}$，得$[x_1,\ x_2]^{\mathrm{T}}=[-1,\ 1]^{\mathrm{T}}$. 可得$\begin{pmatrix}x_1\\x_2\end{pmatrix}=\begin{pmatrix}0\\1\end{pmatrix}$，$\begin{pmatrix}-1\\1\end{pmatrix}$.

因此方程Ⅱ的基础解系为

$$\xi_1=[0,1,1,0]^{\mathrm{T}},\ \xi_2=[-1,-1,0,1]^{\mathrm{T}}.\ \xi_1=\begin{pmatrix}0\\1\\1\\0\end{pmatrix},\ \xi_2=\begin{pmatrix}-1\\-1\\0\\1\end{pmatrix}.$$

(2) Ⅰ与Ⅱ的公共解就是方程

$$\text{Ⅲ}:\begin{cases}x_1+x_2=0\\x_2-x_4=0\\x_1-x_2+x_3=0\\x_2-x_3+x_4=0\end{cases}\text{的解}$$

因为方程组Ⅲ的系数矩阵

$$A=\begin{bmatrix}1&1&0&0\\0&1&0&-1\\1&-1&1&0\\0&1&-1&1\end{bmatrix}\sim\begin{bmatrix}1&0&0&1\\0&1&0&-1\\0&0&1&-2\\0&0&0&0\end{bmatrix},$$

所以与方程组Ⅲ同解的方程组为

$$\begin{cases}x_1=-x_4\\x_2=x_4\\x_3=2x_4\end{cases}.$$

取$x_4=1$，得$[x_1,\ x_2,\ x_3]^{\mathrm{T}}=[-1,\ 1,\ 2]^{\mathrm{T}}$，方程组Ⅲ的基础解系为$\xi=[-1,\ 1,\ 2,\ 1]^{\mathrm{T}}$.

因此Ⅰ与Ⅱ的公共解为 $x=c[-1,1,2,1]^{\mathrm{T}}$, $c\in\boldsymbol{R}$.

12. **解** 由于方程组中未知数的个数是4, 系数矩阵的秩为3, 所以对应的齐次线性方程组的基础解系含有一个向量, 且由于 η_1, η_2, η_3 均为方程组的解, 由非齐次线性方程组解的结构性质得

$$2\eta_1-(\eta_2+\eta_3)=(\eta_1-\eta_2)+(\eta_1-\eta_3)=[3,4,5,6]^{\mathrm{T}}$$

为对应齐次线性方程组基础解系向量, 故此方程组的通解:

$$x=k[3,4,5,6]^{\mathrm{T}}+[2,3,4,5]^{\mathrm{T}},\ (k\in\boldsymbol{R}).$$

13. **解** 由 $\boldsymbol{b}=\boldsymbol{a}_1+\boldsymbol{a}_2+\boldsymbol{a}_3+\boldsymbol{a}_4$ 知 $\boldsymbol{\eta}=(1,1,1,1)^{\mathrm{T}}$ 是方程 $Ax=b$ 的一个解.

由 $\boldsymbol{a}_1=2\boldsymbol{\alpha}_2-\boldsymbol{a}_3$ 得 $\boldsymbol{a}_1-2\boldsymbol{a}_2+\boldsymbol{a}_3=\boldsymbol{0}$, 知 $\xi=(1,-2,1,0)^{\mathrm{T}}$ 是 $\boldsymbol{Ax}=0$ 的一个解.

由 $\boldsymbol{a}_2$, $\boldsymbol{a}_3$, $\boldsymbol{a}_4$ 线性无关知 $R(\boldsymbol{A})=3$, 故方程 $\boldsymbol{Ax}=b$ 所对应的齐次方程 $\boldsymbol{Ax}=0$ 的基础解系中含一个解向量. 因此 $\xi=[1,-2,1,0]^{\mathrm{T}}$ 是方程 $\boldsymbol{Ax}=0$ 的基础解系.

方程 $\boldsymbol{Ax}=\boldsymbol{b}$ 的通解为

$$x=c[1,-2,1,0]^{\mathrm{T}}+[1,1,1,1]^{\mathrm{T}},\ c\in\boldsymbol{R}.$$

14. **解** 由已知得,

$$\begin{cases}700+500=1000+t & (C)\\ 1000+1000=1500+u & (B)\\ 1500+500=x+y & (A)\\ x+t=900+z & (D)\end{cases},\ 解得\begin{cases}u=500\\ t=200\\ x=700+z\\ y=1300-z\end{cases},\ z\leqslant 1300$$

15. **解** 由题意有: $\begin{cases}x_1+x_2=80 & (C)\\ x_1+x_3=20 & (A)\\ x_4+x_3=x_2 & (B)\end{cases}$; 解得 $\begin{cases}x_1+x_3=20\\ x_1-x_3=20\end{cases}$, 所以 x_3 的最大可能值是20。

16. **解** 由题意: $\begin{cases}x_1=100+x_2=x_6+100 & (A)、(F)\\ x_3=50+x_2=120+x_4 & (B)、(C)\\ x_4+150=x_5 & (D)\\ x_5=80+x_6 & (E)\end{cases}$;

解得 $x_4+150=x_6+80$, 所以 x_6 的最小可能值为70.

17. (1)证 $[\boldsymbol{\beta}_1,\boldsymbol{\beta}_2,\boldsymbol{\beta}_3]=[\boldsymbol{\alpha}_1,\boldsymbol{\alpha}_2,\boldsymbol{\alpha}_3]\begin{bmatrix}1&2&1\\-1&3&3\\0&3&2\end{bmatrix}=[\boldsymbol{\alpha}_1,\boldsymbol{\alpha}_2,\boldsymbol{\alpha}_3]\boldsymbol{C}$, 由于 $|\boldsymbol{C}|\neq 0$, 故 $\boldsymbol{C}$ 为可逆矩阵, 而 $\boldsymbol{\alpha}_1$, $\boldsymbol{\alpha}_2$, $\boldsymbol{\alpha}_3$ 为 $\boldsymbol{R}^3$ 的基, 故 $\boldsymbol{\beta}_1$, $\boldsymbol{\beta}_2$, $\boldsymbol{\beta}_3$ 线性无关, 所以 $\boldsymbol{\beta}_1$, $\boldsymbol{\beta}_2$, $\boldsymbol{\beta}_3$ 为 $\boldsymbol{R}^3$ 的一个基.

(2)**解** 设向量 $\boldsymbol{\beta}$ 在基 $\boldsymbol{\beta}_1$, $\boldsymbol{\beta}_2$, $\boldsymbol{\beta}_3$ 下的坐标为 $(x_1,x_2,x_3)^{\mathrm{T}}$, 则 $\boldsymbol{\beta}=x_1\boldsymbol{\beta}_1+x_2\boldsymbol{\beta}_2+x_3\boldsymbol{\beta}_3$,

即 $$[\boldsymbol{\alpha}_1,\boldsymbol{\alpha}_2,\boldsymbol{\alpha}_3]\begin{bmatrix}2\\-1\\3\end{bmatrix}=[\boldsymbol{\beta}_1,\boldsymbol{\beta}_2,\boldsymbol{\beta}_3]\begin{bmatrix}x_1\\x_2\\x_3\end{bmatrix}=[\boldsymbol{\alpha}_1,\boldsymbol{\alpha}_2,\boldsymbol{\alpha}_3]\boldsymbol{C}\begin{bmatrix}x_1\\x_2\\x_3\end{bmatrix},$$

所以 $$\begin{bmatrix}2\\-1\\3\end{bmatrix}=\boldsymbol{C}\begin{bmatrix}x_1\\x_2\\x_3\end{bmatrix}$$

$$\begin{bmatrix} x_1 \\ x_2 \\ x_3 \end{bmatrix} = C^{-1}\begin{bmatrix} 2 \\ -1 \\ 3 \end{bmatrix} = \begin{bmatrix} 1 & 2 & 1 \\ -1 & 3 & 3 \\ 0 & 3 & 2 \end{bmatrix}^{-1}\begin{bmatrix} 2 \\ -1 \\ 3 \end{bmatrix} = \begin{bmatrix} \frac{3}{2} & \frac{1}{2} & -\frac{3}{2} \\ -1 & -1 & 2 \\ \frac{3}{2} & \frac{3}{2} & -\frac{5}{2} \end{bmatrix}\begin{bmatrix} 2 \\ -1 \\ 3 \end{bmatrix} = \begin{bmatrix} -2 \\ 5 \\ -6 \end{bmatrix}.$$

第4章 矩阵的特征值与特征向量

4.1 基本要求

1. 掌握向量内积、长度、夹角及正交的概念.
2. 了解标准正交基的概念及求法.
3. 理解方阵的特征值、特征向量与特征多项式的概念.
4. 熟练掌握方阵特征值与特征向量的求法.
5. 理解相似矩阵的定义和性质.
6. 掌握特征值的性质，理解矩阵对角化问题.
7. 会运用矩阵对角化解决一些简单问题.

4.2 主要内容和结论

4.2.1 向量的内积、长度、夹角

(1)内积

设 $\boldsymbol{x}=[x_1, x_2, \cdots, x_n]^{\mathrm{T}}$, $\boldsymbol{y}=[y_1, y_2, \cdots, y_n]^{\mathrm{T}}$ 则

$$[\boldsymbol{x}, \boldsymbol{y}]=x_1y_1+x_2y_2+\cdots+x_ny_n$$

称为向量 $\boldsymbol{x}$ 与 $\boldsymbol{y}$ 的内积.

性质:

①$[\boldsymbol{x}, \boldsymbol{y}]=[\boldsymbol{y}, \boldsymbol{x}]$;

②$[\lambda\boldsymbol{x}, \boldsymbol{y}]=\lambda[\boldsymbol{x}, \boldsymbol{y}]$;

③$[\boldsymbol{x}+\boldsymbol{y}, z]=[\boldsymbol{x}, z]+[\boldsymbol{y}, z]$;

④$[\boldsymbol{x}, \boldsymbol{x}]\geqslant 0$ 当且仅当 $\boldsymbol{x}=0$ 时, $[\boldsymbol{x}, \boldsymbol{x}]=0$.

(2)长度与夹角

$\|\boldsymbol{x}\|=\sqrt{[\boldsymbol{x}, \boldsymbol{x}]}=\sqrt{x_1^2+x_2^2+\cdots+x_n^2}$称为 n 维向量 $\boldsymbol{x}$ 的长度.

当 $\|\boldsymbol{x}\|=1$ 时, 称 $\boldsymbol{x}$ 为单位向量.

当 $\|\boldsymbol{\alpha}\|\neq 0$, $\|\boldsymbol{\beta}\|\neq 0$ 时, $\theta=\arccos\dfrac{[\boldsymbol{\alpha}, \boldsymbol{\beta}]}{\|\boldsymbol{\alpha}\|\,\|\boldsymbol{\beta}\|}(0\leqslant\theta\leqslant\pi)$称为向量 $\boldsymbol{\alpha}$ 与 $\boldsymbol{\beta}$ 的夹角.

性质:

①非负性: $\|\boldsymbol{x}\|\geqslant 0$, 当且仅当 $\boldsymbol{x}=0$ 时, $\|\boldsymbol{x}\|=0$;

②齐次性: $\|\lambda\boldsymbol{x}\|=|\lambda|\,\|\boldsymbol{x}\|$;

③三角不等式: $\|\boldsymbol{x}+\boldsymbol{y}\|\leqslant\|\boldsymbol{x}\|+\|\boldsymbol{y}\|$;

④对任意 n 维向量 $\boldsymbol{x}$, $\boldsymbol{y}$, 有 $|[\boldsymbol{x}, \boldsymbol{y}]|\leqslant\|\boldsymbol{x}\|\cdot\|\boldsymbol{y}\|$.

(3)正交

若向量 $\boldsymbol{\alpha}$ 与 $\boldsymbol{\beta}$ 的内积等于零, 即 $[\boldsymbol{\alpha}, \boldsymbol{\beta}]=0$, 则称该向量 $\boldsymbol{\alpha}$ 与 $\boldsymbol{\beta}$ 相互正交, 记作 $\boldsymbol{\alpha}\perp\boldsymbol{\beta}$.

若一非零向量组中的向量两两正交，则称该向量组为正交向量组. 正交向量组线性无关.

若 $\boldsymbol{\alpha}_1, \boldsymbol{\alpha}_2, \cdots, \boldsymbol{\alpha}_r$ 是向量空间 V 的一组基，且 $\boldsymbol{\alpha}_1, \boldsymbol{\alpha}_2, \cdots, \boldsymbol{\alpha}_r$ 是两两正交的向量组，则称 $\boldsymbol{\alpha}_1, \boldsymbol{\alpha}_2, \cdots, \boldsymbol{\alpha}_r$ 是向量空间 V 的正交基，当 $\boldsymbol{\alpha}_1, \boldsymbol{\alpha}_2, \cdots, \boldsymbol{\alpha}_r$ 为单位向量时，称 $\boldsymbol{\alpha}_1, \boldsymbol{\alpha}_2, \cdots, \boldsymbol{\alpha}_r$ 是向量空间 V 的**标准正交基**(规范正交基).

施密特正交化求标准正交基.

设 $\boldsymbol{\alpha}_1, \boldsymbol{\alpha}_2, \cdots, \boldsymbol{\alpha}_r$ 是向量空间 V 的一组基，

正交化：令

$$\boldsymbol{\beta}_1 = \boldsymbol{\alpha}_1;\ \boldsymbol{\beta}_2 = \boldsymbol{\alpha}_2 - \frac{[\boldsymbol{\beta}_1, \boldsymbol{\alpha}_2]}{[\boldsymbol{\beta}_1, \boldsymbol{\beta}_1]}\boldsymbol{\beta}_1;\ \cdots$$

$$\boldsymbol{\beta}_r = \boldsymbol{\alpha}_r - \frac{[\boldsymbol{\beta}_1, \boldsymbol{\alpha}_r]}{[\boldsymbol{\beta}_1, \boldsymbol{\beta}_1]}\boldsymbol{\beta}_1 - \frac{[\boldsymbol{\beta}_2, \boldsymbol{\alpha}_r]}{[\boldsymbol{\beta}_2, \boldsymbol{\beta}_2]}\boldsymbol{\beta}_2 - \cdots - \frac{[\boldsymbol{\beta}_{r-1}, \boldsymbol{\alpha}]}{[\boldsymbol{\beta}_{r-1}, \boldsymbol{\beta}_{r-1}]}\boldsymbol{\beta}_{r-1};$$

单位化：令

$$\boldsymbol{e}_1 = \frac{\boldsymbol{\beta}_1}{\|\boldsymbol{\beta}_1\|},\ \boldsymbol{e}_2 = \frac{\boldsymbol{\beta}_2}{\|\boldsymbol{\beta}_2\|},\ \cdots,\ \boldsymbol{e}_r = \frac{\boldsymbol{\beta}_r}{\|\boldsymbol{\beta}_r\|},$$

则 $\boldsymbol{e}_1, \boldsymbol{e}_2, \cdots, \boldsymbol{e}_r$ 为向量空间 V 的一组标准正交基.

(4)正交矩阵与正交变换

若 n 阶方阵 $\boldsymbol{A}$ 满足 $\boldsymbol{A}^{\mathrm{T}}\boldsymbol{A} = \boldsymbol{E}$，则称 $\boldsymbol{A}$ 为正交矩阵，简称正交阵。

若 $\boldsymbol{P}$ 为正交矩阵，则线性变换 $y = \boldsymbol{P}\boldsymbol{x}$ 称为正交变换，正交变换保持向量的内积及长度不变.

性质：

①若 $\boldsymbol{A}$ 是正交矩阵，则 $\boldsymbol{A}^{\mathrm{T}}$(或 $\boldsymbol{A}^{-1}$)也是正交矩阵，且 $\boldsymbol{A}^{\mathrm{T}} = A^{-1}$.

②正交矩阵的行列式等于 1 或 -1.

③两个正交矩阵之积仍是正交矩阵.

4.2.2　特征值与特征向量

(1)定义

设 $\boldsymbol{A}$ 是 n 阶方阵，λ 是一个数，如果方程 $\boldsymbol{A}\boldsymbol{x} = \lambda\boldsymbol{x}$ 存在非零解向量，则称数 λ 为 $\boldsymbol{A}$ 的一个特征值，非零解向量 $\boldsymbol{x}$ 称为 $\boldsymbol{A}$ 的对应于特征值 λ 的**特征向量**.

设 $\boldsymbol{A} = (a_{ij})$ 是 n 阶矩阵，则

$$f(\lambda) = |\lambda\boldsymbol{E} - \boldsymbol{A}| = \begin{vmatrix} \lambda - a_{11} & -a_{12} & \cdots & -a_{1n} \\ -a_{21} & \lambda - a_{22} & \cdots & -a_{2n} \\ \cdots & \cdots & \cdots & \cdots \\ -a_{n1} & -a_{n2} & \cdots & \lambda - a_{nn} \end{vmatrix}$$

$$= \lambda^n - \left(\sum_{i=1}^{n} a_{ii}\right)\lambda^{n-1} + \cdots + (-1)^k \boldsymbol{S}_k \lambda^{n-k} + \cdots + (-1)^n |\boldsymbol{A}|,$$

$f(\lambda)$ 称为矩阵 $\boldsymbol{A}$ 的特征多项式.

(2)性质

①n 阶方阵 $\boldsymbol{A}$ 与其转置矩阵 $\boldsymbol{A}^{\mathrm{T}}$ 具有相同的特征值.

②设方阵 $\boldsymbol{A} = (a_{ij})_{m\times n}$ 的 n 个特征值为 $\lambda_1, \lambda_2, \cdots, \lambda_n$，则

$$\lambda_1 \cdot \lambda_2 \cdot \cdots \cdot \lambda_n = |A|.$$

$$\lambda_1 + \lambda_2 + \cdots + \lambda_n = a_{11} + a_{22} + \cdots + a_{nn} = \mathrm{tr}(A).$$

③矩阵 A 关于同一个特征值 λ_i 的任意 m 个特征向量 $\xi_{i_1}, \xi_{i_2}, \cdots, \xi_{i_m}$ 的非零线性组合

$$k_i\xi_{i_1} + k_2\xi_{i_2} + \cdots + k_m\xi_{i_m}(k_1, k_2, k_m \text{ 不全为零})$$

也是 A 对应于特征值 λ_i 的特征向量.

④矩阵 A 的不同特征值所对应的特征向量线性无关.

⑤矩阵 A 的 r 个不同特征值所对应 r 组线性无关的特征向量组并一起仍然线性无关.

⑥设 λ_0 是 n 阶方阵 A 的一个 t 重特征值，则 λ_0 对应的特征向量线性无关，向量个数不超过 t 个.

(3)特征值与特征向量求法

①计算矩阵 A 的特征多项式 $|\lambda E - A|$.

②求特征方程 $|\lambda E - A| = 0$ 的全部根，即 A 的全部特征值.

③对于特征值 λ_i，求齐次方程组 $(\lambda_i E - A)x = 0$ 的非零解，即为 A 的对应于 λ_i 的特征向量.

4.2.3 **相似矩阵**

(1)定义：设 A，B 都是 n 阶方阵，若存在可逆矩阵 P，使得 $P^{-1}AP = B$，则称 A 相似于 B，记为 $A \sim B$.

(2)相似矩阵的性质：

①矩阵的相似是一种等价关系，即满足自反性：$A \sim A$；对称性：若 $A \sim B$，则 $B \sim A$；传递性：若 $A \sim B$，$B \sim C$，则 $A \sim C$.

②相似矩阵有相同的特征值，相同的秩，相同的行列式值.

(4) 矩阵的对角化

1)判别

①n 阶矩阵 A 与对角矩阵 $\Lambda = \begin{bmatrix} \lambda_1 & & & \\ & \lambda_2 & & \\ & & \ddots & \\ & & & \lambda_n \end{bmatrix}$ 相似的充分必要条件为矩阵 A 有 n 个线性无关的特征向量.

②若 n 阶方阵 A 有 n 个互异特征值 $\lambda_1, \lambda_2, \cdots, \lambda_n$，则 A 与对角矩阵 Λ 相似.

③A 的每个特征值对应的线性无关特征向量个数，均等于特征值的重数，则 A 相似于对角阵.

2)利用可逆矩阵将 A 对角化步骤

设 A 为可对角化矩阵，求出 A 的特征值 λ_i

由 $(\lambda iE - A)X = 0$ 求基础解系(特征向量)

以求得的特征向量为列向量构成了可逆矩阵 P 使 $P^{-1}AP = \Lambda$

3)实对称矩阵的对角化

结论：①实对称矩阵的特征值是实数，特征向量是实向量.

②实对称矩阵的不同特征值对应的特征向量相互正交.

③实对称矩阵必相似于对角阵，即存在可逆矩阵 $\boldsymbol{P}$，使 $\boldsymbol{P}^{-1}\boldsymbol{AP}=\boldsymbol{\Lambda}$，且存在正交阵 $\boldsymbol{Q}$，使 $\boldsymbol{Q}^{-1}\boldsymbol{AQ}=\boldsymbol{Q}^{\mathrm{T}}\boldsymbol{AQ}=\boldsymbol{\Lambda}$.

实对角矩阵对角化步骤与前相同，只需将前面得到的特征量再进行单位正交化得到 $\boldsymbol{Q}$.

4.3　典型例题

例 1　若向量 $\boldsymbol{\beta}$ 与向量 $\boldsymbol{\alpha}_1$，$\boldsymbol{\alpha}_2$ 都正交，则 $\boldsymbol{\beta}$ 与 $\boldsymbol{\alpha}_1$，$\boldsymbol{\alpha}_2$ 的任一线性组合也正交.

证　因为 $\boldsymbol{\beta}$ 与 $\boldsymbol{\alpha}_1,\boldsymbol{\alpha}_2$ 正交，所以

$$\boldsymbol{\beta}^{\mathrm{T}}\boldsymbol{\alpha}_1=0,\ \boldsymbol{\beta}^{\mathrm{T}}\boldsymbol{\alpha}_2=0.$$

设 k_1，k_2 为任意实数，$k_1\boldsymbol{\alpha}_1+k_2\boldsymbol{\alpha}_2$ 为 $\boldsymbol{\alpha}_1$，$\boldsymbol{\alpha}_2$ 的任一线性组合，则

$$\boldsymbol{\beta}^{\mathrm{T}}\cdot(k_1\boldsymbol{\alpha}_1+k_2\boldsymbol{\alpha}_2)=k_1\boldsymbol{\beta}^{\mathrm{T}}\boldsymbol{\alpha}_1+k_2\boldsymbol{\beta}^{\mathrm{T}}\boldsymbol{\alpha}_2=0$$

即 $\boldsymbol{\beta}$ 与 $k_1\boldsymbol{\alpha}_1+k_2\boldsymbol{\alpha}_2$ 正交.

例 2　已知 $\boldsymbol{\alpha}_1=[-1,1,1,0,0]^{\mathrm{T}}$，$\boldsymbol{\alpha}_2=[2,1,0,1,0]^{\mathrm{T}}$，$\boldsymbol{\alpha}_3=[1,0,0,0,1]^{\mathrm{T}}$，是向量空间 V_1 的一组基，求 V_1 的一组标准正交基.

分析：应用施密特正交化

解　正交化：

$$\boldsymbol{\beta}_1=\boldsymbol{\alpha}_1;$$

$$\boldsymbol{\beta}_2=\boldsymbol{\alpha}_2-[\frac{\boldsymbol{\beta}_1,\boldsymbol{\alpha}_2]}{[\boldsymbol{\beta}_1,\boldsymbol{\beta}_1]}\boldsymbol{\beta}_1=\boldsymbol{\alpha}_2+\frac{1}{3}\boldsymbol{\beta}_1=\frac{1}{3}(5,4,1,3,0)^{\mathrm{T}};$$

$$\boldsymbol{\beta}_3=\boldsymbol{\alpha}_3-[\frac{\boldsymbol{\beta}_1,\boldsymbol{\alpha}_3]}{[\boldsymbol{\beta}_1,\boldsymbol{\beta}_1]}\boldsymbol{\beta}_1=[\frac{\boldsymbol{\beta}_2,\boldsymbol{\alpha}_3]}{[\boldsymbol{\beta}_1,\boldsymbol{\beta}_1]}\boldsymbol{\beta}_2=\frac{1}{17}(3,-1,4,-5,17)^{\mathrm{T}}.$$

单位化：

$$\boldsymbol{e}_1=\frac{\boldsymbol{\beta}_1}{\|\boldsymbol{\beta}_1\|}=\frac{1}{3}(-1,1,1,0,0)^{\mathrm{T}};$$

$$\boldsymbol{e}_2=\frac{\boldsymbol{\beta}_2}{\|\boldsymbol{\beta}_2\|}=\frac{1}{\sqrt{51}}(5,4,1,3,0)^{\mathrm{T}};$$

$$\boldsymbol{e}_3=\frac{\boldsymbol{\beta}_3}{\|\boldsymbol{\beta}_3\|}=\frac{1}{\sqrt{340}}(3,-1,4,-5,17)^{\mathrm{T}};$$

所以　$\boldsymbol{e}_1$，$\boldsymbol{e}_2$，$\boldsymbol{e}_3$ 为 V_1 的一组标准正交基

例 3　设 $\boldsymbol{\alpha}$ 是 n 维列向量，$\boldsymbol{\alpha}^{\mathrm{T}}\boldsymbol{\alpha}=1$，令 $\boldsymbol{H}=\boldsymbol{E}-2\boldsymbol{\alpha\alpha}^{\mathrm{T}}$，证明 $\boldsymbol{H}$ 是对称的正交矩阵.

证　由 $\boldsymbol{H}=\boldsymbol{E}-2\boldsymbol{\alpha\alpha}^{\mathrm{T}}$ 得

$$\boldsymbol{H}^{\mathrm{T}}=(\boldsymbol{E}-2\boldsymbol{\alpha\alpha}^{\mathrm{T}})^{\mathrm{T}}=\boldsymbol{E}-2(\boldsymbol{\alpha\alpha}^{\mathrm{T}})^{\mathrm{T}}=\boldsymbol{E}-2\boldsymbol{\alpha\alpha}^{\mathrm{T}}=H.$$

故 $\boldsymbol{H}$ 是对称矩阵，又因为

$$\boldsymbol{HH}^{\mathrm{T}}=\boldsymbol{H}^2=(\boldsymbol{E}-2\boldsymbol{\alpha\alpha}^{\mathrm{T}})(E-2\boldsymbol{\alpha\alpha}^{\mathrm{T}})=\boldsymbol{E}-2\boldsymbol{\alpha\alpha}^{\mathrm{T}}-2\boldsymbol{\alpha\alpha}^{\mathrm{T}}+4\boldsymbol{\alpha\alpha}^{\mathrm{T}}\boldsymbol{\alpha\alpha}^{\mathrm{T}}=\boldsymbol{E}-4\boldsymbol{\alpha\alpha}^{\mathrm{T}}+4\boldsymbol{\alpha\alpha}^{\mathrm{T}}=\boldsymbol{E}.$$

故 $\boldsymbol{H}^{-1}=\boldsymbol{H}^{\mathrm{T}}$，$\boldsymbol{H}$ 为正交矩阵.

给合上述，$\boldsymbol{H}$ 是对称的正交矩阵.

例 4　设 λ 为 n 阶矩阵 $\boldsymbol{A}$ 的一个特征值，求矩阵 $\boldsymbol{A}^2+5\boldsymbol{A}-3\boldsymbol{E}$ 的一个特征值.

解

方法 1：根据特征值的定义求解.

设 $\boldsymbol{\xi}$ 是 $\boldsymbol{A}$ 的属于特征值 λ 的特征向量，则 $\boldsymbol{A\xi}=\boldsymbol{\lambda\xi}$

$(A^2+5A-3E)\xi = A^2\xi+5A\xi-3E\xi=(\lambda^2+5\lambda-3)\xi$，所以，$\lambda^2+5\lambda-3$ 是矩阵 $A^2+5A-3E$ 的一个特征值.

方法 2：根据特征方程求解.

因 λ 是 A 的特征值，故行列式 $|\lambda E-A|=0$，于是

$$|\lambda^2 E-A^2|=|(\lambda E-A)(\lambda E+A)|=|\lambda E-A||\lambda E+A|=0$$

由定义，λ^2 是 A^2 的特征方程的根，从而是 A^2 的一个特征值.

类似地

$$\begin{aligned}&|(A^2+5A-3E)-(\lambda^2+5\lambda-3)E|\\&=|A^2+5A-(\lambda^2+5\lambda)E|\\&=|A-\lambda E||A-\lambda E+5E|=0\end{aligned}$$

所以，$\lambda^2+5\lambda-3$ 是 $A^2+5A-3E$ 的特征方程的根，从而是该矩阵的一个特征值.

注：此题 2 种方法都可求抽象矩阵的特征值. 方法 1 用定义更直接、简单，同样可得到类似结论. 若 λ 是 A 的特征值，ξ 是属于特征值 λ 的特征向量，则 $\varphi(\lambda)$ 是 $\varphi(A)$ 的特征值 ξ 也是 $\varphi(A)$ 的属于特征值 $\varphi(\lambda)$ 的特征向量. 其中 $\varphi(\lambda)$ 是 λ 的多项式.

例 5 设 A 是正交矩阵，且 $|A|=-1$，证明 $\lambda=-1$ 是 A 的特征值.

分析：由特征值的定义，要证 $\lambda=-1$ 是 A 的特征值，只要证 $|-E-A|=0$.

证明 因为 A 是正交矩阵，所以 $A^TA=AA^T=E$，则有

$$\begin{aligned}|-E-A|&=|-AA^T-A|=|A(-A^T-E)|\\&=|A||-A^T-E|=|A||(-E-A)^T|\\&=|A||-E-A|=-|-E-A|.\end{aligned}$$

所以 $2|-E-A|=0$，从而 $|-E-A|=0$.

故 $\lambda=-1$ 是 A 的特征值.

注：类似可证：若 A 是奇数阶正交矩阵，且 $|A|=1$，则 $\lambda=1$ 是 A 的特征值.

例 6 求矩阵 $A=\begin{bmatrix}-1&1&0\\-4&3&0\\1&0&2\end{bmatrix}$ 的特征值与特征向量

解 $|\lambda E-A|=\begin{vmatrix}\lambda+1&-1&0\\4&\lambda-3&0\\-1&0&\lambda-2\end{vmatrix}=(\lambda-2)(\lambda^2-2\lambda+1)$

$=(\lambda-2)(\lambda-1)^2$

得特征值 $\lambda_1=\lambda_2=1$（二重根），$\lambda_3=2$.

当 $\lambda_1=\lambda_2=1$ 时，

$$(\lambda E-A)X=\begin{bmatrix}2&-1&0\\4&-2&0\\-1&0&-1\end{bmatrix}\begin{bmatrix}x_1\\x_2\\x_3\end{bmatrix}=\begin{bmatrix}0\\0\\0\end{bmatrix},$$

解得 $\xi_1=[1,2,-1]^T$（全体特征向量为 $k[1,2,-1]^T$，其中，k 是不为零的任意常数）.

当 $\lambda_3=2$ 时，

$$(\lambda E-A)X=\begin{bmatrix}3&-1&0\\4&-1&0\\-1&0&0\end{bmatrix}\begin{bmatrix}x_1\\x_2\\x_3\end{bmatrix}=\begin{bmatrix}0\\0\\0\end{bmatrix},$$

解得 $\boldsymbol{\xi}_1=[0,0,1]^T$.（全体特征向量为 $k[0,0,1]^T$，其中，k 是不为零的任意常数.）

注： 此题 $\boldsymbol{A}$ 的特征值 $\lambda_1=1$ 为2重根，基础解系中只含1个向量，$\boldsymbol{A}$ 不可对角化.

例7 判断矩阵 $\boldsymbol{A}=\begin{bmatrix}4&6&0\\-3&-5&0\\-3&-6&1\end{bmatrix}$ 是否可对角化，若能，求出相似变换矩阵 $\boldsymbol{P}$.

解 $|\lambda\boldsymbol{E}-\boldsymbol{A}|=\begin{vmatrix}\lambda-4&-6&0\\3&\lambda+5&0\\3&6&\lambda-1\end{vmatrix}=(\lambda-1)^2(\lambda+2)$，

因此 $\boldsymbol{A}$ 的特征值为 $\lambda_1=-2$，$\lambda_2=\lambda_3=1$

当 $\lambda_1=2$ 时，$(-2\boldsymbol{E}-\boldsymbol{A})\boldsymbol{x}=0$，化简得 $\begin{cases}x_1=-x_2\\x_2=x_3\end{cases}$，解得基础解系为：$\boldsymbol{\eta}_1=[-1,1,1]^T$.

当 $\lambda_2=\lambda_3=1$ 时，$(\boldsymbol{E}-\boldsymbol{A})x=0$，化简得 $x_1+2x_2=0$ 得到的特征向量为 $\boldsymbol{\eta}_2=[0,0,1]^T$，$\boldsymbol{\eta}_3=[-2,1,0]^T$，因此 $\boldsymbol{A}$ 可对角化.

令

$$\boldsymbol{P}=(\boldsymbol{\eta}_1,\boldsymbol{\eta}_2,\boldsymbol{\eta}_3)=\begin{bmatrix}-1&0&-2\\1&0&1\\1&1&0\end{bmatrix},$$

则

$$\boldsymbol{P}^{-1}\boldsymbol{A}\boldsymbol{P}=\begin{bmatrix}-2&&\\&1&\\&&1\end{bmatrix}.$$

注： 矩阵 $\boldsymbol{A}$ 可对角化的条件是 $\boldsymbol{A}$ 有 n 个线性无关的特征向量，由这 n 个线性无关的特征向量为列组成的矩阵即为相似变换矩阵 $\boldsymbol{P}$.

例8 设 $\boldsymbol{A}$ 为三阶矩阵，$\boldsymbol{\alpha}_1$，$\boldsymbol{\alpha}_2$，$\boldsymbol{\alpha}_3$ 是线性无关的三维向量，且满足 $\boldsymbol{A}\boldsymbol{\alpha}_1=\boldsymbol{\alpha}_1+\boldsymbol{\alpha}_2+\boldsymbol{\alpha}_3$，$\boldsymbol{A}\boldsymbol{\alpha}_2=2\boldsymbol{\alpha}_2+\boldsymbol{\alpha}_3$，$\boldsymbol{A}\boldsymbol{\alpha}_3=2\boldsymbol{\alpha}_2+3\boldsymbol{\alpha}_3$，

(1)求矩阵 $\boldsymbol{B}$ 使 $\boldsymbol{A}[\boldsymbol{\alpha}_1,\boldsymbol{\alpha}_2,\boldsymbol{\alpha}_3]=[\boldsymbol{\alpha}_1,\boldsymbol{\alpha}_2,\boldsymbol{\alpha}_3]\boldsymbol{B}$

(2)求矩阵 $\boldsymbol{A}$ 的特征值

(3)求可逆矩阵 $\boldsymbol{P}$，使得 $\boldsymbol{P}^{-1}\boldsymbol{A}\boldsymbol{P}$ 为对角矩阵.

解 (1)

$$\begin{aligned}\boldsymbol{A}[\boldsymbol{\alpha}_1,\boldsymbol{\alpha}_2,\boldsymbol{\alpha}_3]&=[\boldsymbol{A}\boldsymbol{\alpha}_1,\boldsymbol{A}\boldsymbol{\alpha}_2,\boldsymbol{A}\boldsymbol{\alpha}_3]=[\boldsymbol{\alpha}_1+\boldsymbol{\alpha}_2+\boldsymbol{\alpha}_3,2\boldsymbol{\alpha}_2+\boldsymbol{\alpha}_3,2\boldsymbol{\alpha}_2+3\boldsymbol{\alpha}_3]\\&=[\boldsymbol{\alpha}_1,\boldsymbol{\alpha}_2,\boldsymbol{\alpha}_3]\begin{bmatrix}1&0&0\\1&2&2\\1&1&3\end{bmatrix}.\end{aligned}$$

故

$$\boldsymbol{B}=\begin{bmatrix}1&0&0\\1&2&2\\1&1&3\end{bmatrix}.$$

(2)因 $\boldsymbol{\alpha}_1$，$\boldsymbol{\alpha}_2$，$\boldsymbol{\alpha}_3$ 线性无关，故 $\boldsymbol{C}=[\boldsymbol{\alpha}_1,\boldsymbol{\alpha}_2,\boldsymbol{\alpha}_3]$ 是可逆矩阵，由(1)可知 $\boldsymbol{AC}=\boldsymbol{CB}$，故有 $\boldsymbol{C}^{-1}\boldsymbol{AC}=\boldsymbol{B}$. 即 $\boldsymbol{A}$ 和 $\boldsymbol{B}$ 相似. 相似矩阵有相同的特征值，因

$$|\lambda\boldsymbol{E}-\boldsymbol{B}|=\begin{vmatrix}\lambda-1&0&0\\-1&\lambda-2&-2\\-1&-1&\lambda-3\end{vmatrix}$$

$$=(\lambda-1)(\lambda^2-5\lambda+4)=(\lambda-1)^2(\lambda-4),$$

故 $\boldsymbol{B}$ 有特征值 1, 1, 4, 所以 $\boldsymbol{A}$ 的特征值为 1, 1, 4.

(3)对于矩阵 $\boldsymbol{B}$, 当 $\lambda_1=\lambda_2=1$ 时, 由 $(\lambda\boldsymbol{E}-\boldsymbol{B})\boldsymbol{X}=0$, 即

$$\begin{bmatrix} 0 & 0 & 0 \\ -1 & -1 & -2 \\ -1 & -1 & -2 \end{bmatrix}\begin{bmatrix} x_1 \\ x_2 \\ x_3 \end{bmatrix}=\begin{bmatrix} 0 \\ 0 \\ 0 \end{bmatrix}$$

得, 特征向量 $\boldsymbol{\xi}_1=[1, -1, 0]^{\mathrm{T}}$, $\boldsymbol{\xi}_2=[-2, 0, 1]^{\mathrm{T}}$.

当 $\lambda_3=4$ 时, 由 $(4\boldsymbol{E}-\boldsymbol{B})\boldsymbol{X}=0$, 即

$$\begin{bmatrix} 3 & 0 & 0 \\ -1 & 2 & -2 \\ -1 & -1 & 1 \end{bmatrix}\begin{bmatrix} x_1 \\ x_2 \\ x_3 \end{bmatrix}=\begin{bmatrix} 0 \\ 0 \\ 0 \end{bmatrix}$$

得, 特征向量 $\boldsymbol{\xi}_3=[0, 1, 1]^{\mathrm{T}}$.

令 $\boldsymbol{Q}_3=[\boldsymbol{\xi}_1, \boldsymbol{\xi}_2, \boldsymbol{\xi}_3]=\begin{bmatrix} 1 & -2 & 0 \\ -1 & 0 & 1 \\ 0 & 1 & 1 \end{bmatrix}$, 有 $\boldsymbol{Q}^{-1}\boldsymbol{B}\boldsymbol{Q}=\boldsymbol{\Lambda}=\begin{bmatrix} 1 & 0 & 0 \\ 0 & 1 & 0 \\ 0 & 0 & 4 \end{bmatrix}$,

故有

$$\boldsymbol{Q}^{-1}\boldsymbol{B}\boldsymbol{Q}=\boldsymbol{Q}^{-1}\boldsymbol{C}^{-1}\boldsymbol{A}\boldsymbol{C}\boldsymbol{Q}=\boldsymbol{\Lambda}=\begin{bmatrix} 1 & 0 & 0 \\ 0 & 1 & 0 \\ 0 & 0 & 4 \end{bmatrix},$$

取 $\boldsymbol{P}=\boldsymbol{C}\boldsymbol{Q}=[\boldsymbol{\alpha}_1, \boldsymbol{\alpha}_2, \boldsymbol{\alpha}_3]\begin{bmatrix} 1 & -2 & 0 \\ -1 & 0 & 1 \\ 0 & 1 & 1 \end{bmatrix}=[\boldsymbol{\alpha}_1-\boldsymbol{\alpha}_2, -2\boldsymbol{\alpha}+\boldsymbol{\alpha}_3, \boldsymbol{\alpha}_2+\boldsymbol{\alpha}_3]$, 则有

$$\boldsymbol{P}^{-1}\boldsymbol{A}\boldsymbol{P}=\begin{bmatrix} 1 & 0 & 0 \\ 0 & 1 & 0 \\ 0 & 0 & 4 \end{bmatrix}.$$

例 9 设 $\boldsymbol{A}=\begin{bmatrix} 4 & 6 & 0 \\ -3 & -5 & 0 \\ -3 & -6 & 1 \end{bmatrix}$, 求 $\boldsymbol{A}^{100}$.

分析: 根据矩阵对角化, 若有可逆矩阵 $\boldsymbol{P}$, 使 $\boldsymbol{P}^{-1}\boldsymbol{A}\boldsymbol{P}=\boldsymbol{\Lambda}$, $\boldsymbol{\Lambda}=\mathrm{ding}(\lambda_1, \lambda_2, \cdots, \lambda_n)$ 是对角阵, 则

$$\boldsymbol{A}=\boldsymbol{P}\boldsymbol{\Lambda}\boldsymbol{P}^{-1}$$

$$\boldsymbol{A}^k=(\boldsymbol{P}\boldsymbol{\Lambda}\boldsymbol{P}^{-1})^k=\boldsymbol{P}\boldsymbol{\Lambda}\boldsymbol{P}^{-1}\cdots\boldsymbol{P}\boldsymbol{\Lambda}\boldsymbol{P}^{-1}$$

$$=\boldsymbol{P}\boldsymbol{\Lambda}^k\boldsymbol{P}^{-1}=\boldsymbol{P}\mathrm{diag}(\lambda_1^k, \lambda_2^k, \cdots, \lambda_n^k)\boldsymbol{P}^{-1}.$$

解 矩阵 $\boldsymbol{A}$ 的特征多项式为

$$|\lambda\boldsymbol{E}-\boldsymbol{A}|=\begin{vmatrix} \lambda-4 & -6 & 0 \\ 3 & \lambda+5 & 0 \\ 3 & 6 & \lambda-1 \end{vmatrix}=(\lambda+2)(\lambda-1)^2$$

所以, 矩阵 $\boldsymbol{A}$ 的特征值为 $\lambda_1=-2$, $\lambda_2=\lambda_3=1$.

$\lambda_1=-2$ 对应的特征向量为 $\boldsymbol{\xi}_1=[-1,1,1]^{\mathrm{T}}$；

$\lambda_2=\lambda_3=1$ 对应的特征向量为 $\boldsymbol{\xi}_2=[0,0,1]^{\mathrm{T}}$，$\boldsymbol{\xi}_3=[-2,1,0]^{\mathrm{T}}$

令 $$\boldsymbol{P}=(\boldsymbol{\xi}_1,\boldsymbol{\xi}_2,\boldsymbol{\xi}_3)=\begin{bmatrix}-1&0&-2\\1&0&1\\1&1&0\end{bmatrix},\text{则}\boldsymbol{P}^{-1}=\begin{bmatrix}1&2&0\\-1&-2&1\\-1&-1&0\end{bmatrix},\boldsymbol{\Lambda}=\begin{bmatrix}-2&0&0\\0&1&0\\0&0&1\end{bmatrix}$$

则 $$\boldsymbol{A}^{100}=\boldsymbol{P}\boldsymbol{\Lambda}^{100}\boldsymbol{P}^{-1}=\begin{bmatrix}-1&0&-2\\1&0&1\\1&1&0\end{bmatrix}\begin{bmatrix}(-2)^{100}&&\\&1&\\&&1\end{bmatrix}\begin{bmatrix}1&2&0\\-1&-2&1\\-1&-1&0\end{bmatrix}=\begin{bmatrix}-2^{100}&0&-2\\2^{100}&0&1\\2^{100}&1&0\end{bmatrix}$$

$$\begin{bmatrix}1&2&0\\-1&-2&1\\-1&-1&0\end{bmatrix}=\begin{bmatrix}-2^{100}+2&-2^{101}+2&0\\2^{100}-1&2^{1001}-1&0\\2^{100}-1&2^{101}-2&1\end{bmatrix}$$

例 10　已知三阶矩阵 $\boldsymbol{A}$ 的 3 个特征值为 1，1，2，对应的特征向量分别为 $\boldsymbol{\xi}_1=[1,2,1]^{\mathrm{T}}$，$\boldsymbol{\xi}_2=[1,1,0]^{\mathrm{T}}$，$\boldsymbol{\xi}_3=[2,0,-1]^{\mathrm{T}}$，求矩阵 $\boldsymbol{A}$.

解　令 $$\boldsymbol{P}=(\boldsymbol{\xi}_1,\boldsymbol{\xi}_2,\boldsymbol{\xi}_3)=\begin{bmatrix}1&1&2\\2&1&0\\1&0&-1\end{bmatrix},\boldsymbol{\Lambda}=\begin{bmatrix}1&&\\&1&\\&&2\end{bmatrix}.$$

由 $|\boldsymbol{P}|=-1\neq0$ 知，矩阵 $\boldsymbol{A}$ 有三个线性无关的特征向量 $\boldsymbol{\xi}_1$，$\boldsymbol{\xi}_2$，$\boldsymbol{\xi}_3$，所以 $\boldsymbol{P}^{-1}\boldsymbol{A}\boldsymbol{P}=\boldsymbol{\Lambda}$，于是

$$\boldsymbol{A}=\boldsymbol{P}\boldsymbol{\Lambda}\boldsymbol{P}^{-1}=\begin{bmatrix}1&1&2\\2&1&0\\1&0&-1\end{bmatrix}\begin{bmatrix}1&&\\&1&\\&&2\end{bmatrix}\begin{bmatrix}1&-1&2\\-2&3&-4\\1&-1&1\end{bmatrix}=\begin{bmatrix}3&-2&2\\0&1&0\\1&1&0\end{bmatrix}.$$

例 11　已知 $\boldsymbol{A}=\begin{bmatrix}2&0&0\\0&0&1\\0&1&x\end{bmatrix}$，$\boldsymbol{B}=\begin{bmatrix}2&&\\&y&\\&&-1\end{bmatrix}$，且，$\boldsymbol{A}$ 与 $\boldsymbol{B}$ 相似，试确定参数 x，y

解　(1)方法 1：由于 $\boldsymbol{A}$，$\boldsymbol{B}$ 相似，则有 $|\boldsymbol{A}|=|\boldsymbol{B}|$，$\mathrm{tr}(\boldsymbol{A})=\mathrm{tr}(\boldsymbol{B})$.

得 $$|\boldsymbol{A}|=-2=|\boldsymbol{B}|=-2y,\ y=1.$$

$$\mathrm{tr}(\boldsymbol{A})=2+x=\mathrm{tr}(\boldsymbol{B})=2+y-1,\text{ 得 }x=0.$$

方法 2：由于 $\boldsymbol{A}$，$\boldsymbol{B}$ 相似，$\boldsymbol{B}$ 的对角元素 $(-1,2,y)$ 即是 $\boldsymbol{A}$ 的特征值，应满足 $|\lambda\boldsymbol{E}-\boldsymbol{A}|=0$，将 $\lambda=-1$ 代入

$$\begin{vmatrix}-1-2&0&0\\0&-1-0&-1\\0&-1&-1-x\end{vmatrix}=-3(x+1-1)=0,\text{ 得 }x=0.$$

将 $x=0$ 代入 $|\lambda\boldsymbol{E}-\boldsymbol{A}|=0$，得

$$\begin{vmatrix}\lambda-2&0&0\\0&\lambda-0&-1\\0&-1&\lambda-0\end{vmatrix}=(\lambda-2)(\lambda^2-1),$$

得 $\lambda=2$，$\lambda=1$，$\lambda=-1$，和 $\boldsymbol{B}$ 的对角元素比较知 $y=1$.

例 12　设三阶实对称矩阵 $\boldsymbol{A}$ 的各行元素之和均为 3，向量 $\boldsymbol{\alpha}_1=[-1,2,-1]^{\mathrm{T}}$，

$\boldsymbol{\alpha}_2=[0,\ -1,\ 1]^{\mathrm{T}}$是线性方程组$\boldsymbol{Ax}=0$的两个解.

(1)求$\boldsymbol{A}$的特征值与特征向量;

(2)求正交矩阵$\boldsymbol{Q}$和对角矩阵$\boldsymbol{\Lambda}$,使得$\boldsymbol{Q}^{\mathrm{T}}\boldsymbol{AQ}=\boldsymbol{\Lambda}$.

解 (1)因为向量$\boldsymbol{\alpha}_1$,$\boldsymbol{\alpha}_2$是线性方程组$\boldsymbol{Ax}=0$的解,所以

$$\boldsymbol{A\alpha}_1=0,\ \boldsymbol{A\alpha}_2=0\Rightarrow\boldsymbol{A\alpha}_1=0\boldsymbol{\alpha}_1,\ \boldsymbol{A\alpha}_2=0\boldsymbol{\alpha}_2.$$

则$\lambda_1=\lambda_2=0$是$\boldsymbol{A}$的二重特征值,$\boldsymbol{\alpha}_1$,$\boldsymbol{\alpha}_2$为$\boldsymbol{A}$的属于特征值0且线性无关的特征向量.

由于矩阵$\boldsymbol{A}$的各行元素之和均为3,有

$$\boldsymbol{A}\begin{bmatrix}1\\1\\1\end{bmatrix}=\begin{bmatrix}3\\3\\3\end{bmatrix}=3\begin{bmatrix}1\\1\\1\end{bmatrix}.$$

即$\lambda_3=3$是$\boldsymbol{A}$的一个特征值,$\boldsymbol{\alpha}_3=[1,\ 1,\ 1]^{\mathrm{T}}$为$\boldsymbol{A}$的属于特征值3的特征向量

$\boldsymbol{A}$的特征值为0,0,3,属于特征值0的全体特征向量为$k_1\boldsymbol{\alpha}_1+k_2\boldsymbol{\alpha}_2$($k_1+k_2$不全为零),属于特征值3的全体特征向量为$k_3\boldsymbol{\alpha}_3$($k_3\neq0$).

(2)实对称矩阵的不同特征值对应的特征向量正交,则$\boldsymbol{\alpha}_3$与$\boldsymbol{\alpha}_1$,$\boldsymbol{\alpha}_2$正交,只需将$\boldsymbol{\alpha}_1$,$\boldsymbol{\alpha}_2$正交化,有

$$\boldsymbol{\xi}_1=\boldsymbol{\alpha}_1=[-1,\ 2,\ -1]^{\mathrm{T}},\ \boldsymbol{\xi}_2=\boldsymbol{\alpha}_2-\frac{[\boldsymbol{\alpha}_2,\ \boldsymbol{\xi}_1]}{[\boldsymbol{\xi}_1,\ \boldsymbol{\xi}_1]}\boldsymbol{\xi}_1=\frac{1}{2}[-1,\ 0,\ 1]^{\mathrm{T}}.$$

再分别将$\boldsymbol{\xi}_1$,$\boldsymbol{\xi}_2$,$\boldsymbol{\alpha}_3$单位化,得

$$\boldsymbol{\beta}_1=\frac{\boldsymbol{\xi}_1}{\|\boldsymbol{\xi}_1\|}=\frac{1}{\sqrt{6}}[-1,\ 2,\ -1]^{\mathrm{T}},$$

$$\boldsymbol{\beta}_2=\frac{\boldsymbol{\xi}_2}{\|\boldsymbol{\xi}_2\|}=\frac{1}{\sqrt{2}}[-1,\ 0,\ -1]^{\mathrm{T}},$$

$$\boldsymbol{\beta}_3=\frac{\boldsymbol{\alpha}_1}{\|\boldsymbol{\alpha}_1\|}=\frac{1}{\sqrt{3}}[1,\ 1,\ 1]^{\mathrm{T}}.$$

令

$$\boldsymbol{Q}(\boldsymbol{\beta}_1,\ \boldsymbol{\beta}_2,\ \boldsymbol{\beta}_3)=\begin{bmatrix}-\frac{1}{\sqrt{6}} & -\frac{1}{\sqrt{2}} & \frac{1}{\sqrt{3}}\\ \frac{2}{\sqrt{6}} & 0 & \frac{1}{\sqrt{3}}\\ -\frac{1}{\sqrt{6}} & \frac{1}{\sqrt{2}} & \frac{1}{\sqrt{3}}\end{bmatrix}.$$

则$\boldsymbol{Q}$为正交矩阵,且$\boldsymbol{Q}^{\mathrm{T}}\boldsymbol{AQ}=\begin{bmatrix}0 & & \\ & 0 & \\ & & 3\end{bmatrix}=\boldsymbol{\Lambda}$.

注: 找出隐含的特征值与特征向量,且注意对称矩阵属于不同特征值的向量正交这一性质.

习题

一、填空题

1. 设$\boldsymbol{\alpha}_1=[1,2,2,-1]^{\mathrm{T}}$, $\boldsymbol{\alpha}_2=[1,1,-5,3]^{\mathrm{T}}$, 则$\boldsymbol{\alpha}_1$与$\boldsymbol{\alpha}_2$的内积$(\boldsymbol{\alpha}_1,\boldsymbol{\alpha}_2)=$______.

2. 设向量$\boldsymbol{\alpha}=(1,\frac{1}{2},1)$, 则$\boldsymbol{\alpha}$的长度为________.

3. 设$\boldsymbol{\alpha}=\begin{bmatrix}-1\\1\\1\end{bmatrix}$, $\boldsymbol{\beta}=\begin{bmatrix}1\\2\\t\end{bmatrix}$, 且$\boldsymbol{\alpha}$与$\boldsymbol{\beta}$正交, 则$t=$________.

4. 设$\boldsymbol{A}$为n阶矩阵, 若行列式$|5\boldsymbol{E}-\boldsymbol{A}|=0$, 则$\boldsymbol{A}$必有一特征值为________.

5. 设矩阵$\boldsymbol{A}=\begin{bmatrix}-2&1&1\\0&a&0\\-4&1&3\end{bmatrix}$有一个特征值$\lambda=2$, 对应的特征向量为$x=\begin{bmatrix}1\\2\\2\end{bmatrix}$, 则数$a=$________.

6. 若矩阵$\boldsymbol{A}$满足$\boldsymbol{A}^3=\boldsymbol{A}$, 则$\boldsymbol{A}$的特征值只能是________.

7. 设三阶方阵的$\boldsymbol{A}$特征值为1, 3, 4, 则$|\boldsymbol{A}-5\boldsymbol{E}|=$________.

8. 矩阵$\boldsymbol{A}=\begin{bmatrix}1&2&2\\2&1&2\\2&2&1\end{bmatrix}$, 向量$\boldsymbol{\alpha}=(1,k,1)^{\mathrm{T}}$是它的一个特征向量, 则$k=$________.

9. 设2是矩阵$\boldsymbol{A}$的一个特征值, 则矩阵$3\boldsymbol{A}$必有一个特征值为________.

10. 已知$\boldsymbol{A}_{3\times3}$的特征值为1, 2, 3, 则$|\boldsymbol{A}^{-1}+\boldsymbol{A}^*|=$________.

11. 已知2是$\boldsymbol{A}$的一个特征值, 则$|\boldsymbol{A}^2+\boldsymbol{A}-6\boldsymbol{E}|=$________.

12. 矩阵$\boldsymbol{A}=\begin{bmatrix}0&0&1\\0&1&0\\1&0&0\end{bmatrix}$的特征值为________.

13. 已知$|\lambda\boldsymbol{E}-\boldsymbol{A}|=(\lambda+7)(\lambda+5)(\lambda+1)$, 则$|\boldsymbol{A}^{-1}|=$________.

14. 已知三阶矩阵$\boldsymbol{A}$的3个特征值为1, 2, 3, 则$|\boldsymbol{A}^2|=$________.

15. 可逆矩阵$\boldsymbol{A}$的三个特征值为1, 2, 3, 则$\boldsymbol{A}^{-1}$的三个特征值为________.

16. $\boldsymbol{A}$为n阶方阵, $\boldsymbol{Ax}=0$有非零解, 则$\boldsymbol{A}$必有一个特征值为________.

17. 设$\boldsymbol{A}$为三阶方阵, 其特征值分别为1, 2, 3. 则$|\boldsymbol{A}^{-1}-\boldsymbol{E}|=$________.

18. 若$\boldsymbol{A}$相似于diag(1, −1, 2), 则$|\boldsymbol{A}^{-1}|^3=$________.

19. 设三阶方阵$\boldsymbol{A}$的特征值分别为−2, 1, 1, 且$\boldsymbol{B}$与$\boldsymbol{A}$相似, 则$|2\boldsymbol{B}|=$________.

20. 已知$\boldsymbol{A}$与$\boldsymbol{B}$相似, 且$\boldsymbol{B}=\begin{bmatrix}3&0\\2&1\end{bmatrix}$, 则$|\boldsymbol{A}^2|=$________.

21. 设$\boldsymbol{A}=\begin{bmatrix}1&-2\\0&1\end{bmatrix}$, $g(x)=\begin{vmatrix}x&-1\\-3&x+2\end{vmatrix}$, $g(\boldsymbol{A})=$________.

22. 已知 -2 是 $\boldsymbol{A}=\begin{bmatrix}0 & -2 & -2\\ 2 & x & -2\\ -2 & 2 & 6\end{bmatrix}$ 的特征值，则 $x=$______.

23. 设 $\boldsymbol{A}=\begin{bmatrix}a & b\\ c & d\end{bmatrix}$，则 $\boldsymbol{A}$ 的两个特征值之和为 = ______.

24. 若 $\begin{bmatrix}22 & 31\\ -12 & x\end{bmatrix}$ 与 $\begin{bmatrix}1 & 2\\ 3 & 4\end{bmatrix}$ 相似，则 $x=$______.

25. 若矩阵 $\boldsymbol{A}=\begin{bmatrix}2 & -2\\ 2 & -3\end{bmatrix}$ 与对角形矩阵 $\boldsymbol{B}$ 相似，则 $\boldsymbol{B}=$______.

26. 设三阶方阵 $\boldsymbol{A}$ 的秩为 2，且 $\boldsymbol{A}^2+5\boldsymbol{A}=0$，则 $\boldsymbol{A}$ 的全部特征值为______.

27. 设 $\boldsymbol{A}$ 为三阶方阵，$\boldsymbol{x}$ 为三维列向量，使得 $\boldsymbol{x}$，$\boldsymbol{Ax}$，$\boldsymbol{A}^2\boldsymbol{x}$ 线性无关，且 $\boldsymbol{A}^3\boldsymbol{x}=3\boldsymbol{Ax}-2\boldsymbol{A}^2\boldsymbol{x}$ 记 $\boldsymbol{P}=(\boldsymbol{x}, \boldsymbol{Ax}, \boldsymbol{A}^2\boldsymbol{x})$，则 $\boldsymbol{P}^{-1}\boldsymbol{Ap}=$______.

28. 若 n 阶方阵 $\boldsymbol{A}$ 行向量组线性相关，则______一定是 $\boldsymbol{A}$ 的一个特征值.

29. 已知 $\boldsymbol{A}=\begin{bmatrix}1 & -1 & 1\\ 2 & 4 & -2\\ -3 & -3 & a\end{bmatrix}$ 有特征值 $\lambda_1=\lambda_2=2$，$\lambda_3=6$，则 $a=$______.

30. 向量 $\boldsymbol{\beta}=[3, 2]^{\mathrm{T}}$ 在基 $\boldsymbol{\alpha}_1=[1, 2]^{\mathrm{T}}$，$\boldsymbol{\alpha}_2=[2, 1]^{\mathrm{T}}$ 下的坐标为 = ______.

二、单项选择题

1. n 维列向量 $\boldsymbol{\alpha}_1, \boldsymbol{\alpha}_2, \cdots, \boldsymbol{\alpha}_n$ 是 $\boldsymbol{R}^n$ 的标准正交基的充分必要条件是(　　).

A. 两两正交　　B. 均为单位向量

C. 线性无关　　D. $(\boldsymbol{\alpha}_1, \boldsymbol{\alpha}_2, \cdots \boldsymbol{\alpha}_n)^{\mathrm{T}}(\boldsymbol{\alpha}_1, \boldsymbol{\alpha}_2, \cdots, \boldsymbol{\alpha}_n)=\boldsymbol{E}$

2. 由 $\boldsymbol{R}_3$ 的基 $\boldsymbol{\xi}_1, \boldsymbol{\xi}_2, \boldsymbol{\xi}_3$ 到基 $\boldsymbol{\xi}_1+2\boldsymbol{\xi}_2, 2\boldsymbol{\xi}_2, 3\boldsymbol{\xi}_3$ 的过渡矩阵 $\boldsymbol{P}=$(　　).

A. $\begin{bmatrix}1 & 2 & 0\\ 0 & 2 & 0\\ 0 & 0 & 3\end{bmatrix}$　　B. $\begin{bmatrix}1 & 0 & 0\\ 2 & 2 & 0\\ 0 & 0 & 3\end{bmatrix}$

C. $\begin{bmatrix}1 & -1 & 0\\ 0 & 1/2 & 0\\ 0 & 0 & 1/3\end{bmatrix}$　　D. $\begin{bmatrix}1 & 0 & 0\\ -1 & 1/2 & 0\\ 0 & 0 & 1/3\end{bmatrix}$

3. 若 $\boldsymbol{A}$ 为正交矩阵，则下列矩阵中不是正交阵的是(　　).

A. $\boldsymbol{A}^{-1}$　　B. $2\boldsymbol{A}$　　C. $\boldsymbol{A}^2$　　D. $\boldsymbol{A}^{\mathrm{T}}$

4. 矩阵 $\boldsymbol{A}=\begin{bmatrix}1 & 1 & 1\\ 1 & 1 & 1\\ 1 & 1 & 1\end{bmatrix}$ 的非零特征值为(　　).

A. 4　　B. 3　　C. 2　　D. 1

5. 设 $\boldsymbol{A}$ 是 n 阶方阵，且 $|5\boldsymbol{A}+3\boldsymbol{E}|=0$，则 $\boldsymbol{A}$ 必有一个特征值为(　　).

A. $-\frac{5}{3}$　　B. $-\frac{3}{5}$　　C. $\frac{3}{5}$　　D. $\frac{5}{3}$

6. 设三阶方阵 $\boldsymbol{A}$ 的特征值为 1，-1，2，则下列矩阵中为可逆矩阵的是(　　).

A. $\boldsymbol{E}-\boldsymbol{A}$　　B. $-\boldsymbol{E}-\boldsymbol{A}$　　C. $2\boldsymbol{E}-\boldsymbol{A}$　　D. $-2\boldsymbol{E}-\boldsymbol{A}$

7. 可逆矩阵 $\boldsymbol{A}$ 与(　　)矩阵有相同的特征值.

A. $\boldsymbol{A}^{\mathrm{T}}$　　B. $\boldsymbol{A}^{-1}$　　C. $\boldsymbol{A}^2$　　D. $\boldsymbol{A}+\boldsymbol{E}$

8. 方阵 $\boldsymbol{A}$ 不可逆，则(　　).

A. $\boldsymbol{A}$ 至少有一零特征值　　B. $\boldsymbol{A}$ 无实特征值

C. $\boldsymbol{A}$ 的特征值均为实数　　D. $\boldsymbol{A}^{\mathrm{T}}$ 的特征值只有零

9. 设 $\boldsymbol{A}$ 为可逆矩阵值，则(　　).

A. 0 可以是 $\boldsymbol{A}$ 的特征值　　B. 0 不可以是 $\boldsymbol{A}$ 的特征值

C. $\boldsymbol{A}$ 一定有实特征值　　D. $\boldsymbol{A}$ 一定无实特征值

10. $\boldsymbol{A}$ 为正交矩阵，$\boldsymbol{A}^*$ 为 $\boldsymbol{A}$ 的伴随矩阵，则下列陈述不正确的是(　　).

A. $\boldsymbol{A}^*$ 为正交矩阵　　B. $\boldsymbol{A}^{-1}$ 为正交矩阵

C. $-\boldsymbol{A}$ 为正交矩阵　　D. 对于任意实数 λ，$\lambda\boldsymbol{A}$ 为正交矩阵

11. 设 $\lambda=2$ 是可逆矩阵 $\boldsymbol{A}$ 的一个特征值，则矩阵$(\boldsymbol{A}^2)^{-1}$必有一个特征值等于(　　).

A. $\dfrac{1}{4}$　　B. $\dfrac{1}{2}$　　C. 2　　D. 4

12. 设三阶方阵 $\boldsymbol{A}$ 的特征多项式为$|\lambda\boldsymbol{E}-\boldsymbol{A}|=(\lambda+2)(\lambda+3)^2$，则$|\boldsymbol{A}|=$(　　).

A. -18　　B. -6　　C. 6　　D. 18.

13. 下列矩阵中能相似于对角阵的矩阵是 (　　).

A. $\begin{bmatrix}1&2&0\\0&1&0\\0&0&2\end{bmatrix}$　　B. $\begin{bmatrix}1&0&2\\0&2&0\\0&0&1\end{bmatrix}$　　C. $\begin{bmatrix}1&2&0\\0&2&0\\0&0&1\end{bmatrix}$　　D. $\begin{bmatrix}1&1&1\\0&1&0\\0&0&2\end{bmatrix}$

14. 与矩阵 $\boldsymbol{A}=\begin{bmatrix}1&0&0\\0&1&0\\0&0&2\end{bmatrix}$相似的是(　　).

A. $\begin{bmatrix}1&0&0\\0&2&0\\0&0&1\end{bmatrix}$　　B. $\begin{bmatrix}1&1&0\\2&1&0\\0&0&2\end{bmatrix}$　　C. $\begin{bmatrix}1&0&0\\1&1&0\\0&0&2\end{bmatrix}$　　D. $\begin{bmatrix}1&0&1\\0&2&0\\0&0&1\end{bmatrix}$

15. $\boldsymbol{A}$, $\boldsymbol{B}$ 是 n 阶矩阵，且 $\boldsymbol{A}$ 与 $\boldsymbol{B}$ 相似，则(　　).

A. $\boldsymbol{A}$, $\boldsymbol{B}$ 的特征矩阵相同　　B. $\boldsymbol{A}$, $\boldsymbol{B}$ 的特征方程相同

C. $\boldsymbol{A}$, $\boldsymbol{B}$ 相似于同一个对角阵　　D. 存在 n 阶方阵 $\boldsymbol{Q}$，使得 $\boldsymbol{Q}^{\mathrm{T}}\boldsymbol{A}\boldsymbol{Q}=\boldsymbol{B}$

16. n 阶矩阵 $\boldsymbol{A}$ 可与对角矩阵 $\boldsymbol{\Lambda}$ 相似的充分必要条件是(　　).

A. $\boldsymbol{A}$ 有 n 个线性无关的特征向量　　B. $\boldsymbol{A}$ 有 n 个不同的特征值

C. $\boldsymbol{A}$ 的 n 个列向量线性无关　　D. $\boldsymbol{A}$ 有 n 个非零的特征值

17. 设 $\boldsymbol{A}$ 与 $\boldsymbol{B}$ 是两个相似 n 阶矩阵，则下列说法错误的是(　　).

A. $|\boldsymbol{A}|=|\boldsymbol{B}|$　　B. 秩$(\boldsymbol{A})=$秩$(\boldsymbol{B})$

C. 存在可逆阵 $\boldsymbol{P}$，使 $P^{-1}AP=B$　　D. $\lambda\boldsymbol{E}-\boldsymbol{A}=\lambda\boldsymbol{E}-\boldsymbol{B}$

18. 若矩阵 $\boldsymbol{A}$ 与对角矩阵 $\boldsymbol{D}=\begin{bmatrix}-1&0&0\\0&-1&0\\0&0&1\end{bmatrix}$相似，则 $\boldsymbol{A}^3=$(　　).

A. $\boldsymbol{E}$　　B. $\boldsymbol{D}$　　C. $\boldsymbol{A}$　　D. $-\boldsymbol{E}$

19. 已知 $\boldsymbol{A}$ 相似于 $\Lambda=\begin{bmatrix}-1&2\\0&2\end{bmatrix}$，则 $|\boldsymbol{A}|=($　　$)$.

A. -2　　B. -1　　C. 0　　D. 2

20. 设向量 $\boldsymbol{\alpha}=(1,2,3)$ 与 $\boldsymbol{\beta}=(2,k,6)$ 正交，则数 k 为(　　).

A. -10　　B. -4　　C. 3　　D. 10

21. 设三阶矩阵 $\boldsymbol{A}$ 有特征值0、1、2，其对应特征向量分别为 $\boldsymbol{\xi}_1,\boldsymbol{\xi}_2,\boldsymbol{\xi}_3$，令 $\boldsymbol{P}=[\boldsymbol{\xi}_3,\boldsymbol{\xi}_1,2\boldsymbol{\xi}_2]$，则 $\boldsymbol{P}^{-1}\boldsymbol{AP}$(　　).

A. $\begin{bmatrix}2&0&0\\0&1&0\\0&0&0\end{bmatrix}$　B. $\begin{bmatrix}2&0&0\\0&0&0\\0&0&1\end{bmatrix}$　C. $\begin{bmatrix}0&0&0\\0&1&0\\0&0&4\end{bmatrix}$　D. $\begin{bmatrix}2&0&0\\0&0&0\\0&0&2\end{bmatrix}$

22. n 阶矩阵 $\boldsymbol{A}$ 经过若干次初等变换后化为 $\boldsymbol{B}$，则(　　).

A. $|\boldsymbol{A}|=|\boldsymbol{B}|$　　B. $r(\boldsymbol{A})=r(\boldsymbol{B})$　　C. $\boldsymbol{A},\boldsymbol{B}$ 相似　　D. $\boldsymbol{A},\boldsymbol{B}$ 合同

23. $\boldsymbol{A}$ 是三阶矩阵，$\boldsymbol{P}$ 是三阶可逆矩阵，$\boldsymbol{P}^{-1}\boldsymbol{AP}=\begin{bmatrix}1&&\\&1&\\&&0\end{bmatrix}$，且 $\boldsymbol{A\alpha}_1=\boldsymbol{\alpha}_1$，$\boldsymbol{A\alpha}_2=\boldsymbol{\alpha}_2$，$\boldsymbol{A\alpha}_3=0$，则 $\boldsymbol{P}=($　　$)$.

A. $[\boldsymbol{\alpha}_1,\boldsymbol{\alpha}_2,\boldsymbol{\alpha}_1+\boldsymbol{\alpha}_3]$　　B. $[\boldsymbol{\alpha}_2,\boldsymbol{\alpha}_3,\boldsymbol{\alpha}_1]$

C. $[\boldsymbol{\alpha}_1,\boldsymbol{\alpha}_2,3\boldsymbol{\alpha}_3]$　　D. $[\boldsymbol{\alpha}_1+\boldsymbol{\alpha}_2,\boldsymbol{\alpha}_2+\boldsymbol{\alpha}_3,\boldsymbol{\alpha}_3+\boldsymbol{\alpha}_1]$

三、计算题

1. 设矩阵 $\boldsymbol{A}=\begin{bmatrix}-1&4\\-1&4\end{bmatrix}$，求矩阵 $\boldsymbol{A}$ 的特征值和特征向量.

2. 设 $\boldsymbol{A}=\begin{bmatrix}2&0&0\\0&3&-1\\0&-1&3\end{bmatrix}$，求 $\boldsymbol{A}$ 的全部特征值和特征向量.

3. 求矩阵 $\boldsymbol{A}=\begin{bmatrix}4&6&0\\-3&-5&0\\-3&-6&1\end{bmatrix}$全部特征值和特征向量.

4. 求$\begin{bmatrix}1&2&3\\2&1&3\\3&3&6\end{bmatrix}$全部特征值和特征向量.

5. 求矩阵$\begin{bmatrix}0&0&0&1\\0&0&1&0\\0&1&0&0\\1&0&0&0\end{bmatrix}$全部特征值和特征向量..

6. 设二阶矩阵 $\boldsymbol{A}$ 的特征值为1与2，对应的特征向量分别为 $\boldsymbol{\alpha}_1=[1,-1]^{\mathrm{T}}$，$\boldsymbol{\alpha}_2=[1,1]^{\mathrm{T}}$. 求矩阵 $\boldsymbol{A}$.

7. 已知三阶矩阵 $\boldsymbol{A}$ 的特征值为1，2，-3，求 $|\boldsymbol{A}^*+3\boldsymbol{A}+2\boldsymbol{E}|$.

8. 已知三阶矩阵 $\boldsymbol{A}$ 的特征值为 $-1, 1, 2$，设 $\boldsymbol{B}=\boldsymbol{A}^2+2\boldsymbol{A}-\boldsymbol{E}$，求

(1)矩阵 $\boldsymbol{A}$ 的行列式及 $\boldsymbol{A}$ 的秩.

(2)矩阵 $\boldsymbol{B}$ 的特征值及与 $\boldsymbol{B}$ 相似的对角矩阵.

9. 将向量 $\boldsymbol{\alpha}_1=[1,1,1]^{\mathrm{T}}$，$\boldsymbol{\alpha}_2=[1,0,-1]^{\mathrm{T}}$，$\boldsymbol{\alpha}_3=[1,2,-3]^{\mathrm{T}}$ 标准正交单位化，并求向量 $\boldsymbol{\alpha}=[3,2,1]^{\mathrm{T}}$ 用此正交单位向量线性表示的表达式.

10. 设三阶对称阵 $\boldsymbol{A}$ 的特征值为 $\lambda_1=1$，$\lambda_2=-1$，$\lambda_3=0$；对应 λ_1、λ_2 的特征向量依次为 $\boldsymbol{p}_1[1,2,2]^{\mathrm{T}}$，$\boldsymbol{p}_2=[2,1,-2]^{\mathrm{T}}$，求 $\boldsymbol{A}$.

11. 设 $\boldsymbol{A}=\begin{bmatrix}1 & 4 & 2\\ 0 & -3 & 4\\ 0 & 4 & 3\end{bmatrix}$，求 $\boldsymbol{A}^{100}$.

12. 设 $\boldsymbol{P}^{-1}\boldsymbol{AP}=\boldsymbol{\Lambda}$，其中 $\boldsymbol{P}=\begin{bmatrix}-1 & -4\\ 1 & 1\end{bmatrix}$，$\boldsymbol{\Lambda}=\begin{bmatrix}-1 & 0\\ 0 & 2\end{bmatrix}$，求 $\boldsymbol{A}^{11}$.

13. 已知 $\boldsymbol{A}=\begin{bmatrix}3 & -2 & 0\\ -2 & 6 & 0\\ 0 & 0 & 3\end{bmatrix}$，求可逆阵 $\boldsymbol{P}$ 使 $\boldsymbol{P}^{-1}\boldsymbol{AP}$ 为对角阵.

14. 试用施密特法把以下向量组正交化：$[\boldsymbol{\alpha}_1,\boldsymbol{\alpha}_2,\boldsymbol{\alpha}_3]=\begin{bmatrix}1 & 1 & 1\\ 1 & 2 & 4\\ 1 & 3 & 9\end{bmatrix}$.

15. 试用施密特法把以下向量组正交化：$[\boldsymbol{\alpha}_1,\boldsymbol{\alpha}_2,\boldsymbol{\alpha}_3]=\begin{bmatrix}1 & 1 & -1\\ 0 & -1 & 1\\ -1 & 0 & 1\\ 1 & 1 & 0\end{bmatrix}$.

16. 判定下列矩阵是不是正交阵：

(1) $\begin{bmatrix}1 & -\frac{1}{2} & \frac{1}{3}\\ -\frac{1}{2} & 1 & \frac{1}{2}\\ \frac{1}{3} & \frac{1}{2} & -1\end{bmatrix}$；(2) $\begin{bmatrix}\frac{1}{9} & -\frac{8}{9} & -\frac{4}{9}\\ -\frac{8}{9} & \frac{1}{9} & -\frac{4}{9}\\ -\frac{4}{9} & -\frac{4}{9} & \frac{7}{9}\end{bmatrix}$

17. 设三阶方阵 $\boldsymbol{A}$ 的特征值 $\lambda_1=$，$\lambda_2=2$，$\lambda_3=3$，对应的特征向量 $\boldsymbol{\xi}_1=[1,1,1]^{\mathrm{T}}$，$\boldsymbol{\xi}_2=[1,2,4]^{\mathrm{T}}$，$\boldsymbol{\xi}_3=[1,3,9]^{\mathrm{T}}$，又向量 $\boldsymbol{\beta}=[1,1,3]^{\mathrm{T}}$，求 $\boldsymbol{A\beta}$.

四、综合题

1. 设 n 阶方阵 $\boldsymbol{A}$ 满足方阵 $\boldsymbol{A}^2=\boldsymbol{A}$. 证明 $\boldsymbol{A}$ 的特征值为 1 或 0

2. 若 $\boldsymbol{A}$，$\boldsymbol{B}$ 均为方阵，且 $\boldsymbol{A}$ 可逆，证明：$\boldsymbol{BA}$ 与 $\boldsymbol{AB}$ 相似.

3. 设 λ 是方阵 $\boldsymbol{A}$ 的特征值，证明 λ^2 是 $\boldsymbol{A}^2$ 的特征值.

4. 设 $\boldsymbol{A}$ 为 n 阶方阵，证明 $\boldsymbol{A}^{\mathrm{T}}$ 与 $\boldsymbol{A}$ 的特征值相同.

5. 已知矩阵 $\boldsymbol{A}=\begin{bmatrix}2 & -1 & 2\\ 5 & a & 3\\ -1 & b & -2\end{bmatrix}$ 的一个特征向量为 $x=[1,1,-1]^{\mathrm{T}}$.

(1)求 a, b 之值及特征向量 x 所对应的特征值;

(2)$\boldsymbol{A}$ 能否与对角矩阵相似?说明理由.

6. 设矩阵 $\boldsymbol{A}=\begin{bmatrix}2&0&1\\3&1&x\\4&0&5\end{bmatrix}$与对角矩阵相似,求 x.

7. 已知矩阵 $\boldsymbol{A}=\begin{bmatrix}1&1&0\\1&1&0\\0&0&3\end{bmatrix}$与 $\boldsymbol{B}=\begin{bmatrix}0&0&0\\0&3&0\\0&0&x\end{bmatrix}$相似.

(1)求 x 值与 $\boldsymbol{A}$ 的特征值

(2)求可逆矩阵 $\boldsymbol{P}$, 使 $\boldsymbol{P}^{-1}\boldsymbol{AP}=\boldsymbol{B}$

8. 设 $\boldsymbol{A}^2-3\boldsymbol{A}+2\boldsymbol{E}=0$, 证明 $\boldsymbol{A}$ 的特征值只能取 1 或 2.

9. 设 $\boldsymbol{A}$ 是 n 阶正交矩阵, $\boldsymbol{\alpha},\boldsymbol{\beta}$ 是 $\boldsymbol{r}^n$ 中的非零向量, 证明: 若 $\boldsymbol{A}^2=\boldsymbol{E}$, 则 $\boldsymbol{\alpha}^{\mathrm{T}}\boldsymbol{A}^{\mathrm{T}}\boldsymbol{\beta}=\boldsymbol{\alpha}^{\mathrm{T}}\boldsymbol{A}\boldsymbol{\beta}$.

10. 设 $\boldsymbol{\alpha}$ 为 n 维列向量, $\boldsymbol{A}$ 为 n 阶正交矩阵, 证明: $\|\boldsymbol{A\alpha}\|=\|\boldsymbol{\alpha}\|$.

11. 若向量 $\boldsymbol{\alpha}$ 与 $\boldsymbol{\beta}$ 正交, 则对任意实数 a, b, $a\boldsymbol{\alpha}$ 与 $b\boldsymbol{\beta}$ 也正交.

12. 若 $\boldsymbol{A}$ 是实对称矩阵, $\boldsymbol{Q}$ 是正交矩阵, 则 $\boldsymbol{Q}^{-1}\boldsymbol{AQ}$ 是实对称矩阵.

参考答案

一、填空题

1. -10　1. $\frac{3}{2}$　3. -1　4. 5　5. 2　6. 0, 1, -1　7. -8　8. 1 或 -2

9. 6　10. $\frac{7^3}{6}$　11. 0　12. 1, 1, -1　13. $-\frac{1}{35}$　14. 36　15. 1, $\frac{1}{2}$, $\frac{1}{3}$

16. 0　17. 0　18. $-\frac{1}{8}$　19. -16　20. 9　21. $\boldsymbol{A}^2+2\boldsymbol{A}-3\boldsymbol{E}$　22. -4

23. $a+d$　24. -17　25. $\begin{bmatrix}1&0\\0&-2\end{bmatrix}$ 或 $\begin{pmatrix}-2&0\\0&1\end{pmatrix}$　26. 0, -5, -5

27. $\begin{bmatrix}0&0&0\\1&0&3\\0&1&-2\end{bmatrix}$　28. 0　29. 7　30. $\begin{bmatrix}\frac{1}{3}\\\frac{4}{3}\end{bmatrix}$

二、单项选题

1. D　2. B　3. B　4. B　5. B　6. D　7. A　8. A　9. B　10. D
11. A　12. A　13. C　14. A　15. B　16. A　17. D　18. C　19. A
20. A　21. B　22. B　23. C

三、计算题

1. **解**　由 $|\lambda\boldsymbol{E}-\boldsymbol{A}|=0$ 得: $\begin{vmatrix}\lambda+1&-4\\1&\lambda-4\end{vmatrix}=0$; 解得: $\lambda_1=0$, $\lambda_2=3$

(1)当 $\lambda_1=0$ 时，$\lambda E-A=\begin{bmatrix}1 & -4\\1 & -4\end{bmatrix}\to\begin{bmatrix}1 & -4\\0 & 0\end{bmatrix}$；$r(\lambda E-A)=1$，有 1 个自由未知量，取 $x_2=1$，则一个基础解系为：$\xi_1=\begin{bmatrix}4\\1\end{bmatrix}$；全部特征向量为：$c_1\xi_1(c_1\neq0)$

(2)当 $\lambda_1=3$ 时，$\lambda E-A=\begin{bmatrix}4 & -4\\1 & -1\end{bmatrix}\to\begin{bmatrix}1 & -1\\0 & 0\end{bmatrix}$；$r(\lambda E-A)=1$，有 1 个自由未知量，取 $x_2=1$，则一个基础解系为：$\xi_2=\begin{bmatrix}1\\1\end{bmatrix}$；全部特征向量为：$c_2\xi_2(c_2\neq0)$

2. **解**　A 的全部特征值为 $\lambda_1=\lambda_2=2$，$\lambda_3=4$，对应于 $\lambda_1=\lambda_2=2$，其特征向量 $k_1(1,0,0)^T+k_2(0,1,1)^T$（$k_1$，$k_2$ 不全为零），对应于 $\lambda_3=4$，其特征向量为 $k_3(0,1,-1)^T(k_3\neq0)$

3. **解**　由 $|\lambda E-A|=\begin{vmatrix}\lambda-4 & -6 & 0\\3 & \lambda+5 & 0\\3 & 6 & \lambda-1\end{vmatrix}=(\lambda+2)(\lambda-1)^2=0$

可得：特征值 $\lambda_1=-2$；$\lambda_2=\lambda_3=1$

当 $\lambda_1=-2$ 时，有 $\begin{cases}-6x_1-6x_2=0\\3x_1+3x_2=0\\3x_1+6x_2-3x_3=0\end{cases}$，它的基础解系是 $\begin{bmatrix}-1\\1\\1\end{bmatrix}$；

全部特征向量是：$c\begin{bmatrix}-1\\1\\1\end{bmatrix}(c\neq0)$；

当 $\lambda_2=\lambda_3=1$ 时，有 $\begin{cases}-3x_1-6x_2=0\\3x_1+6x_2=0\\3x_1+6x_2=0\end{cases}$，它的基础解系是 $\begin{bmatrix}-2\\1\\0\end{bmatrix}$，$\begin{bmatrix}0\\0\\1\end{bmatrix}$；

全部特征向量是：$c_1\begin{bmatrix}-2\\1\\0\end{bmatrix}+c_2\begin{bmatrix}0\\0\\1\end{bmatrix}$（$c_1$，$c_2$ 不全为零）

4. **解**　$|A-\lambda E|=\begin{vmatrix}1-\lambda & 2 & 3\\2 & 1-\lambda & 3\\3 & 3 & 6-\lambda\end{vmatrix}=-\lambda(\lambda+1)(\lambda-9)$，故 A 的特征值为 $\lambda_1=0$，$\lambda_2=-1$，$\lambda_3=9$.

对于特征值 $\lambda_1=0$，由

$$A-0E=A=\begin{bmatrix}1 & 2 & 3\\2 & 1 & 3\\3 & 3 & 6\end{bmatrix}\sim\begin{bmatrix}1 & 2 & 3\\0 & 1 & 1\\0 & 0 & 0\end{bmatrix},$$

得方程 $Ax=0$ 的基基础解系 $p_1=[-1,-1,1]^T$，向量 $c_1p_1(c_1\neq0)$ 是对应于特征值 $\lambda_1=0$ 的特征值向量.

对于特征值 $\lambda_2=-1$，由

$$A+E=\begin{bmatrix}2&2&3\\2&2&3\\3&3&7\end{bmatrix}\sim\begin{bmatrix}2&2&3\\0&0&1\\0&0&0\end{bmatrix},$$

得方程$(A+E)x=0$的基础解系$p_2=[-1,1,0]^{T}$，向量$c_2p_2(c_2\neq0)$就是对应于特征值$\lambda_2=-1$的特征值向量.

对于特征值$\lambda_3=9$，由

$$A-9E=\begin{bmatrix}-8&2&3\\2&-8&3\\3&3&-3\end{bmatrix}\sim\begin{bmatrix}1&1&-1\\0&1&-\frac{1}{2}\\0&0&0\end{bmatrix}\sim\begin{bmatrix}1&0&-\frac{1}{2}\\0&1&-\frac{1}{2}\\0&0&0\end{bmatrix},$$

得方程$(A-9)x=0$的基础解系$p_3=(1/2,1/2,1)^{T}$，向量$c_3p_3(c_3\neq0)$就是对应于特征值$\lambda_3=9$的特征值向量.

5. **解** $$|A-\lambda E|=\begin{vmatrix}-\lambda&0&0&1\\0&-\lambda&1&0\\0&1&-\lambda&0\\1&0&0&-\lambda\end{vmatrix}=(\lambda-1)^2(\lambda+1)^2,$$

故A的特征值为$\lambda_1=\lambda_2=-1$，$\lambda_3=\lambda_4=1$.

对于特征值$\lambda_1=\lambda_2=-1$，由

$$A+E=\begin{bmatrix}1&0&0&1\\0&1&1&0\\0&1&1&0\\1&0&0&1\end{bmatrix}\sim\begin{bmatrix}1&0&0&1\\0&1&1&0\\0&0&0&0\\0&0&0&0\end{bmatrix},$$

得方程$(A+E)x=0$的基础解系$p_1=[1,0,0,-1]^{T}$，$p_2=[0,1,-1,0]^{T}$，$k_1p_1+k_2p_2(k_1,k_2$不全为零)是对应于特征值$\lambda_1=\lambda_2=-1$的线性无关特征值向量.

对于特征值$\lambda_3=\lambda_4=1$，由

$$A-E=\begin{bmatrix}-1&0&0&1\\0&-1&1&0\\0&1&-1&0\\1&0&0&-1\end{bmatrix}\sim\begin{bmatrix}1&0&0&-1\\0&1&-1&0\\0&0&0&0\\0&0&0&0\end{bmatrix},$$

得方程$(A-E)x=0$的基础解系$p_3=(1,0,0,1)^{T}$，$p_4=(0,1,1,0)^{T}$，向量$k_3p_3+k_4p_4(k_3,k_4$不全为零)是对于特征值$\lambda_3=\lambda_4=1$的线性无关特征值向量.

6. **解** 令$P=(\alpha_1,\alpha_2)=\begin{bmatrix}1&1\\-1&1\end{bmatrix}$，则$P$可逆，且有$P^{-1}AP=\Lambda=\begin{bmatrix}1&0\\0&2\end{bmatrix}$

所以，$$A=P\Lambda P^{-1}=\begin{bmatrix}1&1\\-1&1\end{bmatrix}\begin{bmatrix}1&0\\0&2\end{bmatrix}\begin{bmatrix}\frac{1}{2}&-\frac{1}{2}\\\frac{1}{2}&\frac{1}{2}\end{bmatrix}=\begin{bmatrix}\frac{3}{2}&\frac{1}{2}\\\frac{1}{2}&\frac{3}{2}\end{bmatrix}$$

7. **解** 因为$|A|=1\times2\times(-3)=-6\neq0$，所以，$A$可逆，故

$$A^*=|A|A^{-1}=-6A^{-1},$$

$$A^* + 3A + 2 = -6A^{-1} + 3A + 2E.$$

令 $\varphi(\lambda) = -6\lambda^{-1} + 3\lambda + 2$，则 $\varphi(1) = -1$，$\varphi(2) = 5$，$\varphi(-3) = -5$ 是 $\varphi(A)$ 的特征值，故

$$|A^* + 3A + 2E| = |-6A^{-1} + 3A + 2E| = |\varphi(A)|$$
$$= \varphi(1) \cdot \varphi(2) \cdot \varphi(-3) = -1 \times 5 \times (-5) = 25.$$

8. **解**　(1)由于 A 的特征值为 $-1, 1, 2$，故，$|A| = -2$，故 $r(A) = 3$，$B = A^2 + 2A - E$ 的3个特征值是

$\lambda_1 = (-1)^2 + 2 \times (-1) - 1 = -2$

$\lambda_2 = 1^2 + 2 \times 1 - 1 = 2$

$\lambda_3 = 2^2 + 2 \times 2 - 1 = 7$

由(1)与 B 相似的矩阵为 $\begin{bmatrix} -2 & & \\ & 2 & \\ & & 7 \end{bmatrix}$

9. 正交化 $\boldsymbol{\beta}_1 = [1, 1, 1]^T$，$\boldsymbol{\beta}_2 = \frac{1}{3}[-1, 2, -1]^T$，$\boldsymbol{\beta}_3 = [2, 0, -2]^T$ 单位化 $\boldsymbol{\xi}_1 = \frac{1}{\sqrt{3}}[1, 1, 1]^T$，$\boldsymbol{\xi}_2 = \frac{1}{\sqrt{6}}[-1, 2, 1]^T$，$\boldsymbol{\xi}_3 = \frac{1}{\sqrt{2}}[1, 0, 1]^T$

$$\alpha = 2\sqrt{3}\xi_1 + \sqrt{2}\xi_3$$

10. **解**　设 $A = \begin{bmatrix} x_1 & x_2 & x_3 \\ x_2 & x_4 & x_5 \\ x_3 & x_5 & x_6 \end{bmatrix}$，则 $A\boldsymbol{p}_1 = 1\boldsymbol{p}_1$，$A\boldsymbol{p}_2 = -\boldsymbol{p}_2$，即

$$\begin{cases} x_1 + 2x_2 + 2x_3 = 1 \\ x_2 + 2x_4 + 2x_5 = 2, \\ x_3 + 2x_5 + 2x_6 = 2 \end{cases} \qquad ①$$

$$\begin{cases} 2x_1 + x_2 - 2x_3 = -2 \\ 2x_2 + x_4 - 2x_5 = -1 \\ 2x_3 + x_5 - 2x_6 = 2 \end{cases} \qquad ②$$

再由特征值的性质，有

$$x_1 + x_4 + x_6 = \lambda_1 + \lambda_2 + \lambda_3 = 0. \qquad ③$$

由①②③解得

$$x_1 = -\frac{1}{3},\ x_2 = 0,\ x_3 = \frac{2}{3},\ x_4 = \frac{1}{3},\ x_5 = \frac{2}{3},\ x_6 = 0.$$

因此

$$A = \frac{1}{3}\begin{bmatrix} -1 & 0 & 2 \\ 0 & 1 & 2 \\ 2 & 2 & 0 \end{bmatrix}.$$

11. **解**　由

$$|A - \lambda E| = \begin{vmatrix} 1-\lambda & 4 & 2 \\ 0 & -3-\lambda & 4 \\ 0 & 4 & 3-\lambda \end{vmatrix} = -(\lambda - 1)(\lambda - 5)(\lambda + 5),$$

得 A 的特征值为 $\lambda_1=1$, $\lambda_2=5$, $\lambda_3=-5$.

对于 $\lambda_1=1$, 解方程 $(\boldsymbol{A}-\boldsymbol{E})\boldsymbol{x}=0$, 得特征向量 $\boldsymbol{p}_1=[1,0,0]^{\mathrm{T}}$.

对于 $\lambda_2=5$, 解方程 $(\boldsymbol{A}-5\boldsymbol{E})\boldsymbol{x}=0$, 得特征向量 $\boldsymbol{p}_2=[2,1,2]^{\mathrm{T}}$.

对于 $\lambda_3=-5$, 解方程 $(\boldsymbol{A}+5\boldsymbol{E})\boldsymbol{x}=0$, 得特征向量 $\boldsymbol{p}_3=[1,-2,1]^{\mathrm{T}}$.

令 $\boldsymbol{P}=[\boldsymbol{p}_1,\boldsymbol{p}_2,\boldsymbol{p}_3]$, 则

$$\boldsymbol{P}^{-1}\boldsymbol{A}\boldsymbol{P}=\mathrm{diag}(1,5\ -5)=\boldsymbol{\Lambda},$$

$$\boldsymbol{A}=\boldsymbol{P}\boldsymbol{\Lambda}\boldsymbol{P}^{-1},$$

$$\boldsymbol{A}^{100}=\boldsymbol{P}\boldsymbol{\Lambda}^{100}\boldsymbol{P}^{-1}.$$

因为

$$\boldsymbol{\Lambda}^{100}=\mathrm{diag}(1,5^{100},5^{100}),$$

$$\boldsymbol{P}^{-1}=\begin{bmatrix}1&2&1\\0&1&-2\\0&2&1\end{bmatrix}=\frac{1}{5}\begin{bmatrix}5&0&-5\\0&1&2\\0&-2&1\end{bmatrix},$$

所以

$$\boldsymbol{A}^{100}=\frac{1}{5}\begin{bmatrix}1&2&1\\0&1&-2\\0&2&1\end{bmatrix}\begin{bmatrix}1&&\\&5^{100}&\\&&5^{100}\end{bmatrix}\begin{bmatrix}5&0&-5\\0&1&2\\0&-2&1\end{bmatrix}$$

$$=\begin{bmatrix}1&0&5^{100}-1\\0&5^{100}&0\\0&0&5^{100}\end{bmatrix}.$$

12. **解** 由 $\boldsymbol{P}^{-1}\boldsymbol{A}\boldsymbol{P}=\boldsymbol{\Lambda}$, 得 $\boldsymbol{A}=\boldsymbol{P}\boldsymbol{\Lambda}\boldsymbol{P}^{-1}$, 所以 $\boldsymbol{A}^{11}=\boldsymbol{P}\boldsymbol{\Lambda}^{11}\boldsymbol{P}^{-1}$.

$$|\boldsymbol{P}|=3,\ \boldsymbol{P}^*=\begin{bmatrix}1&4\\-1&-1\end{bmatrix},\ \boldsymbol{P}^{-1}=\frac{1}{3}\begin{bmatrix}1&4\\-1&-1\end{bmatrix},$$

而

$$\boldsymbol{\Lambda}^{11}=\begin{bmatrix}-1&0\\0&2\end{bmatrix}^{11}=\begin{bmatrix}-1&0\\0&2^{11}\end{bmatrix},$$

故

$$\boldsymbol{A}^{11}=\begin{bmatrix}-1&-4\\1&1\end{bmatrix}\begin{bmatrix}-1&0\\0&2^{11}\end{bmatrix}\begin{bmatrix}\frac{1}{3}&\frac{4}{3}\\-\frac{1}{3}&-\frac{1}{3}\end{bmatrix}=\begin{bmatrix}2731&2732\\-683&-684\end{bmatrix}.$$

13. **解** $|\boldsymbol{A}-\lambda\boldsymbol{E}|=\begin{vmatrix}3-\lambda&-2&0\\-2&6-\lambda&0\\0&0&3-\lambda\end{vmatrix}=(3-\lambda)(2-\lambda)(7-\lambda)$, 故 A 的特征值为 2, 3, 7.

当 $\lambda=2$ 时有特征方程 $\begin{cases}x_1-2x_2=0\\x_3=0\end{cases}$

所以 有特征向量 $\boldsymbol{p}_1=\begin{bmatrix}2\\1\\0\end{bmatrix}$

$\lambda=3$　同理有 $\boldsymbol{p}_2=\begin{bmatrix}0\\0\\1\end{bmatrix}$　$\begin{cases}-2x_2=0\\-2x_1+3x_2=0\end{cases}$

当 $\lambda=7$ 时　$\boldsymbol{p}_3=\begin{bmatrix}1\\-2\\0\end{bmatrix}$　$\begin{cases}-4x_1-2x_2=0\\-2x_1-x_2=0\\-4x_3=0\end{cases}$

令 $\boldsymbol{P}=(\boldsymbol{p}_1,\boldsymbol{p}_2,\boldsymbol{p}_3)=\begin{bmatrix}2&0&1\\1&0&-2\\0&1&1\end{bmatrix}$

则 $\boldsymbol{P}^{-1}\boldsymbol{AP}=\begin{bmatrix}2&0&0\\0&3&0\\0&0&7\end{bmatrix}$

14. **解**　根据施密特正交方法

$$\boldsymbol{b}_1=\boldsymbol{a}_1=\begin{bmatrix}1\\1\\1\end{bmatrix},$$

$$\boldsymbol{b}_2=\boldsymbol{a}_2-\frac{[\boldsymbol{b}_1,\boldsymbol{a}_2]}{[\boldsymbol{b}_1,\boldsymbol{b}_1]}\boldsymbol{b}_1=\begin{bmatrix}-1\\0\\1\end{bmatrix}.$$

$$\boldsymbol{b}_3=a_3-\frac{[\boldsymbol{b}_1,\boldsymbol{a}_3]}{[\boldsymbol{b}_1,\boldsymbol{b}_1]}\boldsymbol{b}_1-\frac{[\boldsymbol{b}_2,\boldsymbol{a}_3]}{[\boldsymbol{b}_2,\boldsymbol{b}_2]}\boldsymbol{b}_2=\frac{1}{3}\begin{bmatrix}1\\-2\\1\end{bmatrix}.$$

15. **解**　根据施密特正交化方法，

$$\boldsymbol{b}_1=\boldsymbol{a}_1=\begin{bmatrix}1\\0\\-1\\1\end{bmatrix},$$

$$\boldsymbol{b}_2=\boldsymbol{a}_2-\frac{[\boldsymbol{b}_1,\boldsymbol{a}_2]}{[\boldsymbol{b}_1,\boldsymbol{b}_1]}\boldsymbol{b}_1=\frac{1}{3}\begin{bmatrix}1\\-3\\2\\1\end{bmatrix}.$$

$$\boldsymbol{b}_3=a_3-\frac{[\boldsymbol{b}_1,\boldsymbol{a}_3]}{[\boldsymbol{b}_1,\boldsymbol{b}_1]}\boldsymbol{b}_1-\frac{[\boldsymbol{b}_2,\boldsymbol{a}_3]}{[\boldsymbol{b}_2,\boldsymbol{b}_2]}\boldsymbol{b}_2=\frac{1}{15}\begin{bmatrix}7\\9\\9\\12\end{bmatrix}.$$

16. **解**　(1)此矩阵的第一个行向量非单位向量，故不是正交阵.

(2)该方阵每一个行向量均是单位向量，且两两正交，故为正交阵.

17. **解**　因为矩阵 $\boldsymbol{A}$ 有三个不相等的特征值，于是 $\boldsymbol{A}$ 必能对角化. 记 $\boldsymbol{P}=(\boldsymbol{\xi}_1,\boldsymbol{\xi}_2,\boldsymbol{\xi}_3)$，则矩阵 $\boldsymbol{P}$ 可逆，且

$$P^{-1}AP=\begin{bmatrix}1&&\\&2&\\&&3\end{bmatrix}\triangleq\Lambda$$

也即 $A=P\Lambda P^{-1}$

于是 $A^n=P\Lambda^nP^{-1}$

所以 $A^n\beta=P\Lambda^nP^{-1}\beta$

$$=\begin{bmatrix}1&1&1\\1&2&3\\1&4&9\end{bmatrix}\begin{bmatrix}1&&\\&2^n&\\&&3^n\end{bmatrix}\begin{bmatrix}3&-\frac{5}{2}&\frac{1}{2}\\-3&4&-1\\1&-\frac{3}{2}&\frac{1}{2}\end{bmatrix}\begin{bmatrix}1\\1\\3\end{bmatrix}$$

$$=\begin{pmatrix}1&2^n&3^n\\1&2^{n+1}&3^{n+1}\\1&2^{n+2}&3^{n+2}\end{pmatrix}\begin{pmatrix}2\\-2\\1\end{pmatrix}=\begin{bmatrix}2-2^{n+1}+3^n\\2-2^{n+2}+3^{n+1}\\2-2^{n+3}+3^{n+2}\end{bmatrix}$$

四、综合题

1. 证明：

由已知：$A(A-E)=O$；得：$|A(A-E)|=O$；所以 $|A|\cdot|A-E|=0$

即 $|A|=0$ 或 $|A-E|=0$；所以特征值为 0 或 1。

2. 证明：因为 A 可逆，即 A^{-1} 存在，又 $A(BA)A^{-1}=(AB)(AA^{-1})=AB$，由相似知阵定义可得：$AB$ 与 BA 相似

3. 证明：设有非零向量 x 使得 $Ax=\lambda x$

两边左乘 A 得 $A^2x=\lambda Ax=\lambda^2x$

所以 λ^2 是 A^2 的特征值。

4. 证明 因为

$$|A^{\mathrm{T}}-\lambda E|=|(A-\lambda E)^{\mathrm{T}}|=|A-\lambda E|^{\mathrm{T}}=|A-\lambda E|,$$

所以 A^{T} 与 A 的特征多项式相同，从而 A^{T} 与 A 的特征值相同.

5. **解** (1)设 λ 是特征向量 p 所对应的特征值，则

$$(A-\lambda E)p=0,\text{ 即}\begin{bmatrix}2-\lambda&-1&2\\5&a-\lambda&3\\-1&b&-2-\lambda\end{bmatrix}\begin{bmatrix}1\\1\\-1\end{bmatrix}=\begin{bmatrix}0\\0\\0\end{bmatrix},\text{ 即}\begin{cases}\lambda+1=0\\a-\lambda=-2\\b+\lambda=-1\end{cases}$$

解之得 $\lambda=-1$，$a=-3$，$b=0$.

$$\text{由}\qquad|A-\lambda E|=\begin{vmatrix}2-\lambda&-1&2\\5&-3-\lambda&3\\-1&0&-2-\lambda\end{vmatrix}=-(\lambda-1)^3,$$

得 A 的特征值为 $\lambda_1=\lambda_2=\lambda_3=1$.

(2)由

$$A-E=\begin{bmatrix}1&-1&2\\5&-2&3\\-1&b&-1\end{bmatrix}\overset{r}{\sim}\begin{bmatrix}1&0&1\\0&1&-1\\0&0&0\end{bmatrix}$$

知 $r(\boldsymbol{A}-\boldsymbol{E})=2$，所以齐次线性方程组$(\boldsymbol{A}-\boldsymbol{E})\boldsymbol{x}=0$ 的基础解系只有一个解向量. 因此 $\boldsymbol{A}$ 不能相似角对角化.

6. **解**　由

$$|\boldsymbol{A}-\lambda\boldsymbol{E}|=\begin{vmatrix}2-\lambda & 0 & 1\\ 3 & 1-\lambda & x\\ 4 & 0 & 5-\lambda\end{vmatrix}=-(\lambda-1)^2(\lambda-6),$$

得 $\boldsymbol{A}$ 的特征值为 $\lambda_1=6$，$\lambda_2=\lambda_3=1$.

因为 $\boldsymbol{A}$ 可相似对角化，所以对于 $\lambda_2=\lambda_3=1$，齐次线性方程组$(\boldsymbol{A}-\boldsymbol{E})\boldsymbol{x}=0$ 的基础解系中有两个线性无关的解向量，因此 $r(\boldsymbol{A}-\boldsymbol{E})=1$. 由

$$(\boldsymbol{A}-\boldsymbol{E})=\begin{bmatrix}1 & 0 & 1\\ 3 & 0 & x\\ 4 & 0 & 4\end{bmatrix}\sim\begin{bmatrix}1 & 0 & 1\\ 0 & 0 & x-3\\ 0 & 0 & 0\end{bmatrix}$$

知当 $x=3$ 时 $r(\boldsymbol{A}-\boldsymbol{E})=1$，即 $x=3$ 为所求.

7. 解(1)由于 $\boldsymbol{A}$ 与 $\boldsymbol{B}$ 相似，则$|\lambda\boldsymbol{E}-\boldsymbol{A}|=|\lambda\boldsymbol{E}-\boldsymbol{B}|$，可得 $x=2$，所以矩阵 $\boldsymbol{A}$ 的特征值为 $\lambda_1=0$，$\lambda_2=3$，$\lambda_3=2$.

(2)对于 $\lambda_1=0$，$\boldsymbol{A}$ 对应的特征值向量为 $\alpha_1=[1,\ -1,\ 0]^{\mathrm{T}}$

对于 $\lambda_2=3$，$\boldsymbol{A}$ 对应的特征向量为 $\alpha_2=[0,\ 0,\ 1]^{\mathrm{T}}$

对于 $\lambda_3=2$，$\boldsymbol{A}$ 对应的特征向量为 $\boldsymbol{\alpha}_3=[1,\ 1,\ 0]^{\mathrm{T}}$

令

$$\boldsymbol{P}=(\boldsymbol{\alpha}_1,\ \boldsymbol{\alpha}_2,\ \boldsymbol{\alpha}_3)=\begin{bmatrix}1 & 0 & 1\\ -1 & 0 & 1\\ 0 & 1 & 0\end{bmatrix}$$

则　$\boldsymbol{P}^{-1}\boldsymbol{A}\boldsymbol{P}=\boldsymbol{B}$

8. 证明　设 λ 是 $\boldsymbol{A}$ 的任意一个特征值，x 是 $\boldsymbol{A}$ 的对应于 λ 的特征向量，则

$$(\boldsymbol{A}^2-3\boldsymbol{A}+2\boldsymbol{E})\boldsymbol{x}=\lambda^2\boldsymbol{x}-3\lambda\boldsymbol{x}+2\boldsymbol{x}=(\lambda^2-3\lambda+2)\boldsymbol{x}=0.$$

因为 $x\neq0$，所以 $\lambda^2-3\lambda+2=0$，即 λ 是方程 $\lambda^2-3\lambda+2=0$ 的根，也就是说 $\lambda=1$ 或 $\lambda=2$.

9. 证　因为 $\boldsymbol{A}$ 是正交阵，有 $\boldsymbol{A}^{-1}=\boldsymbol{A}^{\mathrm{T}}$.

在 $\boldsymbol{A}^2=\boldsymbol{E}$ 的两端左乘 $\boldsymbol{A}^{-1}$，得

$$\boldsymbol{A}^{-1}\boldsymbol{A}^2=\boldsymbol{A}^{-1}\boldsymbol{E},$$

所以 $\boldsymbol{A}=\boldsymbol{A}^{-1}=\boldsymbol{A}^{\mathrm{T}}$，由此得

$$\boldsymbol{\alpha}^{\mathrm{T}}\boldsymbol{A}^{\mathrm{T}}\boldsymbol{\beta}=\boldsymbol{\alpha}^{\mathrm{T}}\boldsymbol{A}\boldsymbol{\beta}.$$

10. 证　因为 $\boldsymbol{A}$ 是正交阵，有 $\boldsymbol{A}^{\mathrm{T}}\boldsymbol{A}=\boldsymbol{E}$，又

$$\|\boldsymbol{A\alpha}\|^2=(\boldsymbol{A\alpha})^{\mathrm{T}}(\boldsymbol{A\alpha})=\boldsymbol{\alpha}^{\mathrm{T}}\boldsymbol{A}^{\mathrm{T}}\boldsymbol{A\alpha}=\boldsymbol{\alpha}^{\mathrm{T}}E\boldsymbol{\alpha}=\boldsymbol{\alpha}^{\mathrm{T}}\boldsymbol{\alpha}=\|\boldsymbol{\alpha}\|^2,$$

得 $\|\boldsymbol{A\alpha}\|=\|\boldsymbol{\alpha}\|$.

11. 证　因为

$$(a\boldsymbol{\alpha})^{\mathrm{T}}(b\boldsymbol{\beta})=ab\boldsymbol{\alpha}^{\mathrm{T}}\boldsymbol{\beta},$$

又 $\boldsymbol{\alpha}$ 与 $\boldsymbol{\beta}$ 正交，即 $\boldsymbol{\alpha}^{\mathrm{T}}\boldsymbol{\beta}=0$，所以

$$(a\boldsymbol{\alpha})^{\mathrm{T}}(b\boldsymbol{\beta})=(ab)(\boldsymbol{\alpha}^{\mathrm{T}}\boldsymbol{\beta})=0,$$

即 $a\boldsymbol{\alpha}$ 与 $b\boldsymbol{\beta}$ 正交.

12. 证　因为 $\boldsymbol{A}$ 是实对称阵，所以 $\boldsymbol{A}^{\mathrm{T}}=\boldsymbol{A}$，又因为 Q 是正交阵，有 $\boldsymbol{Q}^{\mathrm{T}}=\boldsymbol{Q}^{-1}$. 于是

$$(Q^{-1}AQ)^{\mathrm{T}}=Q^{\mathrm{T}}A^{\mathrm{T}}(Q^{-1})^{\mathrm{T}}=Q^{-1}A(Q^{\mathrm{T}})^{\mathrm{T}}=Q^{-1}AQ.$$

即 $Q^{-1}AQ$ 为实对称阵.

附录

2008 年全国硕士研究生入学统一考试 数学三线性代数部分试题

一、选择题： 1 ~8 小题，每小题 4 分，共 32 分，下列每小题给出的四个选项中，只有一项符合题目要求，把所选项前的字母填在题后的括号内.

(5) 设 $\boldsymbol{A}$ 为阶非 0 矩阵 $\boldsymbol{E}$ 为阶单位矩阵若 $\boldsymbol{A}^3=0$，则(　　)

A. $\boldsymbol{E}-\boldsymbol{A}$ 不可逆，$\boldsymbol{E}+\boldsymbol{A}$ 不可逆　　B. $\boldsymbol{E}-\boldsymbol{A}$ 不可逆，$\boldsymbol{E}+\boldsymbol{A}$ 可逆

C. $\boldsymbol{E}-\boldsymbol{A}$ 可逆，$\boldsymbol{E}+\boldsymbol{A}$ 可逆　　D. $\boldsymbol{E}-\boldsymbol{A}$ 可逆，$\boldsymbol{E}+\boldsymbol{A}$ 不可逆

(6) 设 $\boldsymbol{A}=\begin{bmatrix}1&2\\2&1\end{bmatrix}$则在实数域上域与 $\boldsymbol{A}$ 合同矩阵为(　　)

A. $\begin{bmatrix}-2&1\\1&-2\end{bmatrix}$　　B. $\begin{bmatrix}2&-1\\-1&2\end{bmatrix}$　　C. $\begin{bmatrix}2&1\\1&2\end{bmatrix}$　　D. $\begin{bmatrix}1&-2\\-2&1\end{bmatrix}$

二、填空题： 9 ~ 14 小题，每小题 4 分，共 24 分，请将答案写在答题纸指定位置上.

(13) 设三阶矩阵 $\boldsymbol{A}$ 的特征值为 1，2，2，$\boldsymbol{E}$ 为三阶单位矩阵，则 $|4\boldsymbol{A}^{-1}-\boldsymbol{E}|=$ ________.

三、解答题： 15 ~ 23 小题，共 94 分. 请将解答写在答题纸指定的位置上. 解答应写出文字说明、证明过程或演算步骤.

(20)(本题满分 12 分)

设矩阵 $\boldsymbol{A}=\begin{bmatrix}2a&1&&\\a^2&2a&\ddots&\\&\ddots&\ddots&1\\&&a^2&2a\end{bmatrix}_{n\times n}$，现矩阵 $\boldsymbol{A}$ 满足方程 $\boldsymbol{AX}=\boldsymbol{B}$，其中 $\boldsymbol{X}=[x_1,\cdots,x_n]^{\mathrm{T}}$，$\boldsymbol{B}=[1,0,\cdots,0]$.

(1) 求证 $|\boldsymbol{A}|=(n+1)a^n$；

(2) a 为何值，方程组有唯一解；

(3) a 为何值，方程组有无穷多解.

(21)(本题满分 10 分)

设 $\boldsymbol{A}$ 为三阶矩阵，$\boldsymbol{a}_1$，$\boldsymbol{a}_2$ 为 $\boldsymbol{A}$ 的分别属于特征值 -1，1 的特征向量，向量 $\boldsymbol{a}_3$ 满足 $\boldsymbol{A}\boldsymbol{a}_3=\boldsymbol{a}_2+\boldsymbol{a}_3$，

证明：

(1) $\boldsymbol{a}_1$，$\boldsymbol{a}_2$，$\boldsymbol{a}_3$ 线性无关；

(2) 令 $\boldsymbol{P}=[a_1,a_2,a_3]$，求 $\boldsymbol{P}^{-1}\boldsymbol{AP}$.

2008年全国硕士研究生入学统一考试
数学三线性代数部分试题解析

一、选择题

(5)【答案】C

【解析】$(E-A)(E+A+A^2)=E-A^3=E$, $(E+A)(E-A+A^2)=E+A^3=E$.
故 $E-A$, $E+A$ 均可逆.

(6)【答案】D【详解】记 $D=\begin{bmatrix}1 & -2\\ -2 & 1\end{bmatrix}$, 则 $|\lambda E-D|=\begin{vmatrix}\lambda-1 & 2\\ 2 & \lambda-1\end{vmatrix}=(\lambda-1)^2-4$

又 $|\lambda E-A|=\begin{vmatrix}\lambda-1 & -2\\ -2 & \lambda-1\end{vmatrix}=(\lambda-1)^2-4$,

所以 A 和 D 有相同的特征多项式, 所以 A 和 D 有相同的特征值.

又 A 和 D 为同阶实对称矩阵, 所以 A 和 D 相似. 由于实对称矩阵相似必合同, 故D正确.

二、填空题

(13)【答案】3

【解析】A 的特征值为1, 2, 2, 所以 A^{-1} 的特征值为1, 1/2, 1/2,

所以 $4A^{-1}-E$ 的特征值为 $4\times1-1=3$, $4\times1/2-1=1$, $4\times1/2-1=1$

所以 $|4B^{-1}-E|=3\times1\times1=3$.

三、解答题

(20)【详解】(1) 证法1:

$$|A|=\begin{vmatrix}2a & 1 & & & \\ a^2 & 2a & 1 & & \\ & a^2 & 2a & \ddots & \\ & & \ddots & \ddots & \\ & & & \ddots & \ddots & 1\\ & & & & a^2 & 2a\end{vmatrix}\xlongequal{r_2-\frac{1}{2}ar_1}\begin{vmatrix}2a & 1 & & & \\ 0 & \frac{3a}{2} & 1 & & \\ & a^2 & 2a & \ddots & \\ & & \ddots & \ddots & \\ & & & \ddots & \ddots & 1\\ & & & & a^2 & 2a\end{vmatrix}=\cdots$$

$$\xlongequal{r_n-\frac{n-1}{n}ar_{n-1}}\begin{vmatrix}2a & 1 & & & \\ 0 & \frac{3a}{2} & 1 & & \\ & 0 & \frac{4a}{3} & \ddots & \\ & & \ddots & \ddots & \\ & & & \ddots & \ddots & 1\\ & & & & 0 & \frac{(n+1)a}{n}\end{vmatrix}$$

$$= 2a \cdot \frac{3a}{2} \cdot \frac{4a}{3} \cdot \cdots \cdot \frac{(n+1)a}{n} = (n+1)a^n$$

证法2：记 $D_n = |\boldsymbol{A}|$，下面用数学归纳法证明 $D_n = (n+1)a^n$.

当 $n = 1$ 时，

$$|\boldsymbol{A}| = \begin{vmatrix} 2a & 1 & & & \\ a^2 & 2a & 1 & & \\ & a^2 & 2a & \ddots & \\ & & \ddots & \ddots & \\ & & & \ddots & \ddots & 1 \\ & & & & a^2 & 2a \end{vmatrix} \xlongequal{r_2 - \frac{1}{2}ar_1} \begin{vmatrix} 2a & 1 & & & \\ 0 & \frac{3a}{2} & 1 & & \\ & a^2 & 2a & \ddots & \\ & & \ddots & \ddots & \\ & & & \ddots & \ddots & 1 \\ & & & & a^2 & 2a \end{vmatrix} = \cdots$$

$$\xlongequal{r_n - \frac{n-1}{n}ar_{n-1}} \begin{vmatrix} 2a & 1 & & & \\ 0 & \frac{3a}{2} & 1 & & \\ & 0 & \frac{4a}{3} & \ddots & \\ & & \ddots & \ddots & \\ & & & \ddots & \ddots & 1 \\ & & & & 0 & \frac{(n+1)a}{n} \end{vmatrix}$$

$$= 2a \cdot \frac{3a}{2} \cdot \frac{4a}{3} \cdot \cdots \cdot \frac{(n+1)a}{n} = (n+1)a^n$$

$D_1 = 2a$，结论成立.

当 $n = 2$ 时，$a_2 = \begin{vmatrix} 2a & 1 \\ a^2 & 2a \end{vmatrix} = 3a^2$，结论成立.

假设结论对小于 n 的情况成立. 将 D_n 按第1行展开得

$$D_n = 2aD_{n-1} - \begin{vmatrix} a^2 & 1 & & & \\ 0 & 2a & 1 & & \\ & a^2 & 2a & 1 & \\ & & \ddots & \ddots & \ddots \\ & & & \ddots & \ddots & 1 \\ & & & & a^2 & 2a \end{vmatrix}$$

$$= 2aD_{n-1} - a^2 D_{n-2} = 2ana^{n-1} - a^2(n-1)a^{n-2} = (n+1)a^n$$

故 $\quad |\boldsymbol{A}| = (n+1)a^n$

证法3：记 $D_n = |\boldsymbol{A}|$，将其按第一列展开得 $D_n = 2aD_{n-1} - a^2 D_{n-2}$，

所以 $\quad D_n - aD_{n-1} = aD_{n-1} - a^2 D_{n-2} = a(D_{n-1} - aD_{n-2})$

$$= a^2(D_{n-2} - aD_{n-3}) = \cdots = a^{n-2}(D_2 - aD_1) = a^n$$

即 $\quad D_n = a^n + aD_{n-1} = a^n + a(a^{n-1} + aD_{n-2}) = 2a^n + a^2 D_{n-2}$

$$= \cdots = (n-2)a^n + a^{n-2}D_2 = (n-1)a^n + a^{n-1}D_1$$

$$= (n-1)a^n + a^{n-1} \cdot 2a = (n+1)a^n$$

(2) 因为方程组有唯一解，所以由 $\boldsymbol{A}x = \boldsymbol{B}$ 知 $|\boldsymbol{A}| \neq 0$，又 $|\boldsymbol{A}| = (n+1)a^n$，故 $a \neq 0$. 由克莱姆法则，将 D_n 的第 1 列换成 b，得行列式为

$$\begin{vmatrix} a^2 & 1 & & & & \\ 0 & 2a & 1 & & & \\ & a^2 & 2a & 1 & & \\ & & \ddots & \ddots & \ddots & \\ & & & \ddots & \ddots & 1 \\ & & & & a^2 & 2a \end{vmatrix} = \begin{vmatrix} 2a & 1 & & & & \\ a^2 & 2a & 1 & & & \\ & a^2 & 2a & \ddots & & \\ & & \ddots & \ddots & & \\ & & & \ddots & \ddots & 1 \\ & & & & a^2 & 2a \end{vmatrix}_{(n-1)\times(n-1)} = D_{n-1} = na^{n-1}$$

所以
$$x_1 = \frac{D_{n-1}}{D_n} = \frac{n}{(n+1)a}$$

(3) 方程组有无穷多解，由 $|\boldsymbol{A}| = 0$，有 $a = 0$，则方程组为

$$\begin{bmatrix} 0 & 1 & & & \\ & 0 & 1 & & \\ & & \ddots & \ddots & \\ & & & 0 & 1 \\ & & & & 0 \end{bmatrix} \begin{bmatrix} x_1 \\ x_2 \\ \vdots \\ x_{n-1} \\ x_n \end{bmatrix} = \begin{bmatrix} 1 \\ 0 \\ \vdots \\ 0 \\ 0 \end{bmatrix}$$

此时方程组系数矩阵的秩和增广矩阵的秩均为 $n-1$，所以方程组有无穷多解，其通解为 $k[1\ \ 0\ \ 0\ \ \cdots\ \ 0]^{\mathrm{T}} + [0\ \ 1\ \ 0\ \ \cdots\ \ 0]^{\mathrm{T}}$，$k$ 为任意常数.

(21)【解析】(1)

证法 1：假设 $\boldsymbol{\alpha}_1, \boldsymbol{\alpha}_2, \boldsymbol{\alpha}_3$ 线性相关. 因为 $\boldsymbol{\alpha}_1, \boldsymbol{\alpha}_2$ 分别属于不同特征值的特征向量，故 $\boldsymbol{\alpha}_1, \boldsymbol{\alpha}_2$ 线性无关，则 $\boldsymbol{\alpha}_3$ 可由 $\boldsymbol{\alpha}_1, \boldsymbol{\alpha}_2$ 线性表出，不妨设 $\boldsymbol{\alpha}_3 = l_1\boldsymbol{\alpha}_1 + l_2\boldsymbol{\alpha}_2$，其中 l_1, l_2 不全为零（若 l_1, l_2 同时为0，则 $\boldsymbol{\alpha}_3$ 为0，由 $\boldsymbol{A\alpha}_3 = \boldsymbol{\alpha}_2 + \boldsymbol{\alpha}_3$ 可知 $\boldsymbol{\alpha}_2 = 0$，而特征向量都是非0向量，矛盾）

因为 $\boldsymbol{A\alpha}_1 = -\boldsymbol{\alpha}_1, \boldsymbol{A\alpha}_2 = \boldsymbol{\alpha}_2$

所以 $\boldsymbol{A\alpha}_3 = \boldsymbol{\alpha}_2 + \boldsymbol{\alpha}_3 = \boldsymbol{\alpha}_2 + l_1\boldsymbol{\alpha}_1 + l_2\boldsymbol{\alpha}_2$，又 $\boldsymbol{A\alpha}_3 = \boldsymbol{A}(l_1\boldsymbol{\alpha}_1 + l_2\boldsymbol{\alpha}_2) = -l_1\boldsymbol{\alpha}_1 + l_2\boldsymbol{\alpha}_2$

所以 $-l_1\boldsymbol{\alpha}_1 + l_2\boldsymbol{\alpha}_2 = \boldsymbol{\alpha}_2 + l_1\boldsymbol{\alpha}_1 + l_2\boldsymbol{\alpha}_2$，整理得：$2l_1\boldsymbol{\alpha}_1 + \boldsymbol{\alpha}_2 = 0$

则 $\boldsymbol{\alpha}_1, \boldsymbol{\alpha}_2$ 线性相关，矛盾. 所以，$\boldsymbol{\alpha}_1, \boldsymbol{\alpha}_2, \boldsymbol{\alpha}_3$ 线性无关.

证法 2：设存在数 k_1, k_2, k_3，使得

$$k_1\boldsymbol{\alpha}_1 + k_2\boldsymbol{\alpha}_2 + k_3\boldsymbol{\alpha}_3 = 0 \tag{1}$$

用 $\boldsymbol{A}$ 左乘(1)的两边并由 $A\boldsymbol{\alpha}_1 = -\boldsymbol{\alpha}_1, A\boldsymbol{\alpha}_2 = \boldsymbol{\alpha}_2$ 得

$$-k_1\boldsymbol{\alpha}_1 + (k_2 + k_3)\boldsymbol{\alpha}_2 + k_3\boldsymbol{\alpha}_3 = 0 \tag{2}$$

(1) - (2) 得

$$2k_1\boldsymbol{\alpha}_1 - k_3\boldsymbol{\alpha}_2 = 0 \tag{3}$$

因为 $\boldsymbol{\alpha}_1, \boldsymbol{\alpha}_2$ 是 $\boldsymbol{A}$ 的属于不同特征值的特征向量，所以 $\boldsymbol{\alpha}_1, \boldsymbol{\alpha}_2$ 线性无关，从而 $k_1 = k_3 = 0$，代入(1)得 $k_2\boldsymbol{\alpha}_2 = 0$，又由于 $\boldsymbol{\alpha}_2 \neq 0$，所以 $k_2 = 0$，故 $\boldsymbol{\alpha}_1, \boldsymbol{\alpha}_2, \boldsymbol{\alpha}_3$ 线性无关.

(2) 记 $\boldsymbol{P} = (\boldsymbol{\alpha}_1, \boldsymbol{\alpha}_2, \boldsymbol{\alpha}_3)$，则 $\boldsymbol{P}$ 可逆，

$\boldsymbol{AP} = \boldsymbol{A}(\boldsymbol{\alpha}_1, \boldsymbol{\alpha}_2, \boldsymbol{\alpha}_3) = (\boldsymbol{A\alpha}_1, \boldsymbol{A\alpha}_2, \boldsymbol{A\alpha}_3) = (-\boldsymbol{\alpha}_1, \boldsymbol{\alpha}_2, \boldsymbol{\alpha}_2 + \boldsymbol{\alpha}_3)$

$$= (\boldsymbol{\alpha}_1, \boldsymbol{\alpha}_2, \boldsymbol{\alpha}_3)\begin{bmatrix} -1 & 0 & 0 \\ 0 & 1 & 1 \\ 0 & 0 & 1 \end{bmatrix} = \boldsymbol{P}\begin{bmatrix} -1 & 0 & 0 \\ 0 & 1 & 1 \\ 0 & 0 & 1 \end{bmatrix}$$

所以

$$\boldsymbol{P}^{-1}\boldsymbol{AP} = \begin{bmatrix} -1 & 0 & 0 \\ 0 & 1 & 1 \\ 0 & 0 & 1 \end{bmatrix}.$$

2009年全国硕士研究生入学统一考试 数学三线性代数部分试题

一、选择题：1～8小题，每小题4分，共32分，下列每小题给出的四个选项中，只有一个选项是符合题目要求的，请把所选项前的字母填在答题纸指定位置上.

(5) 设$\boldsymbol{A}$，$\boldsymbol{B}$均为二阶矩阵，$\boldsymbol{A}^*$，$\boldsymbol{B}^*$分别为$\boldsymbol{A}$，$\boldsymbol{B}$的伴随矩阵，若$|\boldsymbol{A}|=2$，$|\boldsymbol{B}|=3$，则分块矩阵$\begin{bmatrix}\boldsymbol{O} & \boldsymbol{A}\\ \boldsymbol{B} & \boldsymbol{O}\end{bmatrix}$的伴随矩阵为(　　)

A. $\begin{bmatrix}\boldsymbol{O} & 3\boldsymbol{B}^*\\ 2\boldsymbol{A}^* & \boldsymbol{O}\end{bmatrix}$　　B. $\begin{bmatrix}\boldsymbol{O} & 2\boldsymbol{B}^*\\ 3\boldsymbol{A}^* & \boldsymbol{O}\end{bmatrix}$

C. $\begin{bmatrix}\boldsymbol{O} & 3\boldsymbol{A}^*\\ 2\boldsymbol{B}^* & \boldsymbol{O}\end{bmatrix}$　　D. $\begin{bmatrix}\boldsymbol{O} & 2\boldsymbol{A}^*\\ 3\boldsymbol{B}^* & \boldsymbol{O}\end{bmatrix}$

(6) 设$\boldsymbol{A}$，$\boldsymbol{P}$均为三阶矩阵，$\boldsymbol{P}^{\mathrm{T}}$为$\boldsymbol{P}$的转置矩阵，且$\boldsymbol{P}^{\mathrm{T}}\boldsymbol{A}\boldsymbol{P}=\begin{bmatrix}1&0&0\\0&1&0\\0&0&2\end{bmatrix}$，

若$\boldsymbol{P}=[\alpha_1,\alpha_2,\alpha_3]$，$\boldsymbol{Q}=[\alpha_1,\alpha_2,\alpha_2+\alpha_3]$，则$\boldsymbol{Q}^{\mathrm{T}}\boldsymbol{A}\boldsymbol{P}$为(　　)

A. $\begin{bmatrix}2&1&0\\1&1&0\\0&0&2\end{bmatrix}$　　B. $\begin{bmatrix}1&1&0\\1&2&0\\0&0&2\end{bmatrix}$

C. $\begin{bmatrix}2&0&0\\0&1&0\\0&0&2\end{bmatrix}$　　D. $\begin{bmatrix}1&1&0\\0&2&0\\0&0&2\end{bmatrix}$

二、填空题：9～14小题，每小题4分，共24分，请将答案写在答题纸指定位置上.

(13) 设$\boldsymbol{\alpha}=[1,1,1]^{\mathrm{T}}$，$\boldsymbol{\beta}=[1,0,k]^{\mathrm{T}}$，若矩阵$\boldsymbol{\alpha}\boldsymbol{\beta}^{\mathrm{T}}$相似于$\begin{bmatrix}3&0&0\\0&0&0\\0&0&0\end{bmatrix}$，则$k=$________.

三、解答题：15～23小题，共94分. 请将解答写在答题纸指定的位置上. 解答应写出文字说明、证明过程或演算步骤.

(20)(本题满分11分)

设$\boldsymbol{A}=\begin{bmatrix}1&-1&-1\\-1&1&1\\0&-4&-2\end{bmatrix}$，$\boldsymbol{\xi}_1=\begin{bmatrix}-1\\1\\-2\end{bmatrix}$.

(1) 求满足$\boldsymbol{A}\boldsymbol{\xi}_2=\boldsymbol{\xi}_1$，$\boldsymbol{A}^2\boldsymbol{\xi}_3=\boldsymbol{\xi}_1$的所有向量$\boldsymbol{\xi}_2$，$\boldsymbol{\xi}_3$.

(2) 对(1)中的任意向量$\boldsymbol{\xi}_2$，$\boldsymbol{\xi}_3$，证明$\boldsymbol{\xi}_1$，$\boldsymbol{\xi}_2$，$\boldsymbol{\xi}_3$线性无关.

(21)(本题满分11分)

设二次型$f(x_1, x_2, x_3) = ax_1^2 + ax_2^2 + (a-1)x_3^2 + 2x_1x_3 - 2x_2x_3$.

(1) 求二次型f的矩阵的所有特征值.

(2) 若二次型f的规范形为$y_1^2 + y_1^2$, 求a的值.

2009年全国硕士研究生入学统一考试
数学三线性代数部分试题解析

一、选择题:

(5)【答案】B.

【解析】根据 $CC^{*}=|C|E$, 若 $C^{*}=|C|C^{-1}$, $C^{-1}=\frac{1}{|C|}C^{*}$

分块矩阵 $\begin{bmatrix}O & A\\B & O\end{bmatrix}$ 的行列式 $\begin{vmatrix}O & A\\B & O\end{vmatrix}=(-1)^{2\times2}|A||B|=2\times3=6$, 即分块矩阵可逆

$$\begin{bmatrix}O & A\\B & O\end{bmatrix}^{*}=\begin{vmatrix}O & A\\B & O\end{vmatrix}\begin{bmatrix}O & A\\B & O\end{bmatrix}^{-1}=6\begin{bmatrix}O & B^{-1}\\A^{-1} & O\end{bmatrix}$$

$$=6\begin{bmatrix}O & \frac{1}{|B|}B^{*}\\\frac{1}{|A|}A^{*} & O\end{bmatrix}=6\begin{bmatrix}O & \frac{1}{3}B^{*}\\\frac{1}{2}A^{*} & O\end{bmatrix}$$

$$=\begin{bmatrix}O & 2B^{*}\\3A^{*} & O\end{bmatrix}$$

故答案为B.

(6)【答案】A.

【解析】$Q=[\alpha_1+\alpha_2,\alpha_2,\alpha_3]=[\alpha_1,\alpha_2,\alpha_3]\begin{bmatrix}1 & 0 & 0\\1 & 1 & 0\\0 & 0 & 1\end{bmatrix}=[\alpha_1,\alpha_2,\alpha_3]E_{12}(1)$, 即:

$Q=PE_{12}(1)$

$Q^{T}AQ=[PE_{12}(1)]^{T}A[PE_{12}(1)]=E_{12}^{T}(1)[P^{T}AP]E_{12}(1)$

$$=E_{21}(1)\begin{bmatrix}1 & 0 & 0\\1 & 1 & 0\\0 & 0 & 1\end{bmatrix}E_{12}(1)$$

$$=\begin{bmatrix}1 & 1 & 0\\0 & 1 & 0\\0 & 0 & 1\end{bmatrix}\begin{bmatrix}1 & 0 & 0\\0 & 1 & 0\\0 & 0 & 2\end{bmatrix}\begin{bmatrix}1 & 0 & 0\\1 & 1 & 0\\0 & 0 & 1\end{bmatrix}=\begin{bmatrix}2 & 1 & 0\\1 & 1 & 0\\0 & 0 & 2\end{bmatrix}$$

二、填空题

(13)【答案】2.

【解析】$\alpha\beta^{T}$ 相似于 $\begin{bmatrix}3 & 0 & 0\\0 & 0 & 0\\0 & 0 & 0\end{bmatrix}$, 根据相似矩阵有相同的特征值, 得到 $\alpha\beta^{T}$ 的特征值为3, 0, 0. 而 $\alpha^{T}\beta$ 为矩阵 $\alpha\beta^{T}$ 的对角元素之和,

所以　$1+k=3+0+0$,

所以　$k=2$.

三、解答题

(20)【解析】(1) 解方程 $A\boldsymbol{\xi}_2=\boldsymbol{\xi}_1$

$$(A,\boldsymbol{\xi}_1)=\begin{bmatrix}1&-1&-1&-1\\-1&1&1&1\\0&-4&-2&-2\end{bmatrix}\to\begin{bmatrix}1&-1&-1&-1\\0&0&0&0\\0&2&1&1\end{bmatrix}\to\begin{bmatrix}1&-1&-1&-1\\0&2&1&1\\0&0&0&0\end{bmatrix}$$

$r(A)=2$ 故有一个自由变量，令 $x_3=2$，由 $Ax=0$ 解得，$x_2=-1$，$x_1=1$

求特解，令 $x_1=x_2=0$，得 $x_3=1$

故 $\boldsymbol{\xi}_2=k_1\begin{bmatrix}1\\-1\\2\end{bmatrix}+\begin{bmatrix}0\\0\\1\end{bmatrix}$，其中 k_1 为任意常数

解方程 $A^2\boldsymbol{\xi}_3=\boldsymbol{\zeta}_1$

$$A^2=\begin{bmatrix}2&2&0\\-2&-2&0\\4&4&0\end{bmatrix}$$

$$(A^2,\boldsymbol{\xi}_1)=\begin{bmatrix}2&2&0&-1\\-2&-2&0&1\\4&4&0&-2\end{bmatrix}\to\begin{bmatrix}1&1&0&\frac{-1}{2}\\0&0&0&0\\0&0&0&0\end{bmatrix}$$

故有两个自由变量，令 $x_2=-1$，$x_3=0$，由 $A^2\boldsymbol{x}=0$ 得 $x_1=1$

令 $x_2=0$，$x_3=-1$，由 $A^2\boldsymbol{x}=0$ 得 $x_1=0$

求得特解 $\eta_2=\begin{bmatrix}-\frac{1}{2}\\0\\0\end{bmatrix}$

故 $\boldsymbol{\xi}_3=k_2\begin{bmatrix}1\\-1\\0\end{bmatrix}+k_3\begin{bmatrix}0\\0\\-1\end{bmatrix}+\begin{bmatrix}-\frac{1}{2}\\0\\0\end{bmatrix}$，其中 k_2，k_3 为任意常数

(2) 证明：由于

$$\begin{vmatrix}-1&k_1&k_2+\frac{1}{2}\\1&-k_1&-k_2\\-2&2k_1+1&0\end{vmatrix}=2k_1k_2+(2k_1+1)(k_2+\frac{1}{2})-2k_1(k_2+\frac{1}{2})-k_2(2k_1+1)$$

$$=\frac{1}{2}\neq 0$$

故 $\boldsymbol{\xi}_1$，$\boldsymbol{\xi}_2$，$\boldsymbol{\xi}_3$ 线性无关.

(21)【解析】

(1)$\boldsymbol{A}=\begin{bmatrix} a & 0 & 1 \\ 0 & a & -1 \\ 1 & -1 & a-1 \end{bmatrix}$

$$|\lambda\boldsymbol{E}-\boldsymbol{A}|=\begin{vmatrix} \lambda-a & 0 & -1 \\ 0 & \lambda-a & 1 \\ -1 & 1 & \lambda-a+1 \end{vmatrix}=(\lambda-a)\begin{vmatrix} \lambda-a & 1 \\ 1 & \lambda-a+1 \end{vmatrix}-\begin{vmatrix} 0 & \lambda-a \\ -1 & 1 \end{vmatrix}$$

$$=(\lambda-a)[(\lambda-a)(\lambda-a+1)-1]-[0+(\lambda-a)]$$

$$=(\lambda-a)[(\lambda-a)(\lambda-a+1)-2]$$

$$=(\lambda-a)[\lambda^2-2a\lambda+\lambda+a^2-a-2]$$

$$=(\lambda-a)\{[a\lambda+\frac{1}{2}(1-2a)]^2-\frac{9}{4}\}$$

$$=(\lambda-a)(\lambda-a+2)(\lambda-a-1)$$

所以 $\lambda_1=a,\lambda_2=a-2,\lambda_3=a+1$

(2) 若规范形为 $y_1^2+y_2^2$，说明有两个特征值为正，一个为0. 则

① 若 $\lambda_1=a=0$，则 $\lambda_2=-2<0$，$\lambda_3=1$，不符题意；

② 若 $\lambda_2=0$，即 $a=2$，则 $\lambda_1=2>0$，$\lambda_3=3>0$，符合；

③ 若 $\lambda_3=0$，即 $a=-1$，则 $\lambda_1=-1<0$，$\lambda_2=-3<0$，不符题意；

综上所述，故 $a=2$.

2010 年全国硕士研究生入学统一考试
数学三线性代数部分试题

一、选择题：1 ~ 8 小题，每小题 4 分，共 32 分，下列每小题给出的四个选项中，只有一项符合题目要求，请将所选项前的字母填在答题纸指定位置上.

(5) 设向量组 Ⅰ：$\boldsymbol{\alpha}_1, \boldsymbol{\alpha}_2, \cdots, \boldsymbol{\alpha}_r$ 可由向量组 Ⅱ：$\boldsymbol{\beta}_1, \boldsymbol{\beta}_2, \cdots, \boldsymbol{\beta}_s$ 线性表示，下列例题正确的是(　　)

A. 若向量组 Ⅰ 线性无关，则 $r \leqslant s$

B. 若向量组 Ⅰ 线性相关，则 $r > s$

C. 若向量组 Ⅱ 线性无关，则 $r \leqslant s$

D. 若向量组 Ⅱ 线性相关，则 $r > s$

(6) 设 $\boldsymbol{A}$ 为 4 阶对称矩阵，且 $\boldsymbol{A}^2 + \boldsymbol{A} = \boldsymbol{O}$，若 $\boldsymbol{A}$ 的秩为 3，则 $\boldsymbol{A}$ 相似于(　　)

A. $\begin{bmatrix} 1 & & & \\ & 1 & & \\ & & 1 & \\ & & & 0 \end{bmatrix}$　　B. $\begin{bmatrix} 1 & & & \\ & 1 & & \\ & & -1 & \\ & & & 0 \end{bmatrix}$

C. $\begin{bmatrix} 1 & & & \\ & -1 & & \\ & & -1 & \\ & & & 0 \end{bmatrix}$　　D. $\begin{bmatrix} -1 & & & \\ & -1 & & \\ & & -1 & \\ & & & 0 \end{bmatrix}$

二、填空题：9 ~ 14 小题，每小题 4 分，共 24 分，请将答案写在答题纸指定位置上.

(13) 设$\boldsymbol{A}$、$\boldsymbol{B}$为三阶矩阵，且$|\boldsymbol{A}| = 3$，$|\boldsymbol{B}| = 2$，$|\boldsymbol{A}^{-1} + \boldsymbol{B}| = 2$，则$|\boldsymbol{A} + \boldsymbol{B}^{-1}| =$ ________

三、解答题：15 ~ 23 小题，共 94 分，请将解答写在答题纸指定的位置上，解答应写出文字说明、证明过程或演算步骤.

(20)(本题满分 11 分)

设 $\boldsymbol{A} = \begin{bmatrix} \lambda & 1 & 1 \\ 0 & \lambda - 1 & 0 \\ 1 & 1 & \lambda \end{bmatrix}$，$\boldsymbol{b} = \begin{bmatrix} \boldsymbol{a} \\ 1 \\ 1 \end{bmatrix}$

已知线性方程组 $\boldsymbol{Ax} = \boldsymbol{b}$ 存在两个不同的解

(Ⅰ) 求 $\boldsymbol{\lambda}$, $\boldsymbol{a}$

(Ⅱ) 求方程组 $\boldsymbol{Ax} = \boldsymbol{b}$ 的通解

(21)(本题满分 11 分)

设 $\boldsymbol{A} = \begin{bmatrix} 0 & -1 & 4 \\ -1 & 3 & \boldsymbol{a} \\ 4 & \boldsymbol{a} & 0 \end{bmatrix}$，正交矩阵 $\boldsymbol{Q}$ 使得 $\boldsymbol{Q}^{\mathrm{T}}\boldsymbol{AQ}$ 为对角矩阵，若 $\boldsymbol{Q}$ 的第一列为$\frac{1}{\sqrt{6}}[1, 2, 1]^{\mathrm{T}}$，求 a, $\boldsymbol{Q}$.

2010 年全国硕士研究生入学统一考试
数学三线性代数部分试题解析

一、选择题

(5)【答案】A.

【解析】

如果 $r > s$，则向量组 Ⅰ 一定线性相关. 选项 B、D 反例；向量组 1 为(1，0)、(2，0)，向量组 Ⅱ 也为(1，0)、(2，0). 选项 C 反例

向量组 1 为(1，0)、(2，0)，向量组 Ⅱ 为(1，0)

(6)【答案】D.

【解析】

根据已知，方阵 $\boldsymbol{A}$ 的特征值应满足 $\lambda^2 + \lambda = 0$，即 $\lambda = 0$ 或 -1. 又 $r(\boldsymbol{A}) = 3$. 因此 $\boldsymbol{A}$ 的特征值为 0(一重) 和 -1(三重). 故 $\boldsymbol{A}$ 相似于 $\begin{bmatrix} -1 & & & \\ & -1 & & \\ & & -1 & \\ & & & 0 \end{bmatrix}$.

(13)【答案】3.

【解析】

注意到 $\boldsymbol{A} + \boldsymbol{B}^{-1} = \boldsymbol{A}(\boldsymbol{A}^{-1} + \boldsymbol{B})\boldsymbol{B}^{-1}$，因此

$|\boldsymbol{A} + \boldsymbol{B}^{-1}| = |\boldsymbol{A}||\boldsymbol{A}^{-1} + \boldsymbol{B}||\boldsymbol{B}^{-1}| = 3 \cdot 2 \cdot \dfrac{1}{2} = 3$

三、解答题

写出增广矩阵

$$\begin{bmatrix} \lambda & 1 & 1 & a \\ 0 & \lambda - 1 & 0 & 1 \\ & \lambda - 1 & 0 & 1 \end{bmatrix}$$

初等行变换

$$\begin{bmatrix} \lambda & 1 & 1 & a \\ 0 & \lambda - 1 & 1 - \lambda^2 & a - \lambda \\ 0 & 0 & 1 - \lambda^2 & 1 + a - \lambda \end{bmatrix}$$

由题意解得

$\lambda = -1$

$a = -2$

将 λ，a 代入得通解为：

$$\left[\frac{3}{2} + k \quad -\frac{1}{2} \quad k\right]^{\mathrm{T}}$$

(21)

$$\begin{bmatrix} -\lambda & -1 & 4 & \frac{1}{\sqrt{6}} \\ -1 & 3-\lambda & a & \frac{2}{\sqrt{6}} \\ 4 & a & -\lambda & \frac{1}{\sqrt{6}} \end{bmatrix} = 0$$

则

$\lambda = 2$

$a = -1$

将 $a = -1$ 代入，又由 $|\lambda \boldsymbol{E} - \boldsymbol{A}| = 0$ 得特征值：

$\lambda_1 = -4$

$\lambda_2 = 2$

$\lambda_3 = 5$

由 $\lambda_1 = -4$ 求特征向量为

$$x_2 = k[-1 \quad 0 \quad 1]$$

由 $\lambda_1 = 5$ 求特征向量为

$$x_3 = k[-1 \quad 0 \quad 1]$$

所以 $\boldsymbol{Q}$ 矩阵为

$$\begin{bmatrix} \frac{1}{\sqrt{6}} & \frac{-1}{\sqrt{2}} & \frac{1}{\sqrt{3}} \\ \frac{2}{\sqrt{6}} & 0 & \frac{-1}{\sqrt{3}} \\ \frac{1}{\sqrt{6}} & \frac{1}{\sqrt{2}} & \frac{1}{\sqrt{3}} \end{bmatrix}$$

2011 年全国硕士研究生入学统一考试 数学三线性代数部分试题

一、选择题: 1 ~ 8 小题, 每小题 4 分, 共 32 分, 下列每小题给出的四个选项中, 只有一个选项是符合题目要求的, 请把所选项前的字母填在答题纸指定位置上.

5. 设 $\boldsymbol{A}$ 为三阶矩阵, 将 $\boldsymbol{A}$ 的第二列加到第一列得矩阵 $\boldsymbol{B}$, 再交换 $\boldsymbol{B}$ 的第二行与第一行得单位矩阵.

记 $\boldsymbol{P}_1=\begin{bmatrix}1&0&0\\1&1&1\\0&0&0\end{bmatrix}$, $\boldsymbol{P}_2=\begin{bmatrix}1&0&0\\0&0&1\\0&1&0\end{bmatrix}$. 则 $\boldsymbol{A}=$ (　　)

A. $\boldsymbol{P}_1\boldsymbol{P}_2$　　B. $\boldsymbol{P}_1^{-1}\boldsymbol{P}_2$　　C. $\boldsymbol{P}_2\boldsymbol{P}_1$　　D. $\boldsymbol{P}_2^{-1}\boldsymbol{P}_1$

6. 设 $\boldsymbol{A}$ 为 4×3 矩阵, η_1, η_2, η_3 是非齐次线性方程组 $\boldsymbol{Ax}=\boldsymbol{\beta}$ 的 3 个线性无关的解, k_1, k_2 为任意常数, 则 $\boldsymbol{Ax}=\boldsymbol{\beta}$ 的通解为(　　)

A. $\dfrac{\boldsymbol{\eta}_2+\boldsymbol{\eta}_3}{2}+k_1(\boldsymbol{\eta}_2-\boldsymbol{\eta}_1)$　　B. $\dfrac{\boldsymbol{\eta}_2-\boldsymbol{\eta}_3}{2}+k_1(\boldsymbol{\eta}_2-\boldsymbol{\eta}_1)$

C. $\dfrac{\boldsymbol{\eta}_2+\boldsymbol{\eta}_3}{2}+k_1(\boldsymbol{\eta}_3-\boldsymbol{\eta}_1)+k_2(\boldsymbol{\eta}_2-\boldsymbol{\eta}_1)$　　D. $\dfrac{\boldsymbol{\eta}_2-\boldsymbol{\eta}_3}{2}+k_3(\boldsymbol{\eta}_3-\boldsymbol{\eta}_1)+k_3(\boldsymbol{\eta}_2-\boldsymbol{\eta}_1)$

二、填空题: 9 ~ 14 小题, 每小题 4 分, 共 24 分, 请将答案写在答题纸指定位置上.

13. 设二次型 $f(x_1, x_2, x_3)=\boldsymbol{x}^{\mathrm{T}}\boldsymbol{Ax}$ 的秩为 1, $\boldsymbol{A}$ 中行元素之和为 3, 则 f 在正交变换下 $\boldsymbol{x}=\boldsymbol{Qy}$ 的标准为________.

三、解答题: 15 ~ 23 小题, 共 94 分. 请将解答写在答题纸指定的位置上. 解答应写出文字说明、证明过程或演算步骤.

20. $\boldsymbol{\alpha}_1=[1, 0, 1]^{\mathrm{T}}$, $\boldsymbol{\alpha}_2=[0, 1, 1]^{\mathrm{T}}$, $\boldsymbol{\alpha}_3=[1, 3, 5]^{\mathrm{T}}$ 不能由 $\boldsymbol{\beta}_1=[1, a, 1]^{\mathrm{T}}$, $\boldsymbol{\beta}_2=[1, 2, 3]^{\mathrm{T}}$, $\boldsymbol{\beta}_3=[1, 3, 5]^{\mathrm{T}}$ 线性表出, ① 求 a; ② 求 $\boldsymbol{\beta}_1$, $\boldsymbol{\beta}_2$, $\boldsymbol{\beta}_3$ 由 $\boldsymbol{\alpha}_1$, $\boldsymbol{\alpha}_2$, $\boldsymbol{\alpha}_3$ 线性表出.

21. $\boldsymbol{A}$ 为三阶实对称矩阵, $R(\boldsymbol{A})=2$, 且 $\boldsymbol{A}\begin{bmatrix}1&1\\0&0\\-1&1\end{bmatrix}=\begin{bmatrix}-1&1\\0&0\\1&1\end{bmatrix}$

(1) 求 $\boldsymbol{A}$ 的特征值与特征向量; (2) 求 $\boldsymbol{A}$.

2011 年全国硕士研究生入学统一考试
数学三线性代数部分试题解析

一、选择题：

(5)【答案】D

【详解】

由初等变换及初等矩阵的性质易知 $P_2AP_1 = E$，从而 $A = P_2^{-1}P_1^{-1} = P_2P_1^{-1}$.

(6)【答案】C.

【详解】由 η_1，η_2，η_3 是非齐次线性方程组 $AX = \beta$ 的三个线性无关的解，知 $\eta_3 - \eta_1$，$\eta_2 - \eta_1$ 为 $AX = 0$ 的基础解系. 非齐次线性方程组解的线性组合若系数和为1是非齐次线性方程组解，从而 $\frac{\eta_2 + \eta_3}{2}$ 为 $AX = \beta$ 的解. 由非齐次线性方程组解的结构，知 $\frac{\eta_2 + \eta_3}{2} + k_1(\eta_3 - \eta_1) + k_2(\eta_2 - \eta_1)$ 为 $AX = \beta$ 的通解，故应选 C.

二、填空题

(13)【答案】$3y_1^2$.

【详解】由 A 的行元素之和为3，得 $A\begin{bmatrix}1\\1\\1\end{bmatrix} = 3\begin{bmatrix}1\\1\\1\end{bmatrix}$，从而3为其特征值，因为 $r(A) = 1$，所以 f 在正交变换 $X = QY$ 下的标准形为 $3y_1^2$.

三、解答题

(2)(本小题满分 11 分)

【详解】(1) 易知 α_1，α_2，α_3 线性无关，由其不能被 β_1，β_2，β_3 线性表出，得到 β_1，β_2，β_3 线性相关，从而 $r(\beta_1, \beta_2, \beta_3) < 3$.

由
$$\begin{bmatrix}1&1&1\\1&2&3\\1&3&5\end{bmatrix} \to \begin{bmatrix}1&1&1\\0&2&4\\0&2-a&3-a\end{bmatrix}$$

得 $a = 1$.

(2)

由
$$\begin{bmatrix}1&0&1&1&1&1\\0&1&3&1&2&3\\1&1&5&1&3&5\end{bmatrix} \to \begin{bmatrix}1&0&1&1&1&1\\0&1&3&1&2&3\\0&1&4&0&2&4\end{bmatrix}$$
$$\to \begin{bmatrix}1&0&1&1&1&1\\0&1&3&1&2&3\\0&0&1&-1&0&1\end{bmatrix} \to \begin{bmatrix}1&0&0&2&1&0\\0&1&0&4&2&0\\0&0&1&-1&0&1\end{bmatrix}$$

得
$$[\beta_1\quad \beta_2\quad \beta_3] = [\alpha_1\quad \alpha_2\quad \alpha_3]\begin{bmatrix}2&1&0\\4&2&0\\-1&0&1\end{bmatrix}$$

(21)(本小题满分 11 分)$\boldsymbol{A}$ 为三阶实对称矩阵, $r(\boldsymbol{A})=2$ 且 $\boldsymbol{A}\begin{bmatrix}1&1\\0&0\\-1&1\end{bmatrix}=\begin{bmatrix}-1&1\\0&0\\1&1\end{bmatrix}$

(1) 求 $\boldsymbol{A}$ 的特征值与特征向量;

(2) 求矩阵 $\boldsymbol{A}$.

【详解】(1) 易知特征值 -1 对应的特征向量为 $\begin{bmatrix}1\\0\\-1\end{bmatrix}$, 特征值为 1 对应的特征向量为 $\begin{bmatrix}1\\0\\1\end{bmatrix}$.

由 $r(\boldsymbol{A})=2$ 知 $\boldsymbol{A}$ 的另一个特征值为 0. 因为实对称矩阵不同特征值得特征向量正交, 从而特征值 0 对应的特征向量为 $\begin{bmatrix}0\\1\\0\end{bmatrix}$.

(2) 由

$$\boldsymbol{A}=\begin{bmatrix}1&1&0\\0&0&1\\-1&1&0\end{bmatrix}\begin{bmatrix}-1&0&0\\0&1&0\\0&0&0\end{bmatrix}\begin{bmatrix}1&1&0\\0&0&1\\-1&1&0\end{bmatrix}^{-1}$$

得

$$\boldsymbol{A}=\begin{bmatrix}0&0&1\\0&0&0\\1&0&0\end{bmatrix}$$

2012 年全国硕士研究生入学统一考试
数学三线性代数部分试题

一、选择题：1 ~ 8 小题，每小题 4 分，共 32 分，下列每小题给出的四个选项中，只有一个选项是符合题目要求的，请把所选项前的字母填在答题纸指定位置上.

(5) 设 $\boldsymbol{\alpha}_1 = \begin{bmatrix} 0 \\ 0 \\ c_1 \end{bmatrix}$, $\boldsymbol{\alpha}_2 = \begin{bmatrix} 0 \\ 1 \\ c_2 \end{bmatrix}$, $\boldsymbol{\alpha}_3 = \begin{bmatrix} 1 \\ -1 \\ c_3 \end{bmatrix}$, $\boldsymbol{\alpha}_4 = \begin{bmatrix} -1 \\ 1 \\ c_4 \end{bmatrix}$, 其中 c_1, c_2, c_3, c_4 为任意常数，则下列向量组线性相关的是(　　)

A. $\boldsymbol{\alpha}_1, \boldsymbol{\alpha}_2, \boldsymbol{\alpha}_3$　　B. $\boldsymbol{\alpha}_1, \boldsymbol{\alpha}_2, \boldsymbol{\alpha}_4$

C. $\boldsymbol{\alpha}_1, \boldsymbol{\alpha}_3, \boldsymbol{\alpha}_4$　　D. $\boldsymbol{\alpha}_2, \boldsymbol{\alpha}_3, \boldsymbol{\alpha}_4$

(6) 设 $\boldsymbol{A}$ 为三阶矩阵，$\boldsymbol{P}$ 为三阶可逆矩阵，且 $\boldsymbol{P}^{-1}\boldsymbol{A}\boldsymbol{P} = \begin{bmatrix} 1 & & \\ & 1 & \\ & & 2 \end{bmatrix}$, $\boldsymbol{P} = \{\alpha_1, \alpha_2, \alpha_3\}$, $\boldsymbol{Q} = (\alpha_1 + \alpha_2, \alpha_2, \alpha_3)$，则 $\boldsymbol{Q}^{-1}\boldsymbol{A}\boldsymbol{Q} = ($　　$)$

A. $\begin{bmatrix} 1 & & \\ & 2 & \\ & & 2 \end{bmatrix}$　　B. $\begin{bmatrix} 1 & & \\ & 1 & \\ & & 2 \end{bmatrix}$

C. $\begin{bmatrix} 2 & & \\ & 1 & \\ & & 2 \end{bmatrix}$　　D. $\begin{bmatrix} 2 & & \\ & 2 & \\ & & 1 \end{bmatrix}$

二、填空题：9 ~ 14 小题，每小题 4 分，共 24 分，请将答案写在答题纸指定位置上.

(13) 设 $\boldsymbol{A}$ 为三阶矩阵，$|\boldsymbol{A}| = 3$，$\boldsymbol{A}^*$ 为 $\boldsymbol{A}$ 的伴随矩阵，若交换 $\boldsymbol{A}$ 的第一行与第二行得到矩阵 $\boldsymbol{B}$，则 $|\boldsymbol{B}\boldsymbol{A}^*| =$ ________.

三、解答题：15 ~ 23 小题，共94 分. 请将解答写在答题纸指定的位置上. 解答应写出文字说明、证明过程或演算步骤.

(20)（本题满分 10 分）

设 $\boldsymbol{A} = \begin{bmatrix} 1 & a & 0 & 0 \\ 0 & 1 & a & 0 \\ 0 & 0 & 1 & a \\ a & 0 & 0 & 1 \end{bmatrix}$, $\boldsymbol{b} = \begin{bmatrix} 1 \\ -1 \\ 0 \\ 0 \end{bmatrix}$

（Ⅰ）求 $|\boldsymbol{A}|$；

（Ⅱ）已知线性方程组 $\boldsymbol{A}\boldsymbol{x} = \boldsymbol{b}$ 有无穷多解，求 $\boldsymbol{a}$，并求 $\boldsymbol{A}\boldsymbol{x} = \boldsymbol{b}$ 的通解.

(21)(本题满分 10 分)

已知 $\boldsymbol{A}=\begin{bmatrix}1 & 0 & 1\\ 0 & 1 & 1\\ -1 & 0 & a\\ 0 & a & -1\end{bmatrix}$二次型 $f(x_1, x_2, x_3)=\boldsymbol{x}^{\mathrm{T}}(\boldsymbol{A}^{\mathrm{T}}\boldsymbol{A})^{x}$ 的秩为 2，求实数 a 的值；

求正交变换 $\boldsymbol{x}=\boldsymbol{Q}\boldsymbol{y}$ 将 f 化为标准型.

2012 年全国硕士研究生入学统一考试 数学三线性代数部分试题解析

一、选择题:

(5)【答案】: C

【解析】: 由于 $|(\alpha_1, \alpha_3, \alpha_4)| = \begin{vmatrix} 0 & 1 & -1 \\ 0 & -1 & 1 \\ c_1 & c_3 & c_4 \end{vmatrix} = c_1 \begin{vmatrix} 1 & -1 \\ -1 & 1 \end{vmatrix} = 0$, 可知 $\alpha_1, \alpha_3, \alpha_4$ 线性相关, 故选 C

(6)【答案】: B

【解析】: $\boldsymbol{Q} = \boldsymbol{P}\begin{bmatrix} 1 & 0 & 0 \\ 1 & 1 & 0 \\ 0 & 0 & 1 \end{bmatrix}$, 则 $\boldsymbol{Q}^{-1} = \begin{bmatrix} 1 & 0 & 0 \\ -1 & 1 & 0 \\ 0 & 0 & 1 \end{bmatrix}\boldsymbol{P}^{-1}$.

二、填空题

(13)【答案】: -27

【解析】: 由于 $\boldsymbol{B} = \boldsymbol{E}_{12}\boldsymbol{A}$, 故 $\boldsymbol{BA}^* = \boldsymbol{E}_{12}\boldsymbol{A} \cdot \boldsymbol{A}^* = |\boldsymbol{A}|\boldsymbol{E}_{12} = 3\boldsymbol{E}_{12}$.

所以, $|\boldsymbol{BA}^*| = |3\boldsymbol{E}_{12}| = 3^3|\boldsymbol{E}_{12}| = 27 \cdot (-1) = -27$

三、解答题

(20)【解析】: (Ⅰ) $\begin{bmatrix} 1 & a & 0 & 0 \\ 0 & 1 & a & 0 \\ 0 & 0 & 1 & a \\ a & 0 & 0 & 1 \end{bmatrix} = 1 \times \begin{bmatrix} 1 & a & 0 \\ 0 & 1 & a \\ 0 & 0 & 1 \end{bmatrix} + a \times (-1)^{4+1}\begin{bmatrix} a & 0 & 0 \\ 1 & a & 0 \\ 0 & 1 & a \end{bmatrix} = 1 - a^4$

(Ⅱ) $\begin{bmatrix} 1 & a & 0 & 0 & 1 \\ 0 & 1 & a & 0 & -1 \\ 0 & 0 & 1 & a & 0 \\ a & 0 & 0 & 1 \end{bmatrix} \to \begin{bmatrix} 1 & a & 0 & 0 & 1 \\ 0 & 1 & a & 0 & -1 \\ 0 & 0 & 1 & a & 0 \\ 0 & -a^2 & 0 & 1 & -a \end{bmatrix} \to \begin{bmatrix} 1 & a & 0 & 0 & 1 \\ 0 & 1 & a & 0 & -1 \\ 0 & 0 & 1 & a & 0 \\ 0 & 0 & a^3 & 1 & -a-a^2 \end{bmatrix}$

$\to \begin{bmatrix} 1 & a & 0 & 0 & 1 \\ 0 & 1 & a & 0 & -1 \\ 0 & 0 & 1 & a & 0 \\ 0 & 0 & 0 & 1-a^4 & -a-a^2 \end{bmatrix}$

可知当要使得原线性方程组有无穷多解, 则有 $1 - a^4 = 0$ 及 $-a - a^2 = 0$, 可知 $a = -1$.

此时, 原线性方程组增广矩阵为 $\begin{bmatrix} 1 & -1 & 0 & 0 & 1 \\ 0 & 1 & -1 & 0 & -1 \\ 0 & 0 & 1 & -1 & 0 \\ 0 & 0 & 0 & 0 & 0 \end{bmatrix}$, 进一步化为行最简形

得$\begin{bmatrix}1&0&0&-1&0\\0&1&0&-1&-1\\0&0&1&-1&0\\0&0&0&0&0\end{bmatrix}$

可知导出组的基础解系为$\begin{bmatrix}1\\1\\1\\1\end{bmatrix}$，非齐次方程的特解为$\begin{bmatrix}0\\-1\\0\\0\end{bmatrix}$，故其通解为$k\begin{bmatrix}1\\1\\1\\1\end{bmatrix}\begin{bmatrix}0\\-1\\0\\0\end{bmatrix}$

线性方程 $\boldsymbol{Ax}=\boldsymbol{b}$ 存在 2 个不同的解，有 $|\boldsymbol{A}|=0$.

即：$|\boldsymbol{A}|=\begin{bmatrix}\lambda&1&1\\0&\lambda-1&0\\1&1&\lambda\end{bmatrix}=(\lambda-1)^2(\lambda+1)=0$，得 $\lambda=1$ 或 -1.

当 $\lambda=1$ 时，$\begin{bmatrix}1&1&1\\0&0&0\\1&1&1\end{bmatrix}\begin{bmatrix}x_1\\x_2\\x_3\end{bmatrix}=\begin{bmatrix}x\\0\\1\end{bmatrix}$，显然不符，故 $\lambda=-1$.

(21)【解析】：

(1) 由 $Y(\boldsymbol{A}^{\mathrm{T}}\boldsymbol{A})=r(\boldsymbol{A})=2$ 可知，

$\begin{bmatrix}1&0&1\\0&1&1\\-1&0&a\end{bmatrix}=a+1=0\Rightarrow a=-1$

(2)$f=x^{\mathrm{T}}\boldsymbol{A}^{\mathrm{T}}\boldsymbol{A}x=(x_1,x_2,x_3)\begin{bmatrix}2&0&2\\0&2&2\\2&2&4\end{bmatrix}\begin{bmatrix}x_1\\x_2\\x_3\end{bmatrix}$

$=2x_2^2+2x_2^2+4x_3^2+4x_1x_2+4x_2x_3$

2013年全国硕士研究生入学统一考试
数学三线性代数部分试题

一、选择题：1～8小题，每小题4分，共32分. 下列每题给出的四个选项中，只有一个选项符合题目要求的，请将所选项前的字母填在答题纸指定位置上.

5. 设$\boldsymbol{A}$、$\boldsymbol{B}$、$\boldsymbol{C}$均为$\boldsymbol{n}$阶矩阵，若$\boldsymbol{AB}=\boldsymbol{C}$，且$\boldsymbol{B}$可逆，则(　　)

A. 矩阵C的行向量组与矩阵A的行向量组等价

B. 矩阵C的列向量组与矩阵A的列向量组等价

C. 矩阵C的行向量组与矩阵B的行向量组等价

D. 矩阵C的行向量组与矩阵B的行向量组等价

6. 矩阵$\begin{bmatrix}1 & a & 1\\ a & b & a\\ 1 & a & 1\end{bmatrix}$与$\begin{bmatrix}2 & 0 & 0\\ 0 & b & 0\\ 0 & 0 & \end{bmatrix}$相似的充分必要条件是(　　)

A. $a=0$，$b=2$

B. $a=0$，b为任意常数

C. $a=2$，$b=0$

D. $D=2$，b为任意常数

二、填空题：9～14小题，每小题4分，共24分. 请将答案写在答题纸指定位置上.

13. 设$\boldsymbol{A}=(a_{ij})$是三阶非零矩阵，$|\boldsymbol{A}|$为$\boldsymbol{A}$的行列式，$\boldsymbol{A}_{ij}$为a_{ij}的代数余子式，若$a_{ij}+\boldsymbol{A}_{ij}=0(i,j=1,2,3)$，则$|\boldsymbol{A}|=$________.

三、解答题：15～23小题，共94分. 请将解答写在答题纸指定位置上. 解答应写出文字说明、证明过程或演算步骤.

(20)（本题满分11分）

设$\boldsymbol{A}=\begin{bmatrix}1 & a\\ 1 & 0\end{bmatrix}$，$\boldsymbol{B}=\begin{bmatrix}0 & 1\\ 1 & b\end{bmatrix}$，当$a$，$b$为何值时，存在矩阵$C$使得$\boldsymbol{AC}-\boldsymbol{CA}=\boldsymbol{B}$，并求所有矩阵$\boldsymbol{C}$.

(21)（本题满分11分）

设二次型$f(x_1,x_2,x_3)=2(a_1x_1+a_2x_2+a_3x_3)^2+(b_1x_1+b_2x_2+b_3x_3)$，记

$$\boldsymbol{\alpha}=\begin{bmatrix}a_1\\ a_2\\ a_3\end{bmatrix},\quad \boldsymbol{\beta}=\begin{bmatrix}b_1\\ b_2\\ b_3\end{bmatrix}$$

(1) 证明二次型f对应的矩阵为$2\boldsymbol{\alpha\alpha}^{\mathrm{T}}+\boldsymbol{\beta\beta}^{\mathrm{T}}$；

(2) 若α，β正交且均为单位向量，证明f在正交变换下的标准形为$2y_1^2+y_2^2$

2013 年全国硕士研究生入学统一考试
数学三线性代数部分试题解析

一、选择题

(5)【答案】B

【解析】：因为 $\boldsymbol{B}$ 可逆.

所以 $\boldsymbol{A}(b_1\cdots b_n)=\boldsymbol{C}=(c_1\cdots c_n)$

所以 $\boldsymbol{A}\boldsymbol{b}_i=\boldsymbol{C}_i$ 即 $\boldsymbol{C}$ 的列向量组可由 $\boldsymbol{A}$ 的列向量组表示.

因为 $\boldsymbol{AB}=\boldsymbol{C}$

所以 $\boldsymbol{A}=\boldsymbol{CB}^{-1}=\boldsymbol{CP}$.

同理：$\boldsymbol{A}$ 的列向量组可由 $\boldsymbol{C}$ 的列向量组表示.

(6)【答案】B

【解析】：$\boldsymbol{A}$ 和 $\boldsymbol{B}$ 相似，则 $\boldsymbol{A}$ 和 $\boldsymbol{B}$ 的特征值相同.

所以 $\boldsymbol{A}$ 和 $\boldsymbol{B}$ 的特征值为 $\lambda_1=0.\ \lambda_2=b.\ \lambda_3=2.$

所以
$$|\boldsymbol{A}-2\boldsymbol{E}|=\begin{vmatrix}-1 & a & 1\\ a & b-2 & a\\ 1 & a & -1\end{vmatrix}=4a^3$$

得 $a=0$

且 $\boldsymbol{R}(\boldsymbol{A})=\boldsymbol{R}(\boldsymbol{B})$

$$\boldsymbol{A}\to\begin{bmatrix}1 & a & 1\\ 0 & b-a^2 & 0\\ 0 & 0 & \end{bmatrix}\quad \boldsymbol{B}=\begin{bmatrix}2 & 0 & 0\\ 0 & 0 & 0\\ 0 & 0 & \end{bmatrix}$$

当 $a=0$ 时，$\forall b\in R$ 时，有 $R(A)=R(B)$.

反之对于 $\forall b\in R$，$R=0$ 时，有 A 和 B 相似.

二、填空题

(13)【答案】

因为 $a_{ij}+\boldsymbol{A}_{ij}=0$

所以 $\boldsymbol{A}_{ij}=-\boldsymbol{a}_{ij}$

所以 $\boldsymbol{A}^*=-\boldsymbol{A}^{\mathrm{T}}$

$$\boldsymbol{AA}^*=-\boldsymbol{AA}^{\mathrm{T}}=|\boldsymbol{A}|\boldsymbol{E}$$

两边取行列式得：

$$-|\boldsymbol{A}|^2=|\boldsymbol{A}|^3\Rightarrow|\boldsymbol{A}|=0\text{ 或 }|\boldsymbol{A}|=-1$$

若 $|\boldsymbol{A}|=0$，则 $-\boldsymbol{AA}^{\mathrm{T}}=0$

即 $\boldsymbol{A}=0$(矛盾)

故 $|\boldsymbol{A}|=-1$

三、解答题

（20）

【解析】：令 $C=\begin{bmatrix}x_1 & x_2\\x_3 & x_4\end{bmatrix}$，则

$$AC=\begin{bmatrix}1 & a\\1 & 0\end{bmatrix}\begin{bmatrix}x_1 & x_2\\x_3 & x_4\end{bmatrix}=\begin{bmatrix}x_1+ax_3 & x_2+ax_4\\x_1 & x_2\end{bmatrix}$$

$$CA=\begin{bmatrix}x_1 & x_2\\x_3 & x_4\end{bmatrix}\begin{bmatrix}1 & a\\1 & 0\end{bmatrix}=\begin{bmatrix}x_1+x_2 & ax_1\\x_3+x_4 & ax_2\end{bmatrix}$$

$$AC-CA=\begin{bmatrix}-x_2+ax_3 & -ax_1+x_2+ax_4\\x_1-x_3-x_4 & x_2-ax_3\end{bmatrix}$$

则由 $AC-CA=B$ 得

$$\begin{cases}-x_2+ax_3=0\\-ax_1+x_2+ax_4=1\\x_1-x_3-x_4=1\\x_2-ax_3=b\end{cases}$$

此为4元非齐次线性方程组，欲使 C 存在，此线性方程组必须有解，于是

$$\overline{A}=\begin{bmatrix}0 & -1 & a & 0 & 0\\-a & 1 & 0 & a & 1\\1 & 0 & -1 & -1 & 1\\0 & 1 & -a & 0 & b\end{bmatrix}\to\begin{bmatrix}0 & -1 & a & 0 & 0\\0 & 1 & -a & 0 & 1+a\\1 & 0 & -1 & -1 & 1\\0 & 1 & -a & 0 & b\end{bmatrix}$$

$$\to\begin{bmatrix}1 & 0 & -1 & -1 & 1\\0 & 1 & -a & 0 & 0\\0 & 1 & -a & 0 & 1+a\\0 & 1 & -a & 0 & b\end{bmatrix}\to\begin{bmatrix}1 & 0 & -1 & -1 & 1\\0 & 1 & -a & 0 & 0\\0 & 0 & 0 & 0 & 1+a\\0 & 0 & 0 & 0 & b\end{bmatrix}$$

所以，当 $a=-1$，$b=0$ 时，线性方程组有解，即存在 C，使 $AC-CA=B$.

又因为
$$\overline{A}=\begin{bmatrix}1 & 0 & -1 & -1 & 1\\0 & 1 & 1 & 0 & 0\\0 & 0 & 0 & 0 & 0\\0 & 0 & 0 & 0 & 0\end{bmatrix}$$

所以
$$X=c_1\begin{bmatrix}1\\-1\\1\\0\end{bmatrix}+c_2\begin{bmatrix}1\\0\\0\\1\end{bmatrix}+\begin{bmatrix}1\\0\\0\\0\end{bmatrix}=\begin{bmatrix}c_1+c_2+1\\-c_1\\c_1\\c_2\end{bmatrix}$$

所以 $C=\begin{bmatrix}c_1+c_2+1 & -c_1\\c_1 & c_2\end{bmatrix}$，（其中 c_1，c_2，c_3 为任意常数）.

$$(1)f = 2[x_1, x_2, x_3]\begin{bmatrix}a_1\\a_2\\a_3\end{bmatrix}[a_1, a_2, a_3]\begin{bmatrix}x_1\\x_2\\x_3\end{bmatrix} + [x_1, x_2, x_3]\begin{bmatrix}b_1\\b_2\\b_3\end{bmatrix}[b_1, b_2, b_3]\begin{bmatrix}x_1\\x_2\\x_3\end{bmatrix}$$

$$= \boldsymbol{X}^{\mathrm{T}}(2\boldsymbol{\alpha}\boldsymbol{\alpha}^{\mathrm{T}})\boldsymbol{X} + \boldsymbol{X}^{\mathrm{T}}(\boldsymbol{\beta}\boldsymbol{\beta}^{\mathrm{T}})\boldsymbol{X} = \boldsymbol{X}^{\mathrm{T}}(2\boldsymbol{\alpha}\boldsymbol{\alpha}^{\mathrm{T}} + \boldsymbol{\beta}\boldsymbol{\beta}^{\mathrm{T}})\boldsymbol{X}$$

故 f 的矩阵 $\boldsymbol{A} = 2\boldsymbol{\alpha}\boldsymbol{\alpha}^{\mathrm{T}} + \boldsymbol{\beta}\boldsymbol{\beta}^{\mathrm{T}}$

(2) 因为 $\boldsymbol{A}\boldsymbol{\alpha} = (2\boldsymbol{\alpha}\boldsymbol{\alpha}^{\mathrm{T}} + \boldsymbol{\beta}\boldsymbol{\beta}^{\mathrm{T}})\boldsymbol{\alpha} = 2\boldsymbol{\alpha}|\boldsymbol{\alpha}|^2 + \boldsymbol{\beta}\boldsymbol{\beta}^{\mathrm{T}}\boldsymbol{\alpha} = 2\boldsymbol{\alpha}$

所以 $\boldsymbol{\alpha}$ 为 $\boldsymbol{A}$ 的对应于 $\lambda_1 = 2$ 的特征向量

又 $\boldsymbol{A}\boldsymbol{B} = (2\boldsymbol{\alpha}\boldsymbol{\alpha}^{\mathrm{T}} + \boldsymbol{\beta}\boldsymbol{\beta}^{\mathrm{T}})\boldsymbol{\beta} = 2\boldsymbol{\alpha}\boldsymbol{\alpha}^{\mathrm{T}} \cdot \boldsymbol{\beta} + \boldsymbol{\beta}|\boldsymbol{\beta}|^2 = \boldsymbol{\beta}$

$\boldsymbol{\beta}$ 为 $\boldsymbol{A}$ 的对应于 $\lambda_2 = 1$ 的特征向量

因为 $r(\boldsymbol{A}) \leqslant r(2\boldsymbol{\alpha}\boldsymbol{\alpha}^{\mathrm{T}}) + r(\boldsymbol{\beta}\boldsymbol{\beta}^{\mathrm{T}}) = r(\boldsymbol{\alpha}) + r(\boldsymbol{\beta}) = 2 < 3$

所以 $\lambda_3 = 0$

故 f 在正交变换下的标准型为 $2y_1^2 + y_2^2$.

参考文献

[1] 李永乐. 线性代数辅导讲义[M]. 北京：新华出版社，2009.
[2] 吴赣昌. 线性代数(经管类)[M]. 第三版. 北京：中国人民大学出版社，2011.
[3] 胡金德. 线性代数学习指导[M]. 北京：中国人民大学出版社，2007.
[4] 吴赣昌. 线性代数学习辅导与习题解答[M]. 北京：中国人民大学出版社，2010.
[5] 房宏 王学会. 线性代数习题精解与学习指导[M]. 天津：南开大学出版社，2009.
[6] 孟宪萌 王继强.《线性代数》学习指导[M]. 北京：经济科学出版社，2013.

图书在版编目（CIP）数据

线性代数学习指导与解题能力训练/宋新霞，李焱华，相丽驰主编.
—长沙：中南大学出版社，2014.1（2020.1 重印）
ISBN 978－7－5487－1039－4

Ⅰ.线…　Ⅱ.①宋…②李…③相…　Ⅲ.线性代数—高等学校—教学参考资料　Ⅳ.O151.2

中国版本图书馆 CIP 数据核字（2014）第 019758 号

线性代数学习指导与解题能力训练

（第 2 版）

主编　宋新霞　李焱华　相丽驰

□责任编辑　刘　辉
□责任印制　易建国
□出版发行　中南大学出版社
社址：长沙市麓山南路　　邮编：410083
发行科电话：0731－88876770　　传真：0731－88710482
□印　　装　长沙理工大印刷厂

□开　　本　787 mm×1092 mm　1/16　□印张 10　□字数 249 千字
□版　　次　2017 年 1 月第 2 版　□2020 年 1 月第 3 次印刷
□书　　号　ISBN 978－7－5487－1039－4
□定　　价　30.00 元